现代数学基础

28

复变函数专题选讲

FUBIAN HANSHU ZHUANTI XUANJIANG

■ 余家荣　路见可　主　编

■ 余家荣　柏盛桄　肖修治
何育赞　路见可　编

高等教育出版社·北京

内容简介

本书是复变函数专业基础课内容的进一步发展，共分为9章，包含Cauchy定理的推广、最大模原理、整函数与亚纯函数、共形映射、解析开拓及Riemann曲面初步、调和函数与Dirichlet问题、Γ 函数和B函数、椭圆函数、Cauchy型积分。上列最后三项与复变函数的应用有密切联系，其他各项都是专业基础课内容的进一步发展。它们在复变函数论的理论研究和应用中都有重要意义。

本书可作为数学类高年级大学选修课及研究生必修课的参考书，也可供广大数学工作者和有关科研人员参考。

图书在版编目（CIP）数据

复变函数专题选讲／余家荣，路见可主编；余家荣等编．—北京：高等教育出版社，2012.4（2020.6重印）

ISBN 978－7－04－034311－3

Ⅰ.①复…　Ⅱ.①余…　②路…　Ⅲ.①复变函数－研究生－教学参考资料　Ⅳ.①O174.5

中国版本图书馆CIP数据核字（2012）第026957号

策划编辑　李　鹏　　责任编辑　李　鹏　　封面设计　赵　阳　　版式设计　于　婕
责任校对　刘春萍　　责任印制　耿　轩

出版发行	高等教育出版社	咨询电话	400－810－0598
社　　址	北京市西城区德外大街4号	网　　址	http://www.hep.edu.cn
邮政编码	100120		http://www.hep.com.cn
印　　刷	北京鑫海金澳胶印有限公司	网上订购	http://www.landraco.com
开　　本	787mm × 1092mm　1/16		http://www.landraco.com.cn
印　　张	11.5	版　　次	2012年4月第1版
字　　数	220千字	印　　次	2020年6月第2次印刷
购书热线	010－58581118	定　　价	39.00元

物 料 号　34311－00

前言

我国在复变函数的理论和应用方面有较强基础。为此, 首先要感谢数学界的老前辈熊庆来、陈建功、刘书琴、李锐夫、庄圻泰、李国平等先生。当今北京、上海、西安、武汉等地的一大批复变函数的教学及研究工作者都是由他们直接或间接培养出的。

复变函数全国讨论会于 1962 年开始在北京举行, 到 20 世纪 80 年代时仍按期举行。本书的编写, 是在这些会议期间, 由参加会议的高等教育出版社丁鹤龄等先生促成的。本书原计划出版两卷, 但在初版时《选讲 (二)》因故未能出版。此次由高等教育出版社将《选讲 (一)》再版, 希望将来《选讲(二)》也能有机会出版。

在改革开放取得重大成就的今天, 本书的再版必将有助于复变函数的理论研究和应用的发展。有关教学与研究工作者, 必将与在其他行业中一样, 逐步做出开创性贡献。最后, 衷心感谢李鹏先生对本书再版所做的贡献。

余家荣

2012 年 2 月

初版前言

单复变函数论 (简称复变函数论或复分析) 的理论基础是在 19 世纪奠定的。这门学科在 19 世纪及 20 世纪得到了蓬勃的发展。自从 20 世纪 30 年代以来, 特别是 50—60 年代以来, 我国数学工作者也对这门学科作出了重要的贡献。

由于这门学科在理论及应用上具有重要意义, 单复变函数已成为高等学校数学类专业以及一些理、工科专业必修的专业基础课。然而在这门课程中, 只包含复变函数论的最基本内容, 对于进一步作理论探讨和实际应用都还不够。为了满足这些需要, 在一些同志建议下, 国家教委高等学校理科数学、力学教材编审委员会决定组织编写《复变函数专题选讲》教材, 邀请中国科学院数学研究所、北京大学、复旦大学、华东师大、江西师大、西北大学、福建师大、武汉大学及高等教育出版社有关同志共同制定该教材的编写提纲, 决定教材分 (一)、(二) 两卷出版, 并且委托我们担任主编。

《选讲 (一)》共分九章, 包含 Cauchy 定理的推广、最大模原理、整函数与亚纯函数、共形映射、解析开拓及 Riemann 曲面初步、调和函数、Γ 函数和 B 函数、椭圆函数、Cauchy 型积分。上列最后三项与复变函数的应用有密切联系, 其他各项都是专业基础课内容的进一步发展。它们在复变函数论的理论研究和应用中都有重要意义。《选讲 (一)》的第一、二、六章是余家荣编写的, 第三、四、五章分别是柏盛桄、肖修治、何育赞编写的, 第七、八、九章是路见可编写的。

《选讲 (二)》分为十一部分, 包含复变函数论中一些比较专门的部分, 特别是我国数学工作者在其中作过一些贡献的部分, 即亚纯函数的值分布、单叶函数、解析函数逼近、H^p 空间、自守函数、Riemann 曲面、拟共形映射、Dirichlet 级数、积分变换、解析函数的边值问题、连续介质力学中的复变方法。这些部分分别由庄圻泰、胡克、沈燮昌、任福尧、刘书琴、何育赞、何成奇、余家荣、戴崇基和魏国强、林玉波及路见可编写。

本书可作为高年级大学生选修课及研究生必修或选修课的教材，也可供广大数学工作者和科研人员参考。教师在选用本书作为教材时，可选用其中若干章或部分。《选讲 (一)》各章之间及《选讲 (二)》各部分之间大体上是彼此独立的；但《选讲 (一)》中第三、四、五章分别是《选讲 (二)》中第一、七、六部分的预修材料，而第九章是《选讲 (二)》的第十、十一部分的预修材料。《选讲 (二)》各部分之间的内容有一些重复；为了能独立选用各专题，这些重复我们认为是必要的。

任福尧教授和闻国椿教授仔细审阅了《选讲 (一)》的书稿，提出了不少宝贵的意见，谨此表示衷心谢忱。

本书内容较多，涉及面广，其中可能有不少不妥当甚至错误的地方，请读者随时予以批评指正。

余家荣、路见可

1986 年 12 月

目录

第一章 Cauchy 定理

Cauchy 定理是复变函数论的重要基础之一, 由它可导出解析函数的一系列重要性质①. 在复变函数基础课中, 已经讲过这一定理, 我们在本章中, 讲述 Cauchy 定理的几种一般形式.

§1 同伦形式的 Cauchy 定理

1.1 解析函数沿连续曲线的积分 用 $\mathbb{R}$ 及 $\mathbb{C}$ 分别表示实数域及复数域. 从 $\mathbb{R}$ 中紧区间 $[a,b]$ 到 $\mathbb{C}$ 中的任何连续函数或映射 $z=\gamma(t)$, 称为连续曲线或 C^0 类曲线, 记作 $\gamma: t \mapsto \gamma(t)$ 或 $\gamma: [a,b] \to \mathbb{C}$. 曲线 $t \mapsto \gamma(a+b-t)(t \in [a,b])$ 叫做与曲线 γ 反向的曲线. 如果 $\gamma(a) = \gamma(b)$, 就说 $\gamma(t)$ 是封闭曲线. 如果 γ 是常数, 那么就说 γ 化为一点. 如果 $\gamma(t)$ 在 $[a,b]$ 上有连续的导数, 而在 a 及 b 的导数分别理解为右导数及左导数, 那么 γ 称为 C^1 类曲线. 如果有 $[a,b]$ 的一个分划

$$a = a_0 < a_1 < a_2 < \cdots < a_n = b,$$

使得 γ 在紧区间 $[a_k, a_{k+1}]$ 上有连续的导数, 而在 a_k 及 a_{k+1} 的导数像在 a 及 b 的导数那样去理解, 那么 γ 称为分段 C^1 类曲线 $(k = 0,1,2,\cdots,n-1)$. 函数用来沿着积分的曲线或封闭曲线往往叫做道路或环路.

① 例如由它可证明: 解析函数有连续导数以及任意阶导数. 直到 20 世纪中期, 这两结果才分别由 R. L. Plunkett (Bull. Amer. Math. Soc. 65, 1959) 及 E. H. Connell and P. Porcelli (Bull. Amer. Math. Soc. 67, 1961) 不用 Cauchy 定理, 而用拓扑方法作出证明.

设 Ω 是 $\mathbb{C}$ 中的开集, γ 是 Ω 内的分段 C^1 类曲线, $f:\Omega\to\mathbb{C}$ 是连续函数. 那么

$$\int_\gamma f(z)dz=\int_a^b f(\gamma(t))\gamma'(t)dt, \tag{1.1}$$

其中 $f(\gamma(t))\gamma'(t)$ 在 $[a,b]$ 上分段连续①: 设 $\psi(t)$ 是这一函数在 $[a,b]$ 上的原函数, 那么就有

$$\int_\gamma f(z)dz=\psi(b)-\psi(a). \tag{1.2}$$

如果 f 在 Ω 内有原函数 F, 则可取 $\psi(t)=F(\gamma(t))$. 这时如果 γ 是 C^0 类曲线, 可把 (1.2) 取作定义. 下面讨论一般的情况.

定义 1.1 假设 f 是开集 $\Omega(\subset\mathbb{C})$ 内的解析函数, 记作 $f\in H(\Omega)$; 设 γ 是 Ω 内一条 C^0 类曲线. 设有满足下列条件的一个连续映射 $\psi:[a,b]\to\mathbb{C}$: 对任何 $t_0\in[a,b]$, 存在着 f 在 $\gamma(t_0)$ 的邻域内的一个原函数 F_{t_0}, 使得在 t_0 的邻域内,

$$\psi(t)=F_{t_0}(\gamma(t)),$$

那么 ψ 称为 f 沿曲线 γ 的一个原函数.

定义 1.2 设 $f\in H(\Omega)$, γ 是 Ω 中一条 C^0 类曲线, ψ 是 f 沿 γ 的一个原函数, 那么取 (1.2) 作为积分 $\displaystyle\int_\gamma f(z)dz$ 的定义.

为了说明定义 1.1 及定义 1.2 是合理的, 在定义中的假设下, 要证明: ψ 存在; 公式 (1.2) 的右端是一个确定的数; 而且当 γ 是分段 C^1 类曲线时, 定义 1.2 与前面的结果相符. 下面定理将解决这些问题.

定理 1.1 设 $f\in H(\Omega)$, γ 是 Ω 内一条 C^0 类曲线, 其中 Ω 是 $\mathbb{C}$ 中的开集, 那么

1° f 一定有沿 γ 的原函数;

2° 任何两个这样的原函数的差是一个常数;

3° 对于分段 C^1 类曲线 γ, 公式 (1.1) 必然成立.

证 设 C^0 类曲线 $\gamma:[a,b]\to\Omega$ 与 Ω 的余集的距离是 $\varepsilon>0$. 由于 $\gamma(t)$ 在 $[a,b]$ 上一致连续, ∃②$\eta>0$, 使得 $\forall t$ 及 $t'\in[a,b]$, 而且 $|t-t'|<\eta$, 我们有 $|\gamma(t)-\gamma(t')|<\varepsilon$. 作 $[a,b]$ 的一个分划 $a=a_0<a_1<\cdots<a_n=b$, 使 $a_{k+1}-a_k<\eta(k=0,1,2,\cdots,n-1)$. 令

$$D_k=\{z||z-\gamma(a_k)|<\varepsilon\},$$

① 为了使积分 $\displaystyle\int_\gamma f(z)dz$ 存在, 只须设 γ 是可求长曲线, $f:\gamma\to\mathbb{C}$ 是连续函数, 参看本章 §3. 这里及以下对 γ 及 f 所作的假设, 是为了使在 §1 及 §2 讨论时比较简便.

② 符号 ∃ 表示 “存在着”; 符号 ∀ 表示 “对任何”.

则

$$D_k \subset \Omega, \quad \gamma([a_k, a_{k+1}]) \subset D_k.$$

取 f 在 D_k 内的原函数 F_k, 使得在 $D_k \bigcap D_{k+1}$ 内, $F_k = F_{k+1}$. 定义函数 $\psi : [a, b] \to \mathbb{C}$ 如下: 在 $[a_k, a_{k+1}]$ 上,

$$\psi(t) = F_k(\gamma(t)),$$

那么 ψ 是 f 沿 γ 的一个原函数. 1° 得证.

由解析函数的性质, 任意两个上述原函数的差是一常数, 即 2° 成立.

如果 γ 是分段 C^1 类曲线, 那么在 γ 的每一 C^1 类曲线段上 $\psi'(t) = f(\gamma(t))\gamma'(t)$. 于是 (1.2) 成立. □

为了简单起见, 在本章中, 此后我们把 C^0 类曲线简称为曲线, 并设所有曲线的参数在 $[0, 1]$ 上变化, 即取本段中的 $a = 0, b = 1$.

1.2 同伦 我们往往要考虑相互可以连续变形而得的曲线. 先给出一个明确的定义.

定义 1.3 已给有相同端点的两条曲线:

$$\gamma_0 : [0, 1] \to \Omega \quad \text{及} \quad \gamma_1 : [0, 1] \to \Omega,$$

其中 Ω 是 $\mathbb{C}$ 中的开集, $\gamma_0(0) = \gamma_1(0), \gamma_0(1) = \gamma_1(1)$. 如果存在着从 $[0, 1] \times [0, 1]$ 到 Ω 内的连续映射 $(t, u) \mapsto \delta(t, u)$, 使得

$$\begin{aligned} &\delta(t, 0) = \gamma_0(t), && \delta(t, 1) = \gamma_1(t), \\ &\delta(0, u) = \gamma_0(0) = \gamma_1(0), && \delta(1, u) = \gamma_0(1) = \gamma_1(1), \end{aligned} \tag{1.3}$$

那么我们说 γ_0 及 γ_1 是 (Ω 内的) 有相同端点的同伦曲线.

设 γ_0 及 γ_1 是 Ω 内的封闭曲线. 如果存在着从 $[0, 1] \times [0, 1]$ 到 Ω 内的连续映射 $(t, u) \mapsto \delta(t, u)$, 使得

$$\begin{aligned} &\delta(t, 0) = \gamma_0(t), \quad \delta(t, 1) = \gamma_1(t), \\ &\forall u \in [0, 1], \quad \delta(0, u) = \delta(1, u), \end{aligned} \tag{1.4}$$

那么我们说 γ_0 及 γ_1 是 (Ω 内的) 同伦封闭曲线. 特别地, 如果函数 $\gamma_1(t) = \alpha$ (常数), 我们说封闭曲线 γ_0 在 Ω 内与一点 α 同伦.

在上列定义中, 固定 $u, t \mapsto \delta(t, u)$ 是 Ω 内或者与 γ_0 及 γ_1 有相同端点的一条曲线 γ_u, 或者是一条封闭曲线 γ_u. 直观看来, 当 u 从 0 连续变到 1 时, 这条曲线从 γ_0 连续变形到 γ_1; 或者其端点不变, 或者始终是一条封闭曲线.

例 1.1 设 γ_0 及 γ_1 是开集 Ω 内有相同端点的两条曲线. 设

$$(t,u)\mapsto\delta(t,u)=(1-u)\gamma_0(t)+u\gamma_1(t)$$

是 $[0,1]\times[0,1]$ 到 Ω 内的连续映射, 那么 γ_0 及 γ_1 是在 Ω 内有相同端点的同伦曲线.

设 $\Omega\supset\{z||z|\leqslant R\}(0<R<+\infty)$, 那么 $\gamma_0:t\mapsto Re^{2\pi it}$ 及 $\gamma_1:t\mapsto R'e^{2\pi it}(0<R'<R,t\in[0,1])$ 是 Ω 内的封闭曲线. 取 $[0,1]\times[0,1]$ 到 Ω 内的连续映射

$$(t,u)\mapsto\delta(t,u)=(uR'+(1-u)R)e^{2\pi it},$$

可见 γ_0 及 γ_1 是 Ω 内的同伦封闭曲线. 如果在 γ_1 中取 $R'=0$, 即 γ_1 化为原点, 那么 γ_0 是与原点同伦的封闭曲线.

有了同伦概念, 可作出单连通区域的一个明确定义.

定义 1.4 如果区域 $D(\subset\mathbb{C})$ 内任何封闭曲线与 D 内一点同伦, 那么区域 D 称为单连通区域.

1.3 同伦形式的 Cauchy 定理 为了阐明同伦形式的 Cauchy 定理, 先引进一个定义和一个引理; 它们可看作定义 1.1 和定理 1.1 的推广.

定义 1.5 设 $f\in H(\Omega)$, 其中开集 $\Omega\subset\mathbb{C}$. 设 $(t,u)\mapsto\delta(t,u)$ 是从 $[0,1]\times[0,1]$ 到 Ω 的连续映射. f 关于映射δ 的原函数 $\psi(t,u)$ 是在 $[0,1]\times[0,1]$ 上满足下列条件的连续函数:

$\forall(t_0,u_0)\in[0,1]\times[0,1]$, 存在 f 在 $\delta(t_0,u_0)$ 的邻域内的一个原函数 F_{t_0,u_0}, 使得在与 (t_0,u_0) 充分接近的任何点 (t,u), 我们有

$$\psi(t,u)=F_{t_0,u_0}(\delta(t,u)).$$

应用与定理 1.1 的证法相类似的方法, 可以证明下列引理:

引理 1.1 定义 1.5 中的原函数必然存在, 并且任何两个这样的原函数相差一个常数.

证 由于 $[0,1]\times[0,1]$ 是紧的, 可用点 t_k 及点 u_j 分别对 t 及 u 的变化的闭区间作分划, 把 $[0,1]\times[0,1]$ 分成小矩形 $[t_k,t_{k+1}]\times[u_j,u_{j+1}]$, 使得它被 δ 映射到 Ω 中的一个开圆盘 $D_{k,j}$ 内; 在这开圆盘内, f 有一个原函数 $F_{k,j}$.

固定 j. 由于 $D_{k,j}\bigcap D_{k+1,j}$ 是连通的非空开集, 对每个 $F_{k,j}$ (j 固定, k 变化) 可以加上一个常数, 使得 $F_{k,j}$ 及 $F_{k+1,j}$ 在 $D_{k,j}\bigcap D_{k+1,j}$ 内恒等. 对于所有的 k 进行这一运算, 于是对于 $u\in[u_j,u_{j+1}],t\in[0,1]$, 得到一个函数 $\psi_j(t,u)$, 使得对于任何 k, 当 $t\in[t_k,t_{k+1}]$ 时,

$$\psi_j(t,u)=F_{k,j}(\delta(t,u)).$$

这样, $\psi_j(t,u)$ 在矩形 $[0,1]\times[u_j,u_{j+1}]$ 上连续, 它是 f 关于映射 δ_j 的原函数, 这里 δ_j 是 δ 在上列矩形上的限制①. 让 j 变化, 每个函数 ψ_j 除去差一个常数外是确定的. 对 j 递推, 可加上适当的常数, 使得当 $u=u_{j+1}$ 时, $\psi_j(t,u)=\psi_{j+1}(t,u)$. 设 $\psi(t,u)$ 是在 $[0,1]\times[0,1]$ 上如下确定的函数: 对于任何上述 j, 当 $u\in[u_j,u_{j+1}]$ 时,

$$\psi(t,u)=\psi_j(t,u),\quad 0\leqslant t\leqslant 1.$$

根据定义 1.5, $\psi(t,u)$ 是 f 关于映射 δ 的原函数. 由解析函数的唯一性, 任何两个这样的原函数相差一个常数. □

同伦形式的 Cauchy 定理可叙述如下:

定理 1.2 设 $f\in H(D)$, 其中 D 是 $\mathbb{C}$ 中一个区域, 设 D 内的曲线 γ_0 及 γ_1 或者是有相同端点的同伦曲线, 或者是同伦封闭曲线, 那么

$$\int_{\gamma_0} f(z)dz=\int_{\gamma_1} f(z)dz. \tag{1.5}$$

特别地, 如果封闭曲线 γ_0 与 D 内一点同伦, 那么

$$\int_{\gamma_0} f(z)dz=0. \tag{1.6}$$

由上列定理及定义 1.4 可立即推出:

推论 1.1 如果 $f\in H(D)$, 其中 D 是一单连通区域, 那么对 D 内任何封闭曲线 γ,

$$\int_{\gamma} f(z)dz=0.$$

定理 1.2 的证 当 γ_0 及 γ_1 有相同端点的情形, 设 δ 是满足条件 (1.3) 的连续映射. 设 ψ 是 f 关于 δ 的一个原函数, 显然, 在 $t=0$ 及 $t=1$ 时, ψ 是常数, 从而

$$\psi(0,0)=\psi(0,1),\quad \psi(1,0)=\psi(1,1).$$

又因

$$\int_{\gamma_0} f(z)dz=\psi(1,0)-\psi(0,0),\quad \int_{\gamma_1} f(z)dz=\psi(1,1)-\psi(0,1),$$

在这种情形下, (1.5) 得证.

当 γ_0 及 γ_1 是封闭曲线情形, 设 δ 是满足 (1.4) 的连续映射, ψ 是 f 关于 δ 的原函数. 于是 $u\mapsto\delta(0,u)$ 及 $u\mapsto\delta(1,u)$ 表示同一连续曲线, $\psi(0,u)$ 及 $\psi(1,u)$ 是 f 沿这一曲线的原函数; 从而 $\forall u\in[0,1]$,

$$\psi(1,u)-\psi(0,u)=\text{常数}.$$

① 即 δ_j 在上列矩形上有定义, 而且在这一矩形上, $\delta_j(t,u)=\delta(t,u)$.

因此在这种情形下也得到 (1.5). □

公式 (1.6) 可由公式 (1.5) 推出.

1.4 封闭曲线的指标 现在引进封闭曲线关于一点的指标的概念. 在直观上, 它是作曲线时围绕该点旋转的圈数. 这里给出一个严格的定义:

定义 1.6 设 $\gamma:[0,1]\to\mathbb{C}$ 是一封闭曲线. 设 $z\in\mathbb{C}\backslash\gamma$. 积分

$$\frac{1}{2\pi i}\int_\gamma\frac{d\zeta}{\zeta-z}$$

称为 γ 关于 z 的指标, 记作 $I_\gamma(z)$; 当 γ 化为一点时, 取 $I_\gamma(z)=0$.

指标具有以下性质:

定理 1.3 在定义 1.6 中, $I_\gamma(z)$ 取整数值. 当 z 在 $\mathbb{C}\backslash\gamma$ 中变动时, $I_\gamma(z)$ 在 $\mathbb{C}\backslash\gamma$ 的每个连通支集内取整常数值, 而在无界连通支集内为零.

证 设 $\psi(t)$ 是 $\dfrac{1}{\zeta-z}$ 沿 γ 的一个原函数. 于是

$$\int_\gamma\frac{dz}{\zeta-z}=\psi(1)-\psi(0).$$

由于 $\psi(0)$ 及 $\psi(1)$ 是 $\dfrac{1}{\zeta-z}$ 在同一点 $\gamma(0)=\gamma(1)$ 的邻域内两原函数, 即 $\mathrm{Ln}\,(\zeta-z)$ 的两个解析分支在 $\zeta=\gamma(0)=\gamma(1)$ 的值, 可见 $\psi(1)-\psi(0)$ 是 $2\pi i$ 的整数倍, 从而 $I_\gamma(z)$ 取整数值.

对于 z 及 $z+\Delta z\in\mathbb{C}\backslash\gamma$, 我们有

$$I_\gamma(z+\Delta z)-I_\gamma(z)=\frac{1}{2\pi i}\int_\gamma\frac{\Delta z}{(\zeta-z)(\zeta-z-\Delta z)}dz.$$

于是当 $\Delta z\to 0$ 时, $I_\gamma(z+\Delta z)-I_\gamma(z)\to 0$, 即 $I_\gamma(z)$ 在 $\mathbb{C}\backslash\gamma$ 中任一点连续, 从而它在 $\mathbb{C}\backslash\gamma$ 的任一连通支集内取整常数值.

在 $\mathbb{C}\backslash\gamma$ 的无界连通支集内, 由 Cauchy 定理, $I_\gamma(z)=0$. □

现在研究同伦封闭曲线对一点的指标. 为此, 先证明一个引理:

引理 1.2 设封闭曲线 γ_0 及 γ_1 是 $[0,1]$ 到 $\mathbb{C}$ 的映射. 如果 $\alpha\in\mathbb{C}$, 并且 $\forall t\in[0,1]$, 有

$$|\gamma_1(t)-\gamma_0(t)|<|\alpha-\gamma_0(t)|, \tag{1.7}$$

那么 $I_{\gamma_0}(\alpha)=I_{\gamma_1}(\alpha)$.

证 由 (1.7), $\alpha\bar{\in}\gamma_0\bigcup\gamma_1$. 令

$$\gamma=(\gamma_1-\alpha)/(\gamma_0-\alpha),$$

那么由 (1.7), $|\gamma-1|<1$. 于是封闭曲线 γ 在不含 0 的圆盘内, 从而

$$\int_\gamma \frac{d\zeta}{\zeta}=0, \quad 即 \quad I_\gamma(0)=0.$$

又因

$$\frac{\gamma'}{\gamma}=\frac{\gamma_1'}{\gamma_1-\alpha}-\frac{\gamma_0'}{\gamma_0-\alpha},$$

所以 $I_\gamma(0)=I_{\gamma_1}(\alpha)-I_{\gamma_0}(\alpha)=0$. 引理得证. □

定理 1.4 设 γ_0 及 $\gamma_1:[0,1]\to\mathbb{C}$ 是开集 Ω 内的同伦封闭曲线. 如果 $\alpha\bar{\in}\Omega$, 那么 $I_{\gamma_0}(\alpha)=I_{\gamma_1}(\alpha)$.

证 设 $\delta(t,u)$ 是定义 1.3 的第二部分中引进的函数. 于是 $\exists\varepsilon>0$, 使得当 $(t,u)\in[0,1]\times[0,1]$ 时,

$$|\alpha-\delta(t,u)|>\varepsilon. \tag{1.8}$$

对于这一 $\varepsilon>0$, 可对 $0\leqslant t\leqslant 1$ 及 $0\leqslant u\leqslant 1$ 作分划: $0=t_0<t_1<t_2<\cdots<t_n=1$ 及 $0=u_0<u_1<u_2<\cdots<u_m=1$, 使得 $\forall j\in\{0,1,2,\cdots,m-1\}, \forall t\in[0,1]$,

$$|\delta(t,u_j)-\delta(t,u_{j+1})|<\varepsilon;$$

又由 (1.8),

$$|\delta(t,u_j)-\delta(t,u_{j+1})|<|\alpha-\delta(t,u_j)|. \tag{1.9}$$

令 $\delta_j(t)=\delta(t,u_j)(j=0,1,\cdots,m)$, 于是 $\gamma_0(t)=\delta_0(t), \gamma_1(t)=\delta_m(t)$. 由 (1.9) 及引理 1.2, $I_{\delta_j}(\alpha)=I_{\delta_{j+1}}(\alpha)$, 从而 $I_{\gamma_0}(\alpha)=I_{\gamma_1}(\alpha)$. □

定理 1.4 给出了同伦封闭曲线的一个必要条件, 但它不是一个充分条件. 例如设两点 a 及 $b\in\mathbb{C}$ 在开集 $\mathbb{C}\backslash\{a,b\}$ 中作曲线 γ_0 (走向为 $cdecfgchjcklc$) 及 γ_1 如图 1.1. 由直观看出, $I_{\gamma_0}(a)=I_{\gamma_0}(b)=0, I_{\gamma_1}(a)=I_{\gamma_1}(b)=0$. 但曲线 γ_0 及 γ_1 在 $\mathbb{C}\backslash\{a,b\}$ 内不同伦.

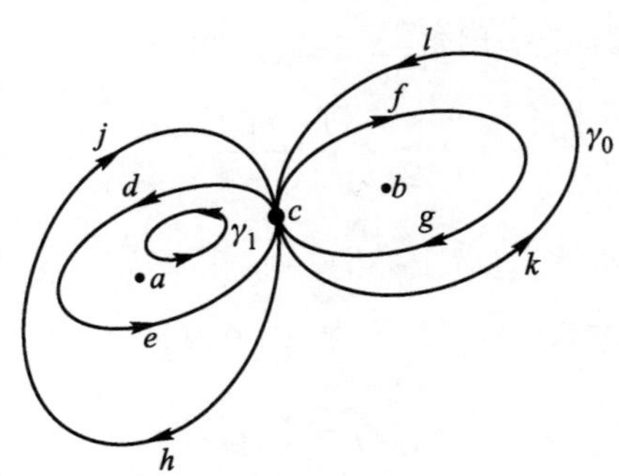

图 1.1

在下节中, 我们将对 Cauchy 定理所适用的曲线的范围作进一步的推广.

§2 同调形式的 Cauchy 定理

2.1 链与闭链 现在要把定理 1.2 中所涉及的曲线加以推广.

设 Ω 为开集, 曲线 $\gamma \subset \Omega \subset \mathbb{C}$. 设 $f \in H(\Omega)$, 把 γ 分划成彼此相衔接的曲线 $\gamma_1, \gamma_2, \cdots, \gamma_n$, 那么就有

$$\int_{\gamma} f(z)dz = \int_{\gamma_1} f(z)dz + \int_{\gamma_2} f(z)dz + \cdots + \int_{\gamma_n} f(z)dz.$$

我们把 γ 的上述分划写成 "形式和":

$$\gamma = \gamma_1 + \gamma_2 + \cdots + \gamma_n.$$

当 $\gamma_1, \gamma_2, \cdots, \gamma_n$ 是 Ω 中的曲线, 而不一定构成某一曲线的分划时, 也可考虑上述形式和以及相应的积分.

定义 2.1 设 $\gamma_1, \gamma_2, \cdots, \gamma_n$ 是开集 $\Omega(\subset \mathbb{C})$ 中的曲线, 那么它们的形式和

$$\gamma = \sum_{k=1}^{n} m_k \gamma_k = m_1\gamma_1 + m_2\gamma_2 + \cdots + m_n\gamma_n \tag{2.1}$$

称为一条链, 且称此链 $\gamma \subset \Omega$, 这里 $m_1, m_2, \cdots, m_n$ 是正、负整数或零. 如果 γ 可表示为有限条封闭曲线的形式和, 那么就称它为一闭链. 设 $f \in H(\Omega)$, 那么 f 沿闭链 γ (2.1) 的积分定义为

$$\int_{\gamma} f(z)dz = \sum_{k=1}^{n} m_k \int_{\gamma_k} f(z)dz. \tag{2.2}$$

因为一条曲线可以写成几条不同曲线的形式和, 所以链或闭链的形式和表示式不是唯一的. 封闭曲线可以看作闭链的特例. 封闭曲线的指标也可推广到闭链. 我们有:

定义 2.2 设 $\gamma(\subset \mathbb{C})$ 是一闭链, $z \in \mathbb{C}\backslash\gamma$, 积分

$$\frac{1}{2\pi i}\int_{\gamma} \frac{d\zeta}{\zeta - z} \tag{2.3}$$

称为 γ 关于 z 的指标, 记作 $I_{\gamma}(z)$.

设闭链 γ_0 及 $\gamma_1 \subset$ 开集 $\Omega \subset \mathbb{C}$. 如果 $\forall z \in \mathbb{C}\backslash\Omega$,

$$I_{\gamma_0}(z) = I_{\gamma_1}(z),$$

那么我们说 γ_0 及 γ_1 在 Ω 内同调. 如果 $\forall z \in \mathbb{C}\backslash\Omega$,

$$I_{\gamma_0}(z) = 0,$$

那么我们说 γ_0 在 Ω 内与零同调.

如果闭链 γ 可表示为形式和 (2.1), 那么由 (2.2), $\forall z \in \mathbb{C} \backslash \gamma$,

$$I_\gamma(z) = \sum_{k=1}^{n} m_k I_{\gamma_k}(z). \tag{2.4}$$

因此, 如果闭链 γ_0 及 γ_1 在开集 Ω 内同调, 那么 $\gamma_0 - \gamma_1$ 在 Ω 内与零同调.

顺便指出: 定理 1.3 在 γ 是闭链时也成立.

2.2 同调形式的 Cauchy 定理 现在可将 §1 中的 Cauchy 定理推广如下:

定理 2.1 设 $f \in H(\Omega)$, 其中 Ω 是 $\mathbb{C}$ 中一个开集. 设 Ω 内的闭链 γ_0 及 γ_1 在 Ω 内同调, 那么公式 (1.5) 成立.

特别地, 如果闭链 γ_0 在 Ω 内与零同调, 那么公式 (1.6) 成立.

由定理 1.4 及定义 2.2, 如果定理 2.1 中的 Ω 是区域, 闭链 γ_0 及 γ_1 是同伦闭曲线, 那么它们在 Ω 内是同调的. 因此定理 1.2 可以看作定理 2.1 的特例. 不难看出推论 1.1 对 D 内任何闭链 γ 也成立.

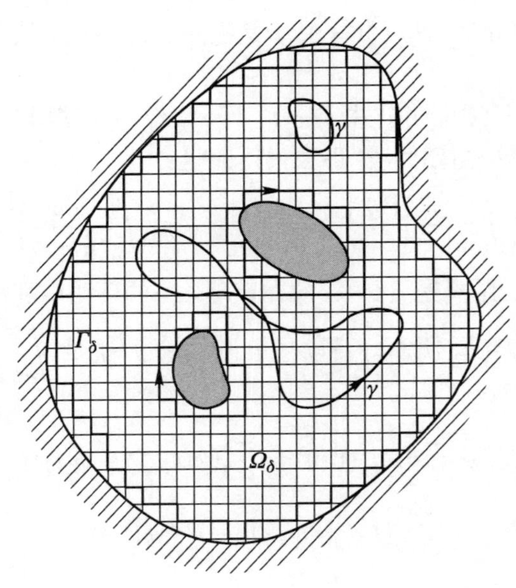

图 1.2

定理 2.1 的证 我们先证 (1.6). 设 Ω 有界. $\forall \delta > 0$, 把复平面 $\mathbb{C}$ 用边长为 δ 的正方形网盖住. 用 $Q_j (j \in J)$ 表示网中包含在 Ω 内的闭正方形. 因为 Ω 是有界的, 所以 J 是有限集, 而且当 δ 充分小时, J 不是空集. 令 $\bar{\Omega}_\delta = \bigcup_{j \in J} Q_j$, 其内部记

作 Ω_δ, 用 ∂Q_j 及 $\partial\Omega_\delta$ 分别表示 Q_j 及 Ω_δ 的用正向取的边界, 那么

$$\partial\Omega_\delta = \sum \partial Q_j,$$

这里 $\sum$ 表示 "形式和".

设 γ_0 是 Ω 内与零同调的一个闭链. 取 δ 充分小, 使 $\gamma_0 \subset \Omega_\delta$. 设 $\zeta \in \Omega\backslash\Omega_\delta$, 那么 ζ 属于上述网中一个闭正方形 Q. $\exists\zeta_0$ 属于 Q, 但不属于 Ω. 于是在 Q 中作连接 ζ 及 ζ_0、且与 Ω_δ 不相交的线段, 从而 ζ 及 ζ_0 在 $\mathbb{C}\backslash\gamma_0$ 的同一连通支集内. 由假设, $I_{\gamma_0}(\zeta_0) = 0$, 因此由定理 1.3 及定义 2.2 后面的说明, 可见 $I_{\gamma_0}(\zeta) = 0$. 特别在 $\zeta \in \partial\Omega_\delta$ 时, $I_{\gamma_0}(\zeta) = 0$.

由于 f 在 Ω 内解析, 当 $z \in \Omega_\delta$ 时,

$$f(z) = \frac{1}{2\pi i}\int_{\partial\Omega_\delta} \frac{f(\zeta)d\zeta}{\zeta - z}.$$

由此可得到

$$\int_{\gamma_0} f(z)dz = \int_{\gamma_0}\left(\frac{1}{2\pi i}\int_{\partial\Omega_\delta}\frac{f(\zeta)d\zeta}{\zeta - z}\right)dz. \tag{2.5}$$

如果上列逐次积分可以交换积分次序:

$$\int_{\gamma_0}\left(\frac{1}{2\pi i}\int_{\partial\Omega_\delta}\frac{f(\zeta)d\zeta}{\zeta - z}\right)dz = \int_{\partial\Omega_\delta}\left(\frac{1}{2\pi i}\int_{\gamma_0}\frac{dz}{\zeta - z}\right)f(\zeta)d\zeta, \tag{2.5$'$}$$

那么上式右边内层积分是 $-I_{\gamma_0}(\zeta) = 0$, 于是积分 (2.5) 是零, 从而在 Ω 是有界的情况下证明了 (1.6).

为了完成证明, 只须证明公式 (2.5$'$). 设 γ_0 像 γ 一样由 (2.1) 确定, 而 $\gamma_k : [0,1] \to \mathbb{C}$, 其中 γ_k 是一封闭曲线, 那么只须证明

$$\int_{\gamma_k}\left(\int_{\partial\Omega_\delta}\frac{f(\zeta)d\zeta}{\zeta - z}\right)dz = \int_{\partial\Omega_\delta} f(\zeta)\left(\int_{\gamma_k}\frac{dz}{\zeta - z}\right)d\zeta. \tag{2.5$''$}$$

设 γ_k 与 Ω_δ 的余集的距离是 $\varepsilon > 0$. 像在定理 1.1 的证明中那样, 对 $[0,1]$ 作分划 $0 = t_0 < t_1 < \cdots < t_n = 1$, 使 $t_{j+1} - t_j < \eta$, 并且设 $\psi(t)$ 是 $\displaystyle\int_{\partial\Omega_\delta}\frac{f(\zeta)d\zeta}{\zeta - z}$ 沿曲线 γ_k 的一个原函数. 于是

$$\begin{aligned}
(2.5'') \text{ 的左边} &= \psi(1) - \psi(0) = \sum_j (\psi(t_{j+1}) - \psi(t_j)) \\
&= \sum_j (F_j(\gamma_k(t_{j+1})) - F_j(\gamma_k(t_j))) \\
&= \sum_j \int_{\overline{\gamma_k(t_j),\gamma_k(t_{j+1})}}\left(\int_{\partial\Omega_\delta}\frac{f(\zeta)d\zeta}{\zeta - z}\right)dz \\
&= \int_{\widetilde{\gamma_k(0),\gamma_k(1)}}\left(\int_{\partial\Omega_\delta}\frac{f(\zeta)d\zeta}{\zeta - z}\right)dz \\
&= \int_{\partial\Omega_\delta} f(\zeta)\left(\int_{\widetilde{\gamma_k(0),\gamma_k(1)}}\frac{dz}{\zeta - z}\right)d\zeta,
\end{aligned} \tag{2.5$'''$}$$

其中 F_j 是 $\int_{\partial\Omega_\delta}\dfrac{f(\zeta)d\zeta}{\zeta-z}$ 在 $\gamma(t_j)$ 的邻域内的原函数, $\overline{\gamma_k(t_j),\gamma_k(t_{j+1})}$ 表示 $\gamma_k(t_j)$ 及 $\gamma_k(t_{j+1})$ 的联线, $\widetilde{\gamma_k(0),\gamma_k(1)}$ 表示这些联线所构成的折线.

令

$$\delta(t,u)=h_j(t)+(\gamma_k(t)-h_j(t))u,\quad t\in[t_j,t_{j+1}],$$

其中

$$h_j(t)=\gamma_k(t_j)+(\gamma_k(t_{j+1})-\gamma_k(t_j))\frac{t-t_j}{t_{j+1}-t_j}.$$

可见 γ_k 与 $\widetilde{\gamma_k(0),\gamma_k(1)}$ 同伦. 于是根据定理 1.2, 由 (2.5‴) 可推出 (2.5″), 从而得到 (2.5′). 定理 2.1 在 Ω 为有界情形证完.

如果 Ω 无界, 那么可取一个充分大的圆盘 $|z|<R$ 包含 γ, 并且把 Ω 用它与这一圆盘的交集 Ω' 来代替. 于是在 Ω' 中的任一点 a, 或者在 Ω 的余集内, 或者在上述圆盘以外. 在两种情况下, $I_\gamma(a)=0$. 于是 γ 在 Ω' 内与零同调. 对 Ω' 应用以上证明, 我们就对任何开集 Ω 证明了 (1.6).

其次证明 (1.5). 设 γ_0 及 γ_1 在 Ω 内同调. 由 (2.4), $\gamma=\gamma_0-\gamma_1$ 在 Ω 内与零同调. 由上述结果及 (2.2), 就有

$$0=\int_\gamma f(z)dz=\int_{\gamma_0}f(z)dz-\int_{\gamma_1}f(z)dz.$$

由此立即得到 (1.5). □

由定理 2.1 可以得到 Cauchy 公式的推广 :

定理 2.2 设 $f\in H(\Omega)$, 其中 Ω 是 $\mathbb{C}$ 中一个开集. 设闭链 γ_0 在 Ω 内与零同调, 那么 $\forall z\in\Omega\backslash\gamma_0$,

$$f(z)I_{\gamma_0}(z)=\frac{1}{2\pi i}\int_{\gamma_0}\frac{f(\zeta)}{\zeta-z}d\zeta. \tag{2.6}$$

证 由于 $\zeta=z$ 是 $(f(\zeta)-f(z))/(\zeta-z)$ 的可去奇点, 函数

$$F(\zeta)=\begin{cases}\dfrac{f(\zeta)-f(z)}{\zeta-z}, & \zeta\in\Omega\backslash\{z\},\\ f'(z), & \zeta=z\end{cases}$$

在 Ω 内解析. 于是由定理 2.1, $\forall z\in\Omega\backslash\gamma_0$,

$$\begin{aligned}0&=\frac{1}{2\pi i}\int_{\gamma_0}F(\zeta)d\zeta=\frac{1}{2\pi i}\int_{\gamma_0}\frac{f(\zeta)-f(z)}{\zeta-z}d\zeta\\&=\frac{1}{2\pi i}\int_{\gamma_0}\frac{f(\zeta)d\zeta}{\zeta-z}-f(z)I_{\gamma_0}(z).\end{aligned}$$

□

§3 局部 Cauchy 定理的推广

3.1 连续函数沿可求长曲线的积分 同伦及同调形式的 Cauchy 定理都是大范围的 Cauchy 定理. 现在讲述局部 Cauchy 定理的一种推广形式. 为此, 我们先引进可求长曲线以及连续函数沿这种曲线的积分.

定义 3.1 已给 C^0 类曲线 $\gamma: t \mapsto \gamma(t)(t \in [a,b], \gamma \in \mathbb{C})$. 相应于 $[a,b]$ 的分划 $\pi = \{a_0, a_1, a_2, \cdots, a_n\}$:

$$a = a_0 < a_1 < a_2 < \cdots < a_n = b, \tag{3.1}$$

作和式

$$I_\pi = \sum_{k=1}^{n} |\gamma(a_k) - \gamma(a_{k-1})|; \tag{3.2}$$

如果对所有分划 π 作的上列和式有界, 那么 γ 叫做可求长曲线, $\gamma(t)$ 叫做 $[a,b]$ 上的有界变差函数, $\sup\limits_{\pi}\{I_\pi\}$ 叫做曲线 γ 的长, 也叫做函数 $\gamma(t)$ 在 $[a,b]$ 上的全变差. 如果 $\gamma: [a,b] \to \mathbb{R}$, 那么曲线 γ 是实轴上的一条线段, $\gamma(t)$ 是 $[a,b]$ 上的实值函数; 这时关于有界变差的上述定义仍然适用.

设 $\gamma(t) = x(t) + iy(t)$, 其中 $x(t)$ 及 $y(t)$ 是实值函数. 由于

$$\begin{aligned} &|x(a_k) - x(a_{k-1})| \text{ 及 } |y(a_k) - y(a_{k-1})| \\ \leqslant\ &|\gamma(a_k) - \gamma(a_{k-1})| \\ \leqslant\ &|x(a_k) - x(a_{k-1})| + |y(a_k) - y(a_{k-1})|, \end{aligned}$$

可见 C^0 类曲线 γ 可求长的充要条件是: $x(t)$ 及 $y(t)$ 是 $[a,b]$ 上的有界变差函数.

在 "数学分析" 课程中, 已引进上述曲线的长的定义, 并且已经证明: 如果 γ 是分段 C^1 类曲线, 那么 γ 可求长, 而且它的长是

$$\int_a^b \sqrt{(x'(t))^2 + (y'(t))^2}dt.$$

当时还定义过连续函数沿这类曲线的积分.

为了研究连续复值函数沿一般可求长曲线的积分, 先引进下列定义.

定义 3.2 设已给函数 $f: \gamma \to \mathbb{C}$, 其中 γ 是定义 3.1 中引进的 C^0 类曲线. 如果复合函数 $f \circ \gamma = f(\gamma(t))$ 在 $[a,b]$ 上连续, 那么我们说 f 在曲线 γ 上连续.

定理 3.1 如果函数 f 在可求长曲线 $\gamma: [a,b] \to \mathbb{C}$ 上连续, 那么 $\exists I \in \mathbb{C}$, 满足下列条件: $\forall \varepsilon > 0, \exists \delta > 0$, 使得对 $[a,b]$ 的任何分划 $\pi(3.1)$, 只要 $\Delta(\pi) =$

$\max\limits_{k=1,2,\cdots,n}\{a_k - a_{k-1}\} < \delta, \forall \xi_k \in [a_{k-1}, a_k]$,

$$\left| I - \sum_{k=1}^{n} f(\gamma(\xi_k))(\gamma(a_k) - \gamma(a_{k-1})) \right| < \varepsilon. \tag{3.3}$$

上列复数 I 叫做 f 沿 γ 的积分, 或者叫做函数 $f(\gamma(t))$ 关于 γ 的 Stieltjes 积分, 记作

$$I = \int_\gamma f d\gamma = \int_a^b f(\gamma(t)) d\gamma(t)^{①}. \tag{3.4}$$

相应于分划 π, 作和式

$$s_\pi(f \circ \gamma) = \sum_{k=1}^{n} f(\gamma(a_k))(\gamma(a_k) - \gamma(a_{k-1})).$$

先证明下列引理:

引理 3.1 设 f 及 γ 与定理 3.1 中一样, 那么 $\forall \varepsilon > 0, \exists \delta > 0$, 使得:

1) 对 $[a,b]$ 的任意分划 π (3.1), 只要 $\Delta(\pi) < \delta, \forall \xi_k \in [a_{k-1}, a_k]$,

$$\left| s_\pi(f \circ \gamma) - \sum_{k=1}^{n} f(\gamma(\xi_k))(\gamma(a_k) - \gamma(a_{k-1})) \right| < \frac{\varepsilon}{4}. \tag{3.5}$$

2) 对 $[a,b]$ 的任意两分划 π 及 π', 只要 $\Delta(\pi) < \delta, \Delta(\pi') < \delta$,

$$|s_\pi(f \circ \gamma) - s_{\pi'}(f \circ \gamma)| < \frac{\varepsilon}{2}. \tag{3.6}$$

证 由于 $f \circ \gamma$ 在紧集 $[a,b]$ 上连续, $\forall \varepsilon > 0, \exists \delta > 0$, 使得当 t 及 $t' \in [a,b]$, 而且 $|t - t'| < \delta$ 时,

$$|f(\gamma(t)) - f(\gamma(t'))| < \varepsilon/4l, \tag{3.7}$$

其中 $l(>0)$ 是曲线 γ 的长 (不必考虑 $l = 0$ 情形).

1) (3.5) 的左边可写成

$$\begin{aligned} &\left| \sum_{k=1}^{n} (f(\gamma(a_k)) - f(\gamma(\xi_k)))(\gamma(a_k) - \gamma(a_{k-1})) \right| \\ \leqslant &\sum_{k=1}^{n} |f(\gamma(a_k)) - f(\gamma(\xi_k))||\gamma(a_k) - \gamma(a_{k-1})|. \end{aligned}$$

由 (3.7), 上式右边小于

$$(\varepsilon/4l) \sum_{k=1}^{n} |\gamma(a_k) - \gamma(a_{k-1})| \leqslant (\varepsilon/4l) \cdot l = \frac{\varepsilon}{4}.$$

① 这个定理是胡坤陞先生在 20 世纪 30 年代首先提出的, 请参看本书参考文献中所列出的胡先生数学论文集.

于是 1) 得证.

2) π (3.1) 及 π' 是 $[a,b]$ 的两个分划, 且满足 $\Delta(\pi)<\delta$ 及 $\Delta(\pi')<\delta$. 引进分划 $\pi''=\pi\bigcup\pi'$. 记 $\pi''_k=\{\pi'\bigcap[a_{k-1},a_k]\}\bigcup\{a_{k-1},a_k\}$, 那么

$$\pi''=\bigcup_{k=1}^n \pi''_k,\quad s_{\pi''}(f\circ\gamma)=\sum_{k=1}^n s_{\pi''_k}(f).$$

设 $\pi''_k=\{a_j^{(k)}\}$, 由 (3.7),

$$\begin{aligned}&|s_{\pi''_k}(f\circ\gamma)-f(\gamma(a_k))(\gamma(a_k)-\gamma(a_{k-1}))|\\ <&(\varepsilon/4l)\sum_j|\gamma(a_j^{(k)})-\gamma(a_{j-1}^{(k)})|,\end{aligned}$$

从而

$$\begin{aligned}|s_{\pi''}(f\circ\gamma)-s_\pi(f\circ\gamma)|&<\frac{\varepsilon}{4l}\sum_k\sum_j|\gamma(a_j^{(k)})-\gamma(a_{j-1}^{(k)})|\\ &\leqslant\frac{\varepsilon}{4l}\cdot l=\frac{\varepsilon}{4}.\end{aligned}\tag{3.8}$$

同样

$$|s_{\pi''}(f\circ\gamma)-s_{\pi'}(f\circ\gamma)|<\frac{\varepsilon}{4}.\tag{3.9}$$

由 (3.8) 及 (3.9) 可推出 (3.6). 于是 2) 得证. □

定理 3.1 的证 首先确定复数 I, 取 $[a,b]$ 的分划的序列 $\{\pi_m\}$, 使得 $\Delta(\pi_m)\downarrow 0(m\uparrow\infty)$①, 于是由引理 3.1, $\{s_{\pi_m}(f\circ\gamma)\}$ 是一 Cauchy 序列. 令

$$\lim_{m\to\infty}s_{\pi_m}(f\circ\gamma)=I.$$

其次证明 I 满足定理 3.1 中的结论. $\forall\varepsilon>0,\exists N\in\mathbb{N}_+$, 使得 $\forall m>N$,

$$|s_{\pi_m}(f\circ\gamma)-I|<\varepsilon/4.\tag{3.10}$$

像引理 3.1 中那样, 取 $\delta>0$ 相应于 $\varepsilon>0$, 并且取定整数 $N_1>N$, 使得当 $m>N_1$ 时, $\Delta(\pi_m)<\delta$. 取 $[a,b]$ 的分划 $\pi(\Delta(\pi)<\delta)$. 由引理 3.1, 当 $m>N_1$ 时,

$$|s_\pi(f\circ\gamma)-s_{\pi_m}(f\circ\gamma)|<\varepsilon/2.\tag{3.11}$$

由 (3.10), (3.11) 及 (3.5) 就可推出 (3.3). 定理 3.1 证完. □

在定理 3.1 的假设下, 类似地可证明: $\exists I^*\in\mathbb{C}$, 满足下列条件: $\forall\varepsilon>0,\exists\delta>0$, 使得对 $[a,b]$ 的任何分划 π (3.1), 只要 $\Delta(\pi)<\delta,\forall\xi_k\in[a_{k-1},a_k]$,

$$\left|I^*-\sum_{k=1}^n|f(\gamma(\xi_k))||\gamma(a_k)-\gamma(a_{k-1})|\right|<\varepsilon.$$

① $\nearrow,\uparrow,\searrow$ 及 $\downarrow$ 分别表示 "递增趋于"、"严格递增趋于"、"递减趋于" 及 "严格递减趋于".

I^* 记作下列积分:

$$I^* = \int_\gamma |f||d\gamma| = \int_a^b |f(\gamma(t))||d\gamma(t)|.$$

特别地,

$$\int_\gamma |d\gamma| = \int_a^b |d\gamma(t)| = l \quad (\text{曲线 } \gamma \text{ 的长}),$$

而且不难看出,

$$\left|\int_\gamma f d\gamma\right| \leqslant \int_\gamma |f||d\gamma|. \tag{3.12}$$

3.2 局部 Cauchy 定理的一种推广 局部 Cauchy 定理可推广如下:

定理 3.2 设 $f(z)$ 在可求长封闭 Jordan 曲线即简单连续曲线 γ 所围成的内部区域 D 内解析. 在 $\bar{D} = D \bigcup \gamma$ 上连续, 那么

$$\int_\gamma f(z)dz = 0.$$

关于封闭 Jordan 曲线可把平面分成两个区域的证明, 请参看 M. H. A. Newman. Topology of Plane Sets of Points. 2nd Ed. Cambridge University Press, 1954.

定理 3.2 有种种证法, 请参看胡坤陞数学论文集 (人民教育出版社, 1960 年); G. Valiron, Théorie des Fonctions (Masson, 1948); M. H. A. Newman 的上引书; 以及普里瓦洛夫, 复变函数引论 (高等教育出版社, 1956 年 8 月). 本书中这个定理的证明用到 Lebesgue 积分, 比较简明, 它是 Th. Estermann 作出的, 请参看普里瓦洛夫的上引书.

为了证明定理 3.2, 先证明三个引理:

引理 3.2 设 $x(t)$ 是在 $[a,b]$ 上有有界变差的连续实值函数, 设它在 $[a,b]$ 上的全变差是 V_x. 用 $h(v)$ 表示函数 $x(t)$ 在 $[a,b)$ 中取值 v 的次数. 那么 V_x 可用 Lebesgue 积分表示出来:

$$V_x = \int_{-\infty}^{\infty} h(v)dv. \tag{3.13}$$

证 不失一般性, 可设 $a=0, b=1$. 证明分两步进行.

1) 定义函数 $h_n(v)$ 如下: 把 $0 \leqslant t < 1$ 分成 2^n 个等长的区间 $[2^{-n}(l-1), 2^{-n}l)(l=1,2,\cdots,n)$, 并且用 $h_n(v)$ 表示 $x(t)$ 在其中取值 v 的上列区间的个数. 显然 $h_n(v) \leqslant h_{n+1}(v)$. 还可证明

$$\lim_{n\to\infty} h_n(v) = h(v). \tag{3.14}$$

事实上, 在 $h(v) \leqslant 1$ 时, $\forall n, h_n(v) = h(v)$.

在 $1 < h(v) < \infty$ 时, 设 $\xi_1, \xi_2, \cdots, \xi_{h(v)}$ 是 $x(t) = v$ 在 $[0,1]$ 上的根. 令 $\delta = \min\{\xi_l - \xi_{l-1}\}(l=2,3,\cdots,h(v))$, 那么 $\forall n \in \{n|2^{-n} < \delta\}, h_n(v) = h(v)$.

在 $h(v)=\infty$ 时, $\forall m(\in\mathbb{N})>1, \exists\xi_1,\xi_2,\cdots,\xi_m(0\leqslant\xi_1<\xi_2<\cdots<\xi_m<1)$, 使得 $x(\xi_1)=x(\xi_2)=\cdots=x(\xi_m)=v$. 令 $\delta=\min\{\xi_l-\xi_{l-1}\}(l=2,3,\cdots,m)$. 很明显, 对于每一个适合 $2^{-n}<\delta$ 的 n, 也就是说, 从一个充分大的 n 起都有 $h_n(v)\geqslant m$. 换句话说, $\lim\limits_{n\to\infty}h_n(v)=\infty$.

因此在任何情况下, (3.14) 成立.

2) 设 $h_{n,l}(v)=1$ 或 0, 按照 $x(t)$ 在 $[2^{-n}(l-1),2^{-n}l)$ 中是否取值 v 而定. 于是

$$h_n(v)=\sum_{l=1}^{2^n}h_{n,l}(v).$$

用 $M_{n,l}$ 及 $m_{n,l}$ 分别表示 $x(t)$ 在 $[2^{-n}(l-1),2^{-n}l]$ 中的最大值及最小值. 于是

$$h_{n,l}(v)=\begin{cases}0, & v\in(-\infty,m_{n,l})\bigcup(M_{n,l},+\infty),\\ 1, & v\in(m_{n,l},M_{n,l}),\end{cases}$$

从而

$$\sum_{l=1}^{2^n}(M_{n,l}-m_{n,l})=\int_{-\infty}^{\infty}h_n(v)dv,$$

由 Levi 定理,

$$\exists\lim_{n\to\infty}\sum_{l=1}^{2^n}(M_{n,l}-m_{n,l})=\int_{-\infty}^{\infty}h(v)dv.$$

由于 $x(t)$ 在 $[0,1]$ 上是有有界变差的连续函数, 可见 (3.13) 成立. □

引理 3.3 设可求长封闭 Jordan 曲线 γ 可表示为

$$\gamma=\gamma(t)=x(t)+iy(t),\quad t\in[0,1],$$

其中 $x(t)$ 及 $y(t)$ 是实值函数, $\gamma(0)=\gamma(t)$, 那么

$$E_c=\{c|\gamma \text{ 与 } x=c \text{ 有无穷个交点}\}$$

的 Lebesgue 测度是零.

证 由假设, $x(t)$ 是有有界变差的连续实值函数. 用 $h(c)$ 表示 $x(t)$ 在 $[0,1)$ 中取值 c 的次数; 它就是曲线 γ 与直线 $x=c$ 的交点的个数. 由引理 3.2, $h(c)$ 是 Lebesgue 可积的, 从而 $E_c=\{c|h(c)=\infty\}$ 的 Lebesgue 测度是零. □

引理 3.4 设曲线 γ 同引理 3.3, 那么 $\forall\delta>0,\exists\alpha\in\mathbb{R}$, 使得曲线 γ 与直线 $x=\alpha+m\delta(m\in\mathbb{Z}=\{0,\pm1,\pm2,\cdots\})$ 中任一条只有有限个交点.

证 采用引理 3.3 中的记号, $\forall m\in\mathbb{Z}, E_{\alpha+m\delta}$ 的 Lebesgue 测度是零, 从而 $\bigcup E_{\alpha+m\delta}(m\in\mathbb{Z})$ 的 Lebesgue 测度是零. 于是 $\exists\alpha\in\mathbb{R}$ 满足引理中的结论. □

定理 3.2 的证明 由于 $f(z)$ 在 $\bar{D}$ 上一致连续, $\forall\varepsilon>0,\exists\delta\in(0,1)$, 使得 $\forall z$ 及 $z_0\in\bar{D}$ 且满足 $|z-z_0|<2\delta$ 时, $|f(z)-f(z_0)|<\varepsilon$.

现在选取 $\alpha\in\mathbb{R}$, 使其满足引理 3.4 中的结论; 还选取 $\beta\in\mathbb{R}$, 使得曲线 γ 与直线 $y=\beta+m\delta(m\in\mathbb{Z})$ 中每一条只有有限个交点. 于是直线 $x=\alpha+m\delta$ 及 $y=\beta+m\delta$ 把 D 分成有限个区域 $D_1,D_2,\cdots,D_N$, 其中每一个的边界是可求长的 Jordan 曲线, 记作 $\gamma_1,\gamma_2,\cdots,\gamma_N$. 于是

$$\int_\gamma f(z)dz=\sum_{n=1}^{N}\int_{\gamma_n}f(z)dz,$$

这里每一个积分是沿曲线关于所围区域的正向取的. 设在 $\gamma_1,\cdots,\gamma_N$ 中只有前 q 个含 γ 上的点, 那么由简单形式的 Cauchy 定理,

$$\int_\gamma f(z)dz=\sum_{n=1}^{q}\int_{\gamma_n}f(z)dz. \tag{3.15}$$

用 l 及 l_n 表示曲线的长. 考虑直线 $x=\alpha+m\delta$ 及 $y=\beta+m\delta(m\in\mathbb{N})$ 所构成的正方形; 其边界上含有 γ 上的点的正方形的个数不超过 $4(l/\delta+1)$. 于是

$$\sum_{n=1}^{q}l_n-l\leqslant 4\delta\cdot4(l/\delta+1)=16l+16\delta;$$

由于 $\delta<1$, 即得 $\displaystyle\sum_{n=1}^{q}l_n<17l+16$.

显然, γ_n 的直径不超过 $\sqrt{2}\delta$. 选取 $z_0\in\gamma_n$. 我们有

$$\left|\int_{\gamma_n}(f(z)-f(z_0))dz\right|\leqslant l_n\varepsilon.$$

另一方面,

$$\begin{aligned}\int_{\gamma_n}(f(z)-f(z_0))dz&=\int_{\gamma_n}f(z)dz-f(z_0)\int_{\gamma_n}dz\\&=\int_{\gamma_n}f(z)dz,\end{aligned}$$

从而

$$\left|\int_{\gamma_n}f(z)dz\right|\leqslant l_n\varepsilon.$$

于是由 (3.15),

$$\begin{aligned}\left|\int_\gamma f(z)dz\right|&\leqslant\sum_{n=1}^{q}\left|\int_{\gamma_n}f(z)dz\right|\\&\leqslant\left(\sum_{n=1}^{q}l_n\right)\varepsilon<(17l+16)\varepsilon.\end{aligned}$$

由于 ε 是任意正数, 定理 3.2 得证. □

第二章　最大模原理

最大模原理是复变函数论中的一个重要原理. 本章给出这个原理的推广形式、有关结果及其应用.

§1　Lindelöf–Phragmén 定理

1.1　Lindelöf 定理　我们知道, 在有界区域内解析、在其闭包上连续的函数或者恒等于常数, 或者只在区域的边界上达到最大模. 但是对于无界区域, 这结果不一定成立. 例如函数 $f(z)=\exp\{e^z\}$ 在 $D=\left\{z\middle||\operatorname{Im} z|<\dfrac{\pi}{2}\right\}$ 内解析、在 D 的闭包 $\bar{D}$ 上连续, 而且在 D 的边界 ∂D 上, $|f(z)|=1$. 考虑 z 取正实数值情形, 就可看出 $f(z)$ 在 D 内无界.

要把最大模原理推广到无界区域情形, 需要对 $f(z)$ 在无穷远点邻域内的增长性加上一些条件. 此外, 我们也不必假设 $f(z)$ 在区域的闭包上连续. 现在引进下列定义:

定义 1.1　设 $f: D\to\mathbb{R}$, 并且 $a\in\partial D$, 这里 D 是 $\mathbb{C}$ 中的区域; 当 D 为无界域时, a 可能为 ∞. 当 $z\to a$ 时, $f(z)$ 的上极限 $\varlimsup\limits_{z\to a} f(z)=L$ (有限实数) 的定义是: $\forall\varepsilon>0$,

1) $\exists a$ 的一个邻域 $V_a, \forall z\in V_a\bigcap D, f(z)<L+\varepsilon$;

2) $\exists\{z_n\}\subset D(z_n\to a), f(z_n)>L-\varepsilon$.

当 $z\to a$ 时, $f(z)$ 的下极限 $\varliminf\limits_{z\to a} f(z)=l$ (有限实数) 的定义是: $\forall\varepsilon>0$,

1′) $\exists a$ 的一个邻域 $V_a, \forall z\in V_a\bigcap D, f(z)>l-\varepsilon$;

2′) $\exists\{z_n\}\subset D(z_n\to a), f(z_n)<l+\varepsilon$.

显然, 如果

$$\overline{\lim_{z\to a}} f(z) = \underline{\lim_{z\to a}} f(z),$$

那么 $\exists \lim\limits_{z\to a} f(z)$, 并且等于上列上、下极限的公共值. 当 L 或 $l=\pm\infty$, 或 $D\subset\mathbb{R}$ 时, 不难作出上、下极限的相应定义.

最大模原理可推广如下:

定理 1.1 设 $D(\subset\mathbb{C})$ 是一区域, 并且 $f(z)$ 在 D 内解析. 又设 $\exists M>0, \forall a\in \partial_\infty D$①, $\overline{\lim\limits_{z\to a}}|f(z)|\leqslant M(z\in D)$, 那么 $\forall z\in D, |f(z)|\leqslant M$.

证 $\forall z_0\in D, \forall\varepsilon>0, \forall a\in\partial_\infty D$, 存在 a 的一个邻域 $V_a(z_0\bar{\in}V_a)$, $\forall z\in V_a\bigcap D$, $|f(z)|<M+\varepsilon$. $\partial D\backslash V_\infty$ 是一有界闭集. 因此可找到有限个 $V_{a_1}, V_{a_2},\cdots,V_{a_n}$, 使得 $\left(\bigcup\limits_{k=1}^{n} V_{a_k}\right)\bigcup V_\infty\supset\partial D$. 于是 z_0 在 $\partial V_{a_k}(k=1,\cdots,n)$ 及 ∂V_∞ 所围成的一个区域 $D'(\subset D)$ 内, $\forall z\in\partial D'$, 我们有 $|f(z)|\leqslant M+\varepsilon$. 因此由最大模原理, $|f(z_0)|\leqslant M+\varepsilon$. 由于 ε 及 z_0 的任意性, 我们就可得到定理 1.1 的结论. □

推论 1.1 设 $f(z)$ 在 $D=\{z|x_1<\mathrm{Re}\,z<x_2\}$ 内解析并且有界, 这里 x_1 及 x_2 是两个有限实数. 如果 $\forall a\in\{z|\mathrm{Re}\,z=x_1 \text{ 或 } x_2\}$, $\overline{\lim\limits_{z\to a}}|f(z)|\leqslant M(z\in D)$, 那么 $\forall z\in D, |f(z)|\leqslant M$.

证 $\forall\varepsilon>0$, 取

$$g(z)=e^{\varepsilon z^2}f(z).$$

当 $a=x_j+iy$ $(j=1,2; y$ 是实数$)$ 时,

$$\overline{\lim_{z\to a}}|g(z)|=e^{\varepsilon(x_j^2-y^2)}\,\overline{\lim_{z\to a}}|f(z)|\leqslant e^{\varepsilon x_0^2}M,$$

其中 $x_0^2=\max\{x_1^2,x_2^2\}$. 又因 $f(z)$ 在 D 内有界,

$$\overline{\lim_{z\to a}}|g(z)|=\overline{\lim_{z\to a}}\,e^{\varepsilon(x_j^2-y^2)}|f(z)|\leqslant e^{\varepsilon x_0^2}M.$$

由定理 1.1, $\forall z'=x'+it'\in D$, $|g(z')|\leqslant e^{\varepsilon x_0^2}M$, 从而

$$|f(z')|\leqslant e^{\varepsilon(x_0^2-x'^2+t'^2)}M.$$

令 $\varepsilon\to 0$, 我们得到 $|f(z')|\leqslant M$. □

E. L. Lindelöf 放宽了定理 1.1 中对函数增长性所加的限制, 得到了下列定理:

定理 1.2 (Lindelöf) 设函数 f 及 φ 在区域 D 内解析, 而且 φ 在 D 内有界且无零点. 如果正数 M 及 $\partial_\infty D=A\bigcup B$ 满足下列条件:

① 当 D 是有界域时, $\partial_\infty D=\partial D$; 当 D 是无界域时, $\partial_\infty D=\partial D\bigcup\{\infty\}$.

1) $\forall a \in A, \overline{\lim_{z \to a}} |f(z)| \leqslant M$;

2) $\forall b \in B, \forall \eta > 0, \overline{\lim_{z \to b}} |f(z)||\varphi(z)|^{\eta} \leqslant M$,

那么 $\forall z \in D, |f(z)| \leqslant M$.

证 取 $\mathrm{Ln}\,\varphi(z)$ 在 D 内的一个解析分支 $\ln\varphi(z)$. 于是 $\forall \eta > 0, g(z) = \exp\{\eta \ln \varphi(z)\}$ 是 $(\varphi(z))^{\eta}$ 在 D 内的一个相应解析分支. 设 K 是 $|\varphi(z)|$ 在 D 内的有限上界. 令 $F(z) = f(z)g(z)K^{-\eta}$, 那么在 D 内, $F(z)$ 解析, 并且 $|F(z)| \leqslant |f(z)|$. 于是由 1) 及 2),

$$\overline{\lim_{z \to a}} |F(z)| \leqslant M, \quad \overline{\lim_{z \to b}} |F(z)| \leqslant M K^{-\eta}.$$

由定理 1.1, $\forall z_0 \in D, |F(z_0)| \leqslant \max\{M, K^{-\eta} M\}$, 从而

$$|f(z_0)| \leqslant |g(z_0)|^{-\eta} K^{\eta} \max\{M, K^{-\eta} M\}.$$

令 $\eta \to 0$, 就得到 $|f(z_0)| \leqslant M$. □

1.2 Phragmén 定理 L. E. Phragmén 把 Lindelöf 定理应用到角形区域, 并且取特别的函数 $\varphi(z)$, 于是得到了下列定理:

定理 1.3 (Phragmén) 设 $a \geqslant \frac{1}{2}$, 并且令

$$D = \left\{ z \middle| |\arg z| < \frac{\pi}{2a} \right\}. \tag{1.1}$$

设 f 在 D 内解析, 并且有正的常数 M, P 及 $b(< a)$, 使得对于 $z \in D$ 及 $\forall w \in \partial D$,

$$\overline{\lim_{z \to w}} |f(z)| \leqslant M, \tag{1.2}$$

而且对于 $z \in D$, 当 $|z|$ 充分大时,

$$|f(z)| \leqslant P \exp\{|z|^{b}\}, \tag{1.3}$$

那么 $\forall z \in D, |f(z)| \leqslant M$.

证 取 $c \in (b, a)$, 并且令 $\varphi(z) = \exp\{-z^{c}\} (z \in D)$. 如果 $z = re^{i\theta} \in D$, 那么

$$|\varphi(z)| = \exp\{-r^{c} \cos c\theta\}.$$

由于这时 $|\theta| < \frac{\pi}{2a}$, 我们有 $c|\theta| < \frac{c\pi}{2a} < \frac{\pi}{2}$, 从而 $\cos c\theta > \cos\left(\frac{c\pi}{2a}\right) = \rho$ (设) > 0. 因此我们有

$$\overline{\lim_{z \to \infty}} |\varphi(z)| = 0, \quad z \in D.$$

于是 $\varphi(z)$ 在 D 内有界且无零点.

在定理 1.2 中取 D 为 (1.1), 取 $A=\partial D, B=\{\infty\}$. 由 (1.2), 可见这里的 $f(z)$ 满足定理 1.2 中的条件 1). 其次, $\forall\eta>0$, 当 $z\in D$, 并且 $|z|$ 充分大时,

$$\begin{aligned}|f(z)||\varphi(z)|^{\eta} &\leqslant P\exp\{r^{b}-\eta r^{c}\cos c\theta\}\\ &< P\exp\{r^{b}-\eta r^{c}\rho\}.\end{aligned}$$

于是 f 及 φ 满足定理 1.2 中的条件 2). 应用这一定理, 立即得到定理 1.3 的结论.□

$\forall\theta_0\in(0,2\pi)$, 在定理 1.3 中把由 (1.1) 确定的 D 换成

$$D_{\theta_0}=\left\{z\middle||\arg z-\theta_0|<\frac{\pi}{2a}\right\},$$

这定理仍然成立.

应用定理 1.3, 可以证明: 在这个定理中, 可把 (1.3) 换成较宽的条件.

推论 1.2 设 $a\geqslant\dfrac{1}{2}$, 并且令 D 由 (1.1) 给出. 设 f 在 D 内解析, 并且有正的常数 M, 使得对于 $z\in D$ 及 $\forall w\in\partial D$, (1.2) 成立. 还设 $\forall\delta>0,\exists P=P(\delta)>0$, 使得对于 $z\in D$, 当 $|z|$ 充分大时,

$$|f(z)|\leqslant P\exp\{\delta|z|^{a}\},\tag{1.4}$$

那么 $\forall z\in D,|f(z)|\leqslant M$.

证 $\forall\varepsilon>0$, 作 D 内的解析函数

$$F(z)=f(z)\exp\{-\varepsilon z^{a}\},$$

这里取定 z^a 在 D 内的一个解析分支. 令

$$\begin{aligned}H_{\pm}&=\left\{z\middle|0<\pm\arg z<\frac{\pi}{2a}\right\},\\ L_{\pm}&=\left\{z\middle|\arg z=\pm\frac{\pi}{2a}\right\}.\end{aligned}$$

我们要分别在 H_+ 及 H_- 内对 $F(z)$ 应用定理 1.3.

当 $z\in H_\pm$ 时, $|F(z)|\leqslant|f(z)|$. 因此当 $w\in L_+$ 或 L_- 时,

$$\varlimsup_{z\to w}|F(z)|\leqslant\varlimsup_{z\to w}|f(z)|\leqslant M,\quad z\in H_+\text{ 或 }H_-.\tag{1.5}$$

取 $\delta\in(0,\varepsilon)$, 那么由定理的条件, $\exists P=P(\delta)>0$, 使得当 x 充分大时,

$$|F(x)|\leqslant P(\exp\{(\delta-\varepsilon)x^{a}\}).$$

因此 $\lim\limits_{x\to+\infty}|F(x)|=0$, 从而 $\exists x_0\in[0,+\infty)$, 使得

$$F(x_0)=M_1=\sup\{|F(x)|\big|x\in[0,+\infty)\}.$$

于是当 $w \in \{z||\arg z| = 0\}$ 时, $\overline{\lim\limits_{z\to w}}|F(z)| \leqslant M_1(z \in D)$. 因而对于 $w \in \partial H_+$ 或 ∂H_-,

$$\overline{\lim_{z\to w}}|F(z)| \leqslant M_2, \quad z \in H_+ \text{ 或 } H_-,$$

其中 $M_2 = \max\{M, M_1\}$. 又因 (1.4) 在 H_+ 及 H_- 中成立, 所以由定理 1.3, $\forall z \in H_+ \bigcup H_-$, 从而 $\forall z \in D, |F(z)| \leqslant M_2$, 其中 $M_2 = \max\{M, M_1\}$.

现在来证 $M_2 = M$. 假定 $M_2 = M_1 > M$. 由于 $\lim\limits_{x\to+\infty}|F(x)| = 0$, 以及 $\overline{\lim\limits_{x\to+0}}|f(x)| = \overline{\lim\limits_{x\to+0}}|F(x)| \leqslant M, |F(x)|$ 在 $(0, +\infty)$ 内一点取最大值 M_1, 因此 $F(z)$ 为一常数, 并且 $|F(z)| = M_1 > M$, 与 (1.5) 矛盾. 于是 $M_2 = M$, 从而 $\forall z \in D$

$$|f(z)| \leqslant M \exp\{\varepsilon \mathrm{Re}\, z^a\}.$$

令 $\varepsilon \to 0$, 就得到定理的结论. □

在定理 1.3 及推论 1.2 中, (1.3) 及 (1.4) 型的条件是不可少的. 例如在定理 1.1 中, 取 $a = 1, f(z) = e^z$, 那么在 ∂D 上, $|f(z)| = 1$. 但 $\forall \theta_0 \in (0, 2\pi)$,

$$\overline{\lim_{z\to\infty}}|f(re^{i\theta})| = +\infty.$$

§2 三 圆 定 理

2.1 凸函数 为了阐明三圆定理, 先引进在分析中起重要作用的凸函数概念.

定义 2.1 设 f: 区间 $I \to \mathbb{R}$. 如果对曲线 $y = f(x)$ 上任意三点 $P_k(x_k, f(x_k))$, 其中 $k = 1, 2, 3$, 而且 $x_1 < x_3 < x_2, P_3$ 或者在 P_1 及 P_2 的联线下方, 或者在这联线上, 那么这曲线称为(下) 凸曲线, f 称为凸函数.

根据这一定义, $f: I \to \mathbb{R}$ 是凸函数的条件可以写成: $\forall x_1, x_2, x_3 \in I(x_1 < x_3 < x_2)$,

$$f(x_3) \leqslant \frac{x_2 - x_3}{x_2 - x_1} f(x_1) + \frac{x_3 - x_1}{x_2 - x_1} f(x_2) \tag{2.1}$$

或

$$\begin{vmatrix} f(x_1) & x_1 & 1 \\ f(x_2) & x_2 & 1 \\ f(x_3) & x_3 & 1 \end{vmatrix} \geqslant 0. \tag{2.2}$$

我们也可把这条件写成: $\forall x_1, x_2 \in I(x_1 < x_2), \forall t \in (0, 1)$,

$$f((1-t)x_1 + tx_2) \leqslant (1-t)f(x_1) + tf(x_2). \tag{2.3}$$

凸函数具有下述重要性质:

定理 2.1 设 $f:(a,b)\to\mathbb{R}$ 是一凸函数, 那么

1) f 在 (a,b) 内连续;

2) f 在 (a,b) 内每点有左右导数;

3) f 在 (a,b) 内每点的左导数不超过右导数;

4) f 在 (a,b) 内的左、右导数都是递增的.

证 设 $x_0\in(a,b)$. 取 x_1 及 x_2, 使得 $x_0\in(x_1,x_2)\subset(a,b)$. 在曲线 $y=f(x)$ 上取三点 $P_j(x_j,f(x_j))(j=0,1,2)$. 由于 P_0 在线段 P_1P_2 的下方或在这线段上, 线段 P_1P_0,P_1P_2 及 P_0P_2 的斜率是递增的, 亦即

$$\frac{f(x_0)-f(x_1)}{x_0-x_1}\leqslant\frac{f(x_2)-f(x_1)}{x_2-x_1}\leqslant\frac{f(x_2)-f(x_0)}{x_2-x_0}. \tag{2.4}$$

取 $x_2''\in(x_0,x_2)$. 那么曲线上的点 $P_2''(x_2'',f(x_2''))$ 在线段 P_0P_2 下方或在这线段上. 因此

$$\frac{f(x_0)-f(x_1)}{x_0-x_1}\leqslant\frac{f(x_2'')-f(x_0)}{x_2''-x_0}\leqslant\frac{f(x_2)-f(x_0)}{x_2-x_0}.$$

于是当 $x_2\to x_0+$ 时, $(f(x_2)-f(x_0))/(x_2-x_0)$ 是递减的, 而且有下界 $(f(x_0)-f(x_1))/(x_0-x_1)$. 因此

$$\exists\lim_{x\to x_0+}\frac{f(x)-f(x_0)}{x-x_0}=f'_+(x_0).$$

同理可知

$$\exists\lim_{x\to x_0-}\frac{f(x)-f(x_0)}{x-x_0}=f'_-(x_0).$$

于是 1) 及 2) 得证.

由 (2.4) 得

$$\frac{f(x_0)-f(x_1)}{x_0-x_1}\leqslant\frac{f(x_2)-f(x_0)}{x_2-x_0}.$$

在上式两边分别令 $x_1\to x_0+$ 及 $x_2\to x_0-$, 就得到 3).

现在证明 4). 取 $x_1'\in(x_1,x_2),x_2'\in(x_2,b)$, 那么

$$\frac{f(x_1')-f(x_1)}{x_1'-x_1}\leqslant\frac{f(x_2)-f(x_1)}{x_2-x_1}\leqslant\frac{f(x_2')-f(x_2)}{x_2'-x_2}.$$

令 $x_1'\to x_1+,x_2'\to x_2+$, 我们得到

$$f'_+(x_1)\leqslant(f(x_2)-f(x_1))/(x_2-x_1)\leqslant f'_+(x_2).$$

类似地证明 $f'_-(x_1)\leqslant f'_-(x_2)$. 4) 得证. □

推论 2.1 设 $f:(a,b)\to\mathbb{R}$ 是可微函数, 那么 f 是凸函数必须而且只须 f' 是递增的.

证 条件的必要性由定理 2.1 即得. 现证明条件的充分性. 任取 $x_1, x_2, x_3 \in (a, b)$, 并使 $x_1 < x_3 < x_2$. 由中值定理, $\exists x' \in (x_1, x_3), \exists x'' \in (x_3, x_2)$, 使得

$$f(x_3) - f(x_1) = f'(x')(x_3 - x_1),$$
$$f(x_2) - f(x_3) = f'(x'')(x_2 - x_3).$$

由已给条件,

$$\frac{f(x_3) - f(x_1)}{x_3 - x_1} \leqslant \frac{f(x_2) - f(x_3)}{x_2 - x_3}.$$

简化后即得 (2.1). □

2.2 三圆定理与三直线定理 对于圆环内解析函数, J. Hadamard 找到了函数在三个同心圆上最大模之间的关系, 即三圆定理. G. Doetsch 把这一结果转移到带形中的函数, 得到了三直线定理. 我们在这里先证明三直线定理, 然后由此导出三圆定理.

定理 2.2 (三直线定理) 设实数 a 及 b 满足 $a < b$, 并且令

$$D = \{z | a < \operatorname{Re} z < b\}.$$

设 $f: D \to \mathbb{C}$ 在 D 内有界解析, 并且不恒等于零. 令

$$M(x) = \sup\{|f(x + iy)| \,|\, -\infty < y < +\infty\},$$

那么 $\ln M(x)$ 是 x 的凸函数.

证 设 α 是一 (待定) 实数. 那么

$$\varphi(z) = e^{\alpha z} f(z)$$

在 D 内有界解析, 并且不恒等于零. $\forall x_1, x_2 \in (a, b), \forall x_3 \in (x_1, x_2)$. 于是 $M(x_k) > 0$ $(k = 1, 2, 3)$. 由推论 1.1, $\forall y \in \mathbb{R}$,

$$|\varphi(x_3 + iy)| \leqslant \max\{e^{\alpha x_1} M(x_1), e^{\alpha x_2} M(x_2)\},$$

从而

$$e^{\alpha x_3} M(x_3) \leqslant \max\{e^{\alpha x_1} M(x_1), e^{\alpha x_2} M(x_2)\}. \tag{2.5}$$

确定 α, 使得 $e^{\alpha x_1} M(x_1) = e^{\alpha x_2} M(x_2)$, 亦即取

$$\alpha = (\ln M(x_1) - \ln M(x_2))/(x_2 - x_1).$$

代入 (2.5), 我们就得到

$$\ln M(x_3) \leqslant \frac{x_2 - x_3}{x_2 - x_1} \ln M(x_1) + \frac{x_3 - x_1}{x_2 - x_1} \ln M(x_2).$$

因此 $\ln M(x)$ 是 x 的凸函数. □

定理 2.3 (三圆定理) 设实数 a 及 b 满足 $0<a<b$, 并且令

$$D=\{z|a<|z|<b\}.$$

设 $f:D\to\mathbb{C}$ 在 D 内解析, 并且不恒等于零. 令

$$M(r)=\max\{|f(z)|\,||z|=r\},\quad r\in(a,b),$$

那么 $\ln M(r)$ 是 $\ln r$ 的凸函数.

证 指数函数 $z=e^w$ 建立了带形 $\{w|\ln a<\operatorname{Re}w<\ln b\}$ 与 D 之间的 (多叶) 映射. 任取 r_1 及 r_2 满足 $a<r_1<r_2<b$, 那么 $F(w)=f(e^w)$ 是带形 $\{w|\ln r_1<\operatorname{Re}w<\ln r_2\}$ 内不恒等于零的有界解析函数. 令 $\mathfrak{M}(u)=M(e^u)$. 由定理 2.2, $\ln\mathfrak{M}(u)$ 是 u 在 $(\ln r_1,\ln r_2)$ 内的凸函数. 由 r_1 及 r_2 的任意性, 可见 $\ln\mathfrak{M}(u)$ 是 u 在 $(\ln a,\ln b)$ 内的凸函数, 从而 $\ln M(r)$ 是 $\ln r$ 在 (a,b) 内的凸函数. □

§3 Schwarz 引理及其应用

3.1 Schwarz 引理 设函数在某一圆盘内解析并且有界. 根据最大模原理, 如果函数的模在圆盘内某一点达到上确界, 那么这函数恒等于常数. 如果已知它在圆盘内某一点的值比上确界小, 可以导出进一步的结果. 复变函数基础教程中的 Schwarz 引理就是这种类型的一个结果.

令 $D=\{z||z|<1\}$. Schwarz 引理说: 如果 $f:D\to\mathbb{C}$ 在 D 内解析, $|f(z)|\leqslant1$, 并且 $f(0)=0$, 那么

1) 在 D 内, $|f(z)|\leqslant|z|$;

2) 如果对于 $z_0\in D-\{0\}$, $|f(z_0)|=|z_0|$, 那么在 D 内, $f(z)=\lambda z$, 其中 λ 是模为 1 的复常数.

在上述结论 1) 中, 可补充 $|f'(0)|\leqslant1$; 在 2) 中可补充: 如果 $|f'(0)|=1$, 那么在 D 内仍然有 $f(z)=\lambda z$, 其中 λ 是模为 1 的复常数.

在 Schwarz 引理中, 对函数及其定义域作了一些特殊的假设. 应用分式线性映射, 可以得到比较一般的结果.

定理 3.1 设 $f:D\to\mathbb{C}$ 在 D 内解析, $|f(z)|\leqslant1$, 并且 $f(z_0)=w_0$, 其中 $z_0\in D$, 那么在 D 内,

$$\left|\frac{f(z)-w_0}{1-\overline{w}_0f(z)}\right|\leqslant\left|\frac{z-z_0}{1-\bar{z}_0z}\right|.\tag{3.1}$$

在上式中, 只有当 $f(z)$ 是分式线性映射时, 等式才可能成立.

证 考虑函数 $w=f(z)$. 分式线性映射

$$\zeta=Tz=\frac{z-z_0}{1-\bar{z}_0z}\quad 及\quad \omega=Sw=\frac{w-w_0}{1-\overline{w}_0w}$$

分别把 z 平面及 w 平面上的单位圆盘双射 (即双方单值映射) 成 ζ 平面及 ω 平面的单位圆盘, 并且把 z_0 及 w_0 分别映射成 $\zeta=0$ 及 $\omega=0$. 于是

$$F(\zeta)=Sf(T^{-1}\zeta)$$

在 $|\zeta|<1$ 内解析, 它的模不超过 1, 而且 $F(0)=0$. 于是在 $|\zeta|<1$ 内,

$$|Sf(T^{-1}\zeta)|\leqslant|\zeta|,$$

从而在 $|z|<1$ 内,

$$|Sf(z)|\leqslant|Tz|;$$

由此导出 (3.1), 并且导出只有当 $f(z)$ 是分式线性映射时, (3.1) 中的等式才可能成立. □

G. Pick 对定理 3.1 作了一个几何解释如下: 把 z 平面上的单位圆盘映射成 w 平面上的单位圆盘, 并且把前一圆盘内一点 z_0 映射成后一圆盘的原点的分式线性映射是

$$w=e^{i\alpha}\frac{z-z_0}{1-\bar{z}_0z},\tag{3.2}$$

其中 α 是一实数. 我们也可把 z 和 w 两平面上的单位圆盘看作 z 平面上的同一单位圆盘 D. 于是 (3.2) 可看作把 D 中的点 z 映射成 D 中的点 w, 而把 D 整体保持不变的分式线性映射. 让 z_0 及 α 变动, 全部 (3.2) 型的分式线性映射构成一个群 G. 我们可在 D 内建立一种非欧几何, 即把 D 看成一种非欧平面的像. 在 D 内任意两点间, 可定义非欧距离, 它在群 G 中的映射下保持不变. 下面我们依次作出一种非欧长度和非欧距离的定义.

设 G 中的映射 (3.2) 把 D 内不同两点 z_1 及 z_2 映射成 D 内不同两点 w_1 及 w_2. 通过计算得到

$$w_1-w_2=e^{i\alpha}\frac{(z_1-z_2)(1-|z_0|^2)}{(1-\bar{z}_0z_1)(1-\bar{z}_0z_2)},$$
$$1-\overline{w}_1w_2=\frac{(1-\bar{z}_1z_2)(1-|z_0|^2)}{(1-\bar{z}_0z_1)(1-\bar{z}_0z_2)},$$

从而

$$\left|\frac{z_1-z_2}{1-\bar{z}_1z_2}\right|=\left|\frac{w_1-w_2}{1-\overline{w}_1w_2}\right|.\tag{3.3}$$

于是

$$\delta(z_1,z_2)=\left|\frac{z_1-z_2}{1-\bar{z}_1z_2}\right|\tag{3.4}$$

是群 G 中映射下的不变式.

在 (3.3) 中令 $z_1 \to z_2$, 可以推出: 在 D 内,

$$\left|\frac{dw}{dz}\right| = \frac{1-|w|^2}{1-|z|^2},$$

亦即

$$\frac{|dw|}{1-|w|^2} = \frac{|dz|}{1-|z|^2}.$$

于是可取在群 G 中映射下不变的微分式

$$ds = \frac{2|dz|}{1-|z|^2} \tag{3.5}$$

作为双曲长度 (一种非欧长度) 元素. 在这种度量下, D 内任何可求长曲线 γ 有非欧长度

$$\int_\gamma \frac{2|dz|}{1-|z|^2}, \tag{3.6}$$

它在 G 中映射下不变.

在 D 内任取两点 z_1 及 z_2. 考虑 D 内连接 z_1 及 z_2 的所有可求长曲线 γ; 我们把 z_1 及 z_2 的双曲距离 (一种非欧距离) 定义为所有上述曲线 γ 的双曲长度 (3.6) 的下确界. 这种距离在群 G 中映射下保持不变.

为了研究 z_1 及 z_2 的双曲距离的表示式 $d(z_1, z_2)$, 先考虑 $z_1 = 0, z_2 = r \in (0,1)$ 这一特殊情形. 这时不难看出,

$$d(0,r) = 2\int_0^r \frac{dr}{1-r^2} = \ln\frac{1+r}{1-r}.$$

在 G 中选取把 z_1 及 z_2 映射到 0 及 $r = \delta(z_1, z_2)$ 的映射. 于是由上式及 (3.4),

$$\begin{aligned} \delta(z_1, z_2) &= \delta(0, r) = r, \\ d(z_1, z_2) &= d(0, r) = \ln\frac{1+\delta(z_1,z_2)}{1-\delta(z_1,z_2)}, \end{aligned} \tag{3.7}$$

从而

$$\delta(z_1, z_2) = \tanh\frac{d(z_1,z_2)}{2}.$$

由于双曲正切函数是增函数, $d(z_1, z_2)$ 及 $\delta(z_1, z_2)$ 同时增大或同时减小.

有了上述定义及结果, G. Pick 把定理 3.1 叙述如下:

定理 3.2 (Pick) *在 $D \to D$ 的解析内射下①, D 内任意两点的双曲距离不会增大. 如果在这一内射下, D 内某两点的双曲距离保持不变, 那么这一内射是属于群 G 的双射.*

① 即 $f: D \to D$ 解析, 并且 D 内任意不同两点映射成不同两点.

3.2 单位圆盘到自身的共形双射 应用 Schwarz 引理, 可以证明单位圆盘到自身的共形双射必然是分式线性映射.

与 3.1 中一样, 令 $D=\{z||z|<1\}$. 如果 $z_0\in D$, 令

$$w=\varphi_{z_0}(z)=\frac{z-z_0}{1-\bar{z}_0 z},$$

我们知道, $\varphi_{z_0}:D\to D$ 是双射. 不难证明

$$\varphi_{z_0}(\varphi_{-z_0}(z))=z=\varphi_{-z_0}(\varphi_{z_0}(z)),$$
$$\varphi'_{z_0}(0)=1-|z_0|^2,\quad \varphi'_{z_0}(z_0)=\frac{1}{1-|z_0|^2}.$$

已知 D 内有界解析函数在 D 内某一点的值, 应用 Schwarz 引理, 可以估计它的导数的模在这一点的值.

引理 3.1 设 $f:D\to\mathbb{C}$ 是解析的, $|f(z)|\leqslant 1$, 并且 $f(\alpha)=\beta$, 这里 α 及 $\beta\in D$, 那么

$$|f'(\alpha)|\leqslant\frac{1-|\beta|^2}{1-|\alpha|^2}.$$

当且仅当上式中等号成立时, 我们有 $f(z)=\varphi_{-\beta}(c\varphi_\alpha(z))$, 其中 $c\in\mathbb{C}$, 并且 $|c|=1$.

证 令

$$g=\varphi_\beta\circ f\circ\varphi_{-\alpha}.$$

于是 $g(z)$ 在 D 内解析, $|g(z)|\leqslant 1$, 并且 $g(0)=0$, 由 Schwarz 引理, $|g'(0)|\leqslant 1$. 但

$$\begin{aligned}g'(0)&=\varphi'_\beta(\beta)f'(\alpha)\varphi'_{-\alpha}(0)\\&=(1-|\beta|^2)^{-1}f'(\alpha)(1-|\alpha|^2).\end{aligned}$$

由此可得引理 3.1 的结论. □

现在可以证明本段中的主要定理.

定理 3.3 设 $f:D\to D$ 是共形双射, $z_0\in D$, 并且 $f(z_0)=0$, 那么

$$f(z)=e^{ir}\frac{z-z_0}{1-\bar{z}_0 z},$$

其中 r 是一实的常数.

证 设 g 是 f 的反函数. 那么 $g:D\to D$ 也是共形双射, 并且 $\forall z\in D, g(f(z))=z$. 于是

$$g'(0)f'(z_0)=1. \tag{3.8}$$

对 f 及 g 应用引理 3.1, 我们有

$$|f'(z_0)|\leqslant\frac{1}{1-|z_0|^2},\quad |g'(0)|\leqslant 1-|z_0|^2.$$

由 (3.8), 上两式应为等式. 再对 f 应用引理 3.1, 我们就得到求证的结果. □

3.3 用解析函数的实部估计函数的模 应用 Schwarz 引理, 可以用解析函数的实部或虚部估计函数的模. 由于解析函数可由它的实部或虚部基本确定 (可能相差一个常数), 这样的结果是可以预期的. 我们有下列 Hadamard–Carathéodory 定理.

定理 3.4 设 $f: D \to \mathbb{C}$ 是解析函数, $f(0)=0$, 并且 $\forall z \in D, \operatorname{Re} f(z) \leqslant A$, 其中 $D=\{z||z|<1\}$, A 是一正的常数, 那么 $\forall r \in (0,1)$,

$$M(r) \leqslant \frac{2Ar}{1-r}, \tag{3.9}$$

其中 $M(r)=\max\limits_{|z|=r}\{|f(z)|\}$.

证 $\forall r \in (0,1)$, 令

$$A(r)=\max_{|z|=r}\{\operatorname{Re} f(z)\}.$$

因为

$$e^{A(r)}=\max_{|z|=r}\{|e^{f(z)}|\}, \quad A(0)=0,$$

所以 $A(r)$ 是递增的非负函数, 并且由假设 $A(r) \leqslant A$.

令

$$g(z)=\frac{f(z)}{2A-f(z)}=\frac{P+iQ}{(2A-P)-iQ}, \tag{3.10}$$

其中

$$P=\operatorname{Re} f, \quad Q=\operatorname{Im} f,$$

那么 $g(z)$ 在 D 内解析; $\forall z \in D$,

$$|g(z)|^2=\frac{P^2+Q^2}{(2A-P)^2+Q^2} \leqslant \frac{P^2+Q^2}{A^2+Q^2} \leqslant 1,$$

从而 $|g(z)| \leqslant 1$, 又 $g(0)=0$. 于是由 Schwarz 引理,

$$|g(z)| \leqslant |z|. \tag{3.11}$$

解 (3.10), 我们得到: $\forall z \in D$,

$$f(z)=\frac{2Ag(z)}{1+g(z)}.$$

由 (3.11), $\forall z \in D$,

$$|f(z)| \leqslant \frac{2A|z|}{1-|z|}.$$

由此立即得到定理的结论. □

由定理 3.4 可以得到 Hadamard 定理:

推论 3.1 设 $f:\mathbb{C}\to\mathbb{C}$ 是整函数, 并且存在着正整数 k, 使得

$$\lim_{r\to\infty}(A(r)/r^k)=0, \tag{3.12}$$

这里 $A(r)=\max\limits_{|z|=r}\{\operatorname{Re}f(z)\}(r>0)$, 那么 $f(z)$ 是次数小于 k 的多项式.

证 $\forall r>0$, 函数 $g(\zeta)=f(2r\zeta)-f(0)$ 在 D 内解析, $g(0)=0$, 并且 $\forall\zeta\in D, \operatorname{Re}g(\zeta)\leqslant A(2r)+|f(0)|$. 由定理 3.4,

$$\max_{|\zeta|=\frac{1}{2}}\{|g(\zeta)|\}\leqslant 2(A(2r)+|f(0)|).$$

另一方面, 我们有

$$\max_{|\zeta|=\frac{1}{2}}\{|g(\zeta)|\}\geqslant M(r)-|f(0)|,$$

这里 $M(r)=\max\limits_{|z|=r}\{|f(z)|\}$. 于是

$$M(r)\leqslant 2A(2r)+3|f(0)|,$$
$$\frac{M(r)}{r^k}\leqslant 2^k\cdot\frac{2A(2r)+3|f(0)|}{(2r)^k}.$$

由 (3.12), $\lim\limits_{r\to\infty}(M(r)/r^k)=0$. 推论 3.1 得证. □

在定理 3.4 及推论 3.1 中, 把 $\operatorname{Re}f(z)$ 换成 $\operatorname{Im}f(z)$, 也可得到相应的结果. 事实上, $\operatorname{Re}if(z)=-\operatorname{Im}f(z)$.

在推论 3.1 及相应的 Liouville 定理中, 把 lim 换成 $\overline{\lim}$, 仍然可以得到同样的结论.

第三章　整函数与亚纯函数

在整个开平面解析的函数称为整函数. 无穷远点是整函数唯一的孤立奇点. 在整个开平面除极点外解析的函数称为亚纯函数.

本章主要是讲述整函数的因子分解定理和 Picard 定理的一种初等证法. 其次证明 Runge 定理并应用它去导出关于亚纯函数的部分分式分解定理.

§1　无穷乘积　整函数因子分解定理

1.1　无穷乘积　设 $u_1, u_2, \cdots, u_n, \cdots$ 是一个复数序列, 称形为

$$(1+u_1)(1+u_2)\cdots(1+u_n)\cdots \tag{1.1}$$

的表示式为无穷乘积, 其中每个因子 $(1+u_n) \neq 0$.

令
$$p_n = (1+u_1)(1+u_2)\cdots(1+u_n).$$
若 $\lim\limits_{n\to\infty} p_n$ 存在且不等于 0, 即

$$\lim_{n\to\infty} p_n = p \neq 0 \quad (\text{或 } \infty),$$

则称无穷乘积 (1.1) 收敛, p 称为乘积 (1.1) 的值, 记为

$$p = \prod_{n=1}^{\infty}(1+u_n).$$

如果极限 $\lim\limits_{n\to\infty} p_n$ 不存在或等于零, 则称无穷乘积 (1.1) 发散.

由于

$$1+u_n=\frac{p_n}{p_{n-1}},$$

所以乘积 (1.1) 收敛的必要条件为

$$\lim_{n\to\infty}(1+u_n)=1,\quad \text{即}\quad \lim_{n\to\infty}u_n=0.$$

1.2　无穷乘积收敛的判别法　无穷乘积理论的一个基本问题, 就是给定了无穷乘积的所有因子, 要去判别它是否收敛.

定理 1.1　若级数 $\sum\limits_{n=1}^{\infty}|u_n|$ 收敛, 则无穷乘积 $\prod\limits_{n=1}^{\infty}(1+u_n)$ 收敛.

证　由假设 $\sum\limits_{n=1}^{\infty}|u_n|$ 收敛, 所以当 n 充分大时, $|u_n|<\frac{1}{2}$. 因此

$$\begin{aligned}\left|\frac{\ln(1+u_n)}{u_n}-1\right|&=\left|-\frac{|u_n|}{2}+\frac{|u_n|^2}{3}-\frac{|u_n|^3}{4}+\cdots\right|\\&\leqslant\frac{1}{2^2}+\frac{1}{2^3}+\frac{1}{2^4}+\cdots=\frac{1}{2},\end{aligned}$$

其中 $\ln(1+u_n)$ 取主值. 又由

$$|\ln(1+u_n)|\leqslant\frac{3}{2}|u_n|,$$

因 $\sum\limits_{n=1}^{\infty}|u_n|$ 收敛, 故 $\sum\limits_{n=1}^{\infty}|\ln(1+u_n)|$ 收敛, 从而 $\sum\limits_{n=1}^{\infty}\ln(1+u_n)$ 收敛. 而

$$(1+u_1)(1+u_2)\cdots(1+u_n)=e^{\sum\limits_{k=1}^{n}\ln(1+u_k)},$$

当 $n\to\infty$ 时, 右端将趋于一非零值, 所以 $\sum\limits_{n=1}^{\infty}(1+u_n)$ 亦收敛. 定理得证. □

若无穷乘积 $\prod\limits_{n=1}^{\infty}(1+|u_n|)$ 收敛, 则称 $\prod\limits_{n=1}^{\infty}(1+u_n)$ 为绝对收敛. 由关系式

$$|u_1|+|u_2|+\cdots+|u_n|<(1+|u_1|)(1+|u_2|)\cdots(1+|u_n|),$$

所以当 $\prod\limits_{n=1}^{\infty}(1+|u_n|)$ 收敛时, $\sum\limits_{n=1}^{\infty}|u_n|$ 亦收敛, 由定理 1.1 则乘积 $\prod\limits_{n=1}^{\infty}(1+u_n)$ 收敛. 因此, 绝对收敛的无穷乘积也一定是收敛的. 反之, 不一定成立.

1.3 解析函数项无穷乘积 设无穷乘积为

$$(1+u_1(z))(1+u_2(z))\cdots(1+u_n(z))\cdots, \tag{1.2}$$

其中每个 $u_n(z)$ 都是在同一个区域 G 内的解析函数. 令

$$f_n(z)=\prod_{k=1}^{n}(1+u_k(z)), \quad n=1,2,\cdots,$$

如果函数序列 $\{f_n(z)\}$ 在 G 内一致收敛于 $f(z)\neq 0$, 则称乘积 (1.2) 在 G 内一致收敛.

定理 1.2 如果对 G 内所有的 z 及对每一个正整数 k 有

$$|u_k(z)|\leqslant M_k,$$

其中 M_k 与 z 无关, 且级数 $\sum\limits_{k=1}^{\infty}M_k$ 收敛, 则乘积 (1.2) 在 G 内一致收敛于一个解析函数 $f(z)$.

证 设

$$p_n=\prod_{k=1}^{n}(1+M_k),$$

因为 $\sum\limits_{k=1}^{\infty}M_k$ 收敛, 所以当 $n\to\infty$ 时 p_n 趋于一个不为零的常数. 当 $n>m$ 时,

$$\begin{aligned}|f_n(z)-f_m(z)|&=|f_m(z)|\left|\prod_{m+1}^{n}(1+u_k(z))-1\right|\\&\leqslant\prod_{k=1}^{m}(1+M_k)\left(\prod_{m+1}^{n}(1+M_k)-1\right)\\&=\prod_{k=1}^{n}(1+M_k)-\prod_{k=1}^{m}(1+M_k)\\&=p_n-p_m.\end{aligned}$$

当 m 充分大时, 对任意 $\varepsilon>0$, 有

$$|f_n(z)-f_m(z)|\leqslant p_n-p_m<\varepsilon, \quad z\in G,$$

所以序列 $\{f_n(z)\}$ 在 G 内一致收敛于一个解析函数 $f(z)$. □

1.4 整函数的因子分解定理 设整函数为

$$f(z)=\sum_{n=0}^{\infty}a_nz^n.$$

当无穷远点是 $f(z)$ 的可去奇点时, $f(z)$ 是一个常数; 当无穷远点是 $f(z)$ 的 $n(\geqslant 1)$ 阶极点时, $f(z)$ 是一个 n 次多项式, 即

$$f(z) = a_0 + a_1 z + a_2 z^2 + \cdots + a_n z^n, \quad a_n \neq 0. \tag{1.3}$$

此时, 依代数基本定理, 在复平面上 $f(z)$ 有 n 个零点, 设 $z=0$ 为 r 阶零点, 而其余非零的零点为 $z_1, \cdots, z_{n-r}$, 则 $f(z)$ 可以分解为乘积

$$f(z) = Cz^r \prod_{k=1}^{-r} \left(1 - \frac{z}{z_k}\right),$$

其中 C 为某常数.

若无穷远点是整函数 $f(z)$ 的本性奇点, 则 $f(z)$ 是一个超越整函数. 例如 $e^z, \sin z$ 和 $\cos z$ 都是超越整函数. 若超越整函数

$$f(z) = a_0 + a_1 z + a_2 z^2 + \cdots \tag{1.4}$$

有无穷多个零点, 仍设 $z=0$ 为 r 阶零点, 非零零点为 $z_1, z_2, \cdots, z_n, \cdots$, 则是否也能像多项式那样把它分解为无穷乘积的形式

$$f(z) = Cz^r \prod_{n=1}^{\infty} \left(1 - \frac{z}{z_n}\right) \quad (C\ 为常数)$$

呢? 一般来说不一定, 因为乘积

$$\prod_{n=1}^{\infty} \left(1 - \frac{z}{z_n}\right)$$

不一定对所有的 $z(\neq z_n)$ 都收敛. 但如果对每个因子 $\left(1 - \dfrac{z}{z_n}\right)$ 乘上一个指数函数 $e^{Q_n(z)}$, 则有可能使乘积 $\displaystyle\prod_{n=1}^{\infty} \left(1 - \frac{z}{z_n}\right) e^{Q_n(z)}$ 收敛于给定的整函数.

为便于研究上述问题, 暂设 $f(z)$ 不以 $z=0$ 为零点.

定理 1.3 设整函数 $f(z)$ 有无穷多个零点并按次序排列为 $0 < |z_1| \leqslant |z_2| \leqslant |z_3| \leqslant \cdots$ (高阶零点重复出现, 出现次数与阶数相同), 则

$$f(z) = e^{g(z)} \prod_{n=1}^{\infty} \left(1 - \frac{z}{z_n}\right) e^{Q_n(z)}, \tag{1.5}$$

其中 $Q_n(z) = \left(\dfrac{z}{z_n}\right) + \dfrac{1}{2}\left(\dfrac{z}{z_n}\right)^2 + \cdots + \dfrac{1}{\lambda_n}\left(\dfrac{z}{z_n}\right)^{\lambda_n}$ $(n = 1, 2, \cdots)$; $\{\lambda_n\}$ 为使级数

$$\sum_{n=1}^{\infty} \left(\frac{R}{|z_n|}\right)^{\lambda_n + 1} \quad (R\ 为任意正的常数) \tag{1.6}$$

收敛的正整数数列; $g(z)$ 为一个整函数.

证 取任一正数 R, 在 $|z|<R$ 内考虑级数

$$\sum_{|z_n|>2R} \ln\left(1-\frac{z}{z_n}\right)e^{Q_n(z)},$$

令

$$u_n(z)=\ln\left(1-\frac{z}{z_n}\right)e^{Q_n(z)},$$

则

$$\begin{aligned}|u_n(z)| &= \left|\ln\left(1-\frac{z}{z_n}\right)+Q_n(z)\right| \\ &\leqslant \left|\frac{z}{z_n}\right|^{\lambda_n+1}\left(1+\left|\frac{z}{z_n}\right|+\left|\frac{z}{z_n}\right|^2+\cdots\right) \\ &< \left(\frac{R}{|z_n|}\right)^{\lambda_n+1}\left(1+\frac{1}{2}+\frac{1}{2^2}+\cdots\right) \\ &= 2\left(\frac{R}{|z_n|}\right)^{\lambda_n+1}.\end{aligned}$$

所以 $\sum\limits_{|z_n|>2R} \ln\left(1-\dfrac{z}{z_n}\right)e^{Q_n(z)}$ 在 $|z|<R$ 内一致收敛. 由关系式

$$\prod_{|z_n|>2R}\left(1-\frac{z}{z_n}\right)e^{Q_n(z)}=e^{\sum\limits_{|z_n|>2R}\ln\left(1-\frac{z}{z_n}\right)e^{Q_n(z)}},$$

所以

$$\prod_{|z_n|>2R}\left(1-\frac{z}{z_n}\right)e^{Q_n(z)}$$

在 $|z|<R$ 内一致收敛于一个解析函数, 从而

$$\prod_{n=1}^{\infty}\left(1-\frac{z}{z_n}\right)e^{Q_n(z)}$$

在 $|z|<R$ 内是一个解析函数 $G(z)$ 且有零点 $z_1,z_2,\cdots,z_k(|z_k|<R\leqslant|z_{k+1}|)$. 因 R 是任意大正数, 故无穷乘积

$$\prod_{n=1}^{\infty}\left(1-\frac{z}{z_n}\right)e^{Q_n(z)}$$

在整个开平面内一致收敛于解析函数 $G(z)$ 而仅以 $z_1,z_2,\cdots$ 为零点.

令

$$F(z)=\frac{f(z)}{G(z)},$$

则 $F(z)$ 为无零点的整函数, 故可表示为 $e^{g(z)}$ 的形式, 其中 $g(z)$ 也是一个整函数. 于是

$$f(z)=F(z)G(z)=e^{g(z)}\prod_{n=1}^{\infty}\left(1-\frac{z}{z_n}\right)e^{Q_n(z)}.\qquad\square$$

在上面的定理中, 若 $z=0$ 也是 $f(z)$ 的 μ 级零点, 则

$$\frac{f(z)}{z^{\mu}}=e^{g(z)}\prod_{n=1}^{\infty}\left(1-\frac{z}{z_n}\right)e^{Q_n(z)},$$

故

$$f(z)=e^{g(z)}z^{\mu}\prod_{n=1}^{\infty}\left(1-\frac{z}{z_n}\right)e^{Q_n(z)}.\tag{1.7}$$

还要指出: 公式 (1.5) 的分解式不是唯一的, 因为使级数 (1.6) 收敛的 $\{\lambda_n\}$ 的选择不是唯一的. 如果可以选取每个 λ_n 都等于一个整数 p, 同时 p 又是使级数

$$\sum_{n=1}^{\infty}\left(\frac{1}{|z_n|}\right)^{p+1}$$

收敛的最小正数, 则 (1.5) 的分解式就是唯一的了. 此时分解式中的乘积

$$\prod_{n=1}^{\infty}\left(1-\frac{z}{z_n}\right)e^{\left(\frac{z}{z_n}\right)+\frac{1}{2}\left(\frac{z}{z_n}\right)^2+\cdots+\frac{1}{p}\left(\frac{z}{z_n}\right)^p}$$

称为由 $f(z)$ 的零点所作成的典型乘积. 因而典型乘积是唯一的.

例 1 试求一个仅以 $z=0,-1,-2,\cdots$ 为一阶零点的整函数.

解 因级数 $\sum\limits_{n=1}^{\infty}\frac{1}{n}$ 发散而 $\sum\limits_{n=1}^{\infty}\frac{1}{n^2}$ 收敛, 取 $\lambda_1=\lambda_2=\cdots=1$, 应用公式 (1.7), 则所求整函数为

$$f(z)=e^{g(z)}\cdot z\prod_{n=1}^{\infty}\left(1+\frac{z}{n}\right)e^{-\frac{z}{n}},$$

其中 $g(z)$ 为某个整函数.

例 2 将整函数 $\sin z$ 表示为无穷乘积.

解 $\sin z$ 的零点为 $z=0,\pi,-\pi,2\pi,-2\pi,\cdots$, 级数 $\sum\limits_{n=1}^{\infty}\frac{1}{n\pi}$ 发散, 而 $\sum\limits_{n=1}^{\infty}\left(\frac{1}{n\pi}\right)^2$ 收敛. 取 $p=1$, 应用公式 (1.7), 则

$$\sin z=e^{g(z)}z\prod_{n=1}^{\infty}\left(1-\frac{z^2}{n^2\pi^2}\right).$$

欲确定整函数 $g(z)$, 对上式两边取对数并求导, 则有

$$\cot z = g'(z) + \frac{1}{z} + \sum_{n=1}^{\infty} \frac{2z}{z^2 - n^2\pi^2}. \tag{1.8}$$

另一方面, 已知 $\cot z$ 的分式展开式为

$$\cot z = \frac{1}{z} + \sum_{n=1}^{\infty} \frac{2z}{z^2 - n^2\pi^2}, \tag{1.9}$$

比较 (1.8) 和 (1.9), 得到 $g'(z) \equiv 0$, 故 $g(z) = C$(常数), 所以

$$\sin z = Cz \prod_{n=1}^{\infty} \left(1 - \frac{z^2}{n^2\pi^2}\right).$$

再从

$$\frac{\sin z}{z} = C \prod_{n=1}^{\infty} \left(1 - \frac{z^2}{n^2\pi^2}\right),$$

当 $z \to 0$ 时, 两边取极限知 $C = 1$, 最后得

$$\sin z = z \prod_{n=1}^{\infty} \left(1 - \frac{z^2}{n^2\pi^2}\right).$$

§2 Picard 定理

Picard 定理是函数论中一个重要定理. 在本节中我们将首先证明 Bloch 定理、Landau 定理和 Schottky 定理, 再应用它们去证明 Picard 定理.

2.1 Bloch 定理 先证明下面两个引理.

引理 2.1 设函数 $w = f(z)$ 在 $|z| \leqslant 1$ 上全纯且满足条件

$$|f(z)| \leqslant M, \quad f(0) = 0, \quad f'(0) = 1,$$

则在 w 平面上存在一个圆 $|w| < \dfrac{1}{6M}$, 它被 $w = f(z)$ 的反函数双方单值地映射成 $|z| < 1$ 内某一个区域. 也就是说, $f(z)$ 在 $|z| \leqslant 1$ 上的值完全盖住 w 平面上的圆 $|w| < \dfrac{1}{6M}$.

证 设 $f(z)$ 的 Taylor 展开式为

$$f(z) = z + a_2 z^2 + \cdots, \quad |z| \leqslant 1.$$

由 Cauchy 不等式, 则有 $|a_n| \leqslant M (n = 1, 2, \cdots)$. 又由假设 $a_1 = f'(0) = 1$, 所以 $M \geqslant |a_1| = 1$.

当 $|z| = r < 1$ 时,

$$\begin{aligned}|f(z)| &= |z + (f(z) - z)| \geqslant |z| - \max_{|z|=r} |f(z) - z| \\ &\geqslant r - Mr^2(1 + r + r^2 + \cdots) \\ &= r - \frac{Mr^2}{1-r} = \varphi(r).\end{aligned}$$

取 $|z| = r = \dfrac{1}{4M}$, 则

$$\varphi\left(\frac{1}{4M}\right) \geqslant \frac{1}{6M} > 0.$$

所以在圆周 $|z| = \dfrac{1}{4M}$ 上, 有

$$|f(z)| \geqslant \varphi\left(\frac{1}{4M}\right) \geqslant \frac{1}{6M}.$$

设 w_0 是圆 $|w| < \dfrac{1}{6M}$ 内任一点, 则在 $|z| = \dfrac{1}{4M}$ 上有

$$|-w_0| < \frac{1}{6M} \leqslant |f(z)|.$$

根据 Rouché 定理, $f(z) - w_0 = 0$ 在 $|z| < \dfrac{1}{4M}$ 内至少有一个根. 另一方面, 当 $0 < |z| \leqslant r = \dfrac{1}{4M}$ 时,

$$\begin{aligned}|f(z)| &\geqslant |z||1 - (|a_2|r + |a_3|r^2 + \cdots)| \\ &\geqslant |z|\frac{\varphi(r)}{r} > 0,\end{aligned}$$

所以 $f(z) = 0$ 在 $|z| < \dfrac{1}{4M}$ 内只有唯一的一个根 $z = 0$, 即当 w 为 $|w| < \dfrac{1}{6M}$ 内任一点, 在 $|z| < \dfrac{1}{4M}$ 内有唯一的一个点 z 满足 $w = f(z)$. 于是引理得证. □

引理 2.2 设函数 $w = f(z)$ 在 $|z - z_0| \leqslant R$ 上全纯且满足条件: $|f(z)| \leqslant M, f(z_0) = 0$ 及 $|f'(z_0)| = a > 0$, 则在 w 平面上存在一个圆 $|w| < \dfrac{a^2R^2}{6M}$, 它被 $w = f(z)$ 的反函数双方单值地映射到 $|z - z_0| < R$ 内某一个区域. 也就是说, $f(z)$ 在圆 $|z - z_0| \leqslant R$ 上的值完全盖住 w 平面上的圆

$$|w| < \frac{a^2R^2}{6M}.$$

引理的证明只要将引理 2.1 应用于函数

$$F(z) = \frac{f(Rz + z_0)}{Rf'(z_0)} \tag{2.1}$$

就可以了.

定理 2.1 (Bloch 定理) 设函数 $w=f(z)$ 在 $|z|\leqslant 1$ 上全纯, 并设它的 Taylor 展开式

$$f(z)=z+a_2z^2+\cdots, \tag{2.2}$$

则在 w 平面上存在一个中心随 $f(z)$ 而定, 而半径为 $\dfrac{1}{24}$ (以下用 B 表示这个常数) 的圆. 这个圆被 $w=f(z)$ 的反函数双方单值地映射成 $|z|<1$ 内某个区域, 也就是说, $f(z)$ 在 $|z|\leqslant 1$ 上的值完全盖住 w 平面上一个以常数 B 为半径的圆.

证 由 (2.2) 式逐项求导有

$$f'(z)=1+2a_2z+3a_3z^2+\cdots,\quad |z|\leqslant 1.$$

设

$$g(r)=\max_{|z|=r}|f'(z)|,\quad 0\leqslant r\leqslant 1,$$

则 $g(r)$ 为非减的连续函数. 下面考虑函数

$$\omega(r)=(1-r)g(r),$$

则 $\omega(r)$ 在区间 $[0,1]$ 上亦连续, 且有

$$\omega(0)=1\quad 及\quad \omega(1)=0.$$

于是在 $[0,1]$ 上存在一个 $r_0<1$, 使

$$\omega(r_0)=1\ 且当\ r>r_0\ 时,\ \omega(r)<1.$$

设 ζ 是圆周 $|z|=r_0$ 上满足

$$|f'(\zeta)|=\max_{|z|=r_0}|f'(z)|=g(r_0)$$

的一点, 则

$$1=\omega(r_0)=(1-r_0)g(r_0)=(1-r_0)|f'(\zeta)|,$$

所以

$$|f'(\zeta)|=\frac{1}{1-r_0}. \tag{2.3}$$

设

$$r_1=\frac{1+r_0}{2},$$

则

$$r_0<r_1<1.$$

所以

$$(1-r_1)\max_{|z|=r_1}|f'(z)|=\omega(r_1)<1.$$

根据最大模原理, 在 $|z| \leqslant r_1$ 上有

$$|f'(z)| < \frac{1}{1-r_1} = \frac{2}{1-r_0}. \tag{2.4}$$

在圆 $|z-\zeta| \leqslant \dfrac{1-r_0}{2}$ 上考虑函数

$$F(z) = f(z) - f(\zeta), \tag{2.5}$$

则 $F(z)$ 在这个圆上全纯, 且由 (2.4) 式有

$$\begin{aligned}|F(z)| = |f(z) - f(\zeta)| &= \left|\int_\zeta^z f'(t)dt\right| \\ &\leqslant \frac{2|z-\zeta|}{1-r_0} \leqslant \frac{2}{1-r_0}\left(\frac{1-r_0}{2}\right) = 1.\end{aligned}$$

又 $F(\zeta) = 0$ 及 $|F'(\zeta)| = |f'(\zeta)| = \dfrac{1}{1-r_0} > 0$. 由引理 2.2, 则在 F 平面上存在一个以原点为中心、半径为

$$\frac{a^2R^2}{6M} = \frac{\left(\dfrac{1}{1-r_0}\right)^2\left(\dfrac{1-r_0}{2}\right)^2}{6} = \frac{1}{24} = B$$

的圆, 这个圆被 $F = F(z)$ 的反函数双方单值地映射成 $|z-\zeta| < \dfrac{1-r_0}{2}$ 内某个区域, 也就是说, $F(z)$ 在 $|z-\zeta| \leqslant \dfrac{1-r_0}{2}$ 上的值完全盖住 F 平面上一个以原点为中心、半径为 B 的圆. 由关系式 (2.5), 函数 $w = f(z)$ 在 $|z-\zeta| \leqslant \dfrac{1-r_0}{2}$ 上的值就完全盖住 w 平面上以 $f(\zeta)$ 为中心、以 B 为半径的圆 $|w - f(\zeta)| < B$, 而在 $|z| \leqslant 1$ 上的值更是如此. □

应当指出: 在定理 2.1 中, 如果所考虑的函数 $w = f(z)$ 是在 $|z| < 1$ 内全纯, Bloch 定理仍然有效, 这时常数 B 改为稍小于它的常数 B_1 就行了. 事实上, 只要应用定理 2.1 于 $|z| \leqslant (1-\varepsilon)(0 < \varepsilon < 1)$ 上的全纯函数, 就可得到 Bloch 圆的半径为 $B_1 = (1-\varepsilon)B$.

2.2 Landau 定理和 Picard 第一定理

定理 2.2 (Landau) 设 α 和 $\beta(\neq 0)$ 是两个固定的常数, 若函数

$$f(z) = \alpha + \beta z + a_2 z^2 + \cdots$$

在 $|z| < R$ 内全纯且不取 0 和 1 这两个值, 则有

$$R < L(\alpha, \beta),$$

其中 $L(\alpha, \beta)$ 是仅依赖于 α 和 β 的常数.

Landau 定理的意义是: 凡符合定理中条件的一切函数, 其收敛半径 R 有一个共同的上界 L, 这个上界 L 由 α 和 β 所确定.

证 作辅助函数

$$F(z)=\ln\left[\sqrt{\frac{\ln f(z)}{2\pi i}}-\sqrt{\frac{\ln f(z)}{2\pi i}-1}\right]. \tag{2.6}$$

由于 $f(z)$ 在 $|z|<R$ 内全纯且不取 0 和 1, 所以当我们选取 $\ln f(z)$ 相应于 $\ln f(0)$ 取主值的那一支, 并按同样方法分别选取平方根和方括号中函数的对数的一个单值支, 则 $F(z)$ 是 $|z|<R$ 内的一个全纯函数. 此外, $F(z)$ 在 $|z|<R$ 内不取形为

$$\pm\ln(\sqrt{n}-\sqrt{n-1})+2m\pi i \tag{2.7}$$

中的任何值 (此处 $n=1,2,\cdots$ 和 $m=0,\pm1,\pm2,\cdots$). 这是因为由关系式 (2.6) 可解得

$$-f(z)=e^{\frac{\pi i}{2}(e^{2F(z)}+e^{-2F(z)})}. \tag{2.8}$$

若 $F(z)$ 在某点取 (2.7) 中任何一值, 则在该点 $f(z)$, 将取值

$$\begin{aligned}&-e^{\frac{\pi i}{2}((\sqrt{n}\pm\sqrt{n-1})^2+(\sqrt{n}\mp\sqrt{n-1})^2)}\\ =&-e^{\frac{\pi i}{2}(4n-2)}=1.\end{aligned}$$

这与 $f(z)$ 不取 0 和 1 相矛盾.

设 (2.7) 中所有点组成的集合为 E, 容易看出, E 是那些长为

$$l_n=\ln(\sqrt{n}-\sqrt{n-1})-\ln(\sqrt{n+1}-\sqrt{n}),$$

宽为 $d=2\pi$ 且其边平行于坐标轴的矩形网的顶点. 又因为

$$\begin{aligned}\pm\ln(\sqrt{n}-\sqrt{n-1})&=\mp\ln(\sqrt{n}+\sqrt{n-1})\to\mp\infty,\quad n\to\infty,\\ l_n=\ln\frac{\sqrt{n}-\sqrt{n-1}}{\sqrt{n+1}-\sqrt{n}}&=\ln\frac{\sqrt{n+1}+\sqrt{n}}{\sqrt{n}+\sqrt{n-1}}\to 0,\quad n\to\infty,\end{aligned}$$

所以这个矩形网盖住了整个开平面, 并且它们的对角线的长都不小于某个常数 d. 于是 $F(z)$ 在 $|z|<R$ 内的值盖不住 F 平面上半径不小于 d 的任何一个圆.

另一方面, 先假定 $F'(0)\neq 0$, 在 $|z|<R$ 内我们考虑函数

$$G(z)=\frac{F(z)-F(0)}{F'(0)}=z+a_2z^2+\cdots. \tag{2.9}$$

根据 Bloch 定理, $G(z)$ 在 $|z|<R$ 内的值完全盖住 G 平面上以某点为中心、以 B_1R 为半径的圆 (其中 $B_1=B(1-\varepsilon)$). 由 (2.9), 于是 $F(z)$ 在 $|z|<R$ 内的值完全盖住 F 平面上以某点为中心、以 $B_1R|f'(0)|$ 为半径的圆. 所以

$$B_1R|F'(0)|<d,\quad 即\quad |F'(0)|<\frac{d}{B_1R}. \tag{2.10}$$

不等式 (2.10) 是在 $F'(0) \neq 0$ 的假定下得到的, 若 $F'(0) = 0$, 这个不等式显然成立.

由 (2.8) 和不等式 (2.10), 可以得到

$$\begin{aligned}|f'(0)| &\leqslant 2\pi|F'(0)|e^{2|F(0)|} \cdot e^{\pi e^{-2|F(0)|}} \\ &< \frac{2\pi d}{B_1 R}e^{2|F(0)|} \cdot e^{\pi e^{-2|F(0)|}}.\end{aligned} \tag{2.11}$$

又由 (2.6), 可将 $F(0)$ 用 $f(0)$ 表示, 因此从不等式 (2.11) 可得

$$R|f'(0)| < \varOmega(f(0)),$$

其中 $\varOmega(f(0))$ 只与 $f(0)$ 有关.

又由假设, $f(0) = \alpha$ 及 $f'(0) = \beta \neq 0$, 所以

$$R < \frac{\varOmega(f(0))}{|f'(0)|} = \frac{\varOmega(\alpha)}{|\beta|} = L(\alpha, \beta).$$

定理得证. □

定理 2.3 (Picard 第一定理) 不恒为常数的整函数 $f(z)$ 可以取任何有限值, 至多有一个值例外.

证 假定 $f(z)$ 不取两个有限值 a 和 b, 则函数

$$F(z) = \frac{f(z) - a}{b - a}$$

为不取 0 和 1 的整函数.

选取一点 ζ 使 $F'(\zeta) \neq 0$, 考虑函数

$$G(z) = F(z + \zeta), \tag{2.12}$$

则 $G(z)$ 亦为不取 0 和 1 的整函数, 所以对于任意大的正数 $R, G(z)$ 在 $|z| < R$ 内全纯且不取 0 和 1, 并且有 $G(0) = F(\zeta)$ 及 $G'(0) = F'(\zeta) \neq 0$, 令 $\alpha = F(\zeta)$ 及 $\beta = F'(\zeta)$, 则

$$G(z) = \alpha + \beta z + a_2 z^2 + \cdots, \quad |z| < R,$$

根据 Landau 定理, 则有

$$R < L(\alpha, \beta).$$

由于 R 为任意大正数, $L(\alpha, \beta)$ 是一个固定的常数, 所以上面的不等式是矛盾的. 这说明原先假定 $f(z)$ 不取两个有限值是不能成立的, 于是定理得证. □

2.3 Schottky 定理和 Picard 第二定理

定理 2.4 (Schottky) 设函数 $f(z)$ 在 $|z|<R$ 内全纯, 且不取 0 和 1 两个值, 则在 $|z|\leqslant\theta R$ 上有

$$|f(z)|<S(f(0),\theta), \tag{2.13}$$

其中 $0<\theta<1, S(f(0),\theta)$ 是只与 $f(0)$ 和 θ 有关的常数, 而和 $f(z)$ 本身无关.

证 我们考虑在定理 2.2 的证明中由公式 (2.6) 所定义的函数 $F(z)$, 并用字母 B、B_1、E、d 表示同样的意义, 则 $F(z)$ 在 $|z|<R$ 内全纯且不取 E 中任一值.

设 ζ 为 $|z|<R$ 内任一点, 假定 $F'(\zeta)\neq 0$, 作函数

$$G(z)=\frac{F(z)-F(\zeta)}{F'(\zeta)}, \tag{2.14}$$

则 $G(z)$ 在 $|z-\zeta|\leqslant(1-\varepsilon)(R-|\zeta|)$ 上全纯, 且有

$$G(z)=(z-\zeta)+a_2(z-\zeta)^2+\cdots.$$

根据定理 2.1, $G(z)$ 在 $|z-\zeta|\leqslant(1-\varepsilon)(R-|\zeta|)$ 上的值盖住 G 平面上半径为 $B(1-\varepsilon)(R-|\zeta|)$ 的某个圆. 由 (2.14), $F(z)$ 在 $|z|<R$ 内的值盖住 F 平面上半径为 $B(1-\varepsilon)(R-|\zeta|)|F'(\zeta)|$ 的某个圆. 由于 $F(z)$ 不取 E 中任一值, 所以被盖住的圆中不含 E 的点, 故有

$$B(1-\varepsilon)(R-|\zeta|)|F'(\zeta)|\leqslant d,$$

即

$$|F'(\zeta)|\leqslant\frac{d}{B_1}\frac{1}{R-|\zeta|}. \tag{2.15}$$

不等式 (2.15) 是在 $F'(\zeta)\neq 0$ 的假定下得到的, 当 $F'(\zeta)=0$ 时 (2.15) 显然成立, 于是对 $|z|<R$ 内任一点 ζ 有

$$|F(\zeta)-F(0)|=\left|\int_0^{\zeta}F'(t)dt\right|\leqslant\frac{d}{B_1}\int_0^{|\zeta|}\frac{dr}{R-r},$$

所以

$$|F(\zeta)|\leqslant|F(0)|+\frac{d}{B_1}\ln\frac{R}{R-|\zeta|},$$

当 $|z|\leqslant\theta R$ 时,

$$|F(z)|\leqslant|F(0)|+\frac{d}{B_1}\ln\frac{1}{1-\theta}. \tag{2.16}$$

由 (2.8), 当 $|z|\leqslant\theta R$ 时, 有

$$|f(z)|=|e^{\frac{\pi i}{2}(e^{2F(z)}+e^{-2F(z)})}|\leqslant e^{\pi e^{2|F(z)|}}. \tag{2.17}$$

由公式 (2.6), 将 $F(0)$ 用 $f(0)$ 表示后代入 (2.16), 再将结果代入 (2.17), 则 (2.17) 的右边是一个只随 $f(0)$ 及 θ 而定的常数, 故有

$$|f(z)| < S(f(0),\theta), \quad |z| \leqslant \theta R. \qquad \square$$

Schottky 不等式 (2.13) 的意义是: 凡在 $|z| < R$ 内全纯、不取 0 和 1 这两个值、并在 $z=0$ 的函数值相等的一切函数, 在 $|z| \leqslant \theta R$ 上函数值有一个共同的上界 $S(f(0),\theta)$, 这个上界 S 仅由 $f(0)$ 及 θ 确定.

当我们注意到函数 $f(z)$ 满足定理的条件时, 函数 $\dfrac{1}{f(z)}$ 也满足定理的全部条件, 所以当 $|z| \leqslant \theta R$ 时, 也有

$$\left|\frac{1}{f(z)}\right| < S\left(\frac{1}{f(0)},\theta\right),$$

即

$$|f(z)| > S_1(f(0),\theta).$$

从而当 $|z| \leqslant \theta R$ 时有

$$S_1(f(0),\theta) < |f(z)| < S(f(0),\theta).$$

定理 2.4 还可推广为下面的形式:

定理 2.5 设函数 $f(z)$ 在 $|z| < R$ 内全纯且不取 0 和 1 两个值、并有 $0 < \alpha \leqslant |f(0)| \leqslant \beta$, 则在 $|z| \leqslant \theta R$ 上有

$$S_1(\alpha,\beta,\theta) < |f(z)| < S(\alpha,\beta,\theta). \tag{2.18}$$

证 不失一般性, 我们可假定 $0 < \alpha < 1 < \beta$, 因若 $\alpha \geqslant 1$, 则用 $\dfrac{1}{\alpha+1}$ 代替 α; 若 $\beta \leqslant 1$, 则用 $\beta + 1$ 代替 β.

在定理 2.4 的证明中, 我们已经得到了不等式 (2.16), 根据公式 (2.6), 我们有

$$|F(0)| \leqslant \ln\left(\sqrt{\frac{|\ln|f(0)||}{2\pi}+\frac{1}{2}}+\sqrt{\frac{|\ln|f(0)||}{2\pi}+\frac{3}{2}}\right)+\pi. \tag{2.19}$$

由假定

$$\alpha \leqslant |f(0)| \leqslant \beta \quad 及 \quad 0 < \alpha < 1 < \beta,$$

所以

$$|\ln|f(0)|| \leqslant \ln\beta + \ln\frac{1}{\alpha}. \tag{2.20}$$

以 (2.20) 的估计式代入不等式 (2.19), 将其结果代入 (2.16), 最后再代入 (2.17), 就得到在 $|z| \leqslant \theta R$ 上, 有

$$|f(z)| < S(\alpha,\beta,\theta). \tag{2.21}$$

若用函数 $\dfrac{1}{f(z)}$ 代替 $f(z)$, 则有 $0 < \dfrac{1}{\beta} \leqslant \left|\dfrac{1}{f(0)}\right| \leqslant \dfrac{1}{\alpha}$, 同样可得

$$|f(z)| > S_1(\alpha,\beta,\theta), \quad |z| \leqslant \theta R.$$

于是当 $|z| \leqslant \theta R$ 时, 有

$$S_1(\alpha,\beta,\theta) < |f(z)| < S(\alpha,\beta,\theta).$$

这个不等式叫做广义的 Schottky 不等式. □

下面证明 Picard 第二定理:

定理 2.6 全纯函数 $f(z)$ 在孤立本性奇点任意小邻域内取任意有限值无穷多次, 最多可能有一个值例外.

证 我们假定原点是本性奇点, 如果不然, 可利用一个线性变换变为原点. 于是 $f(z)$ 在 $0 < |z| < R$ ($R > 0$ 为某一常数) 内全纯且以 $z = 0$ 为孤立本性奇点.

假定存在两个有限值 a 和 b, $f(z)$ 在 $0 < |z| < R$ 内取这两个值有限次, 于是可取一数 $r_1 (0 < r_1 < R)$, 使 $f(z)$ 在 $0 < |z| < r_1$ 内不取 a 和 b. 作函数

$$F(z) = \frac{f(z) - a}{b - a}, \tag{2.22}$$

则 $F(z)$ 在 $0 < |z| < r_1$ 内全纯且不取 0 和 1 两个值、并以 $z = 0$ 为孤立本性奇点.

设 r' 为满足 $0 < r' < \dfrac{r_1}{2}$ 的任一数, 根据 Weierstrass 关于本性奇点的定理, 存在一个点 z_0 使

$$0 < |z_0| < r' \quad \text{及} \quad \frac{1}{2} < |F(z_0)| < 1.$$

设 $z_0 = re^{i\theta}$, 则圆 $|z - z_0| < \dfrac{r}{2}$ 全部被包含在区域 $0 < |z| < r_1$ 的内部, 所以 $F(z)$ 在 $|z - z_0| < \dfrac{r}{2}$ 内全纯且不取 0 和 1, 于是根据定理 2.5, 在 $|z - z_0| \leqslant \dfrac{\theta r}{2}$ 上有

$$S_1\left(\frac{1}{2}, 1, \theta\right) < |F(z)| < S\left(\frac{1}{2}, 1, \theta\right). \tag{2.23}$$

取定 θ 是满足 $0 < \theta < 1$ 的一个固定常数, 因而 S_1 和 S 是两个绝对常数.

设 z_1 为 $|z - z_0| = \dfrac{\theta r}{2}$ 与 $|z| = r$ 的一个交点 (见图 3.1), 由 (2.23) $|F(z_1)|$ 也介于这两个绝对常数之间.

对 $F(z)$ 再一次应用定理 2.5 于圆 $|z - z_1| < \dfrac{r}{2}$ 内, 同样可得在 $|z - z_1| \leqslant \dfrac{\theta r}{2}$ 上 $|F(z)|$ 也介于另两个绝对常数之间. 按此方法连续进行若干次 (设 m 次), 则 $(m+1)$ 个圆 $|z - z_i| \leqslant \dfrac{\theta r}{2} (i = 0, 1, 2, \cdots, m)$ 必能完全盖住圆周 $|z| = r$, 这就说明 $F(z)$ 在 $|z| = r$ 上有界. 由于 r 可取任意小, 所以 $F(z)$ 在区域 $0 < |z| < r_1$ 内为有界, 这与 $F(z)$ 以 $z = 0$ 为本性奇点矛盾. 所以原先假定存在两个有限值 a 和 b, $f(z)$ 取这两个值有限次不成立, 于是定理得证. □

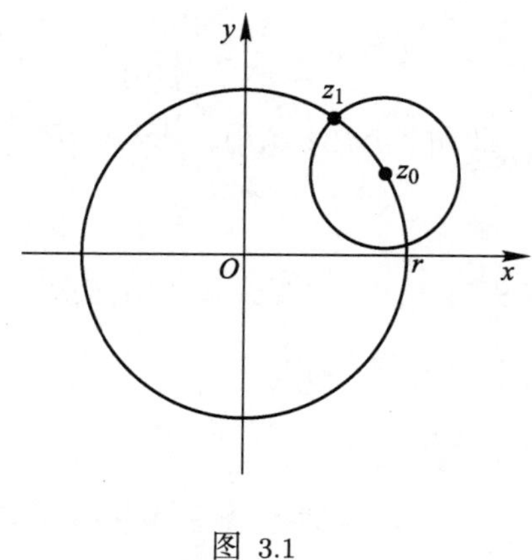

图 3.1

§3　Runge 定理　亚纯函数部分分式分解定理

若 $f(z)$ 是一个有理函数, 它的极点为 $a_1, a_2, \cdots, a_q$, 则 $f(z)$ 可表示为部分分式

$$f(z)=\sum_{j=1}^{m_k}\frac{A_{jk}}{(z-a_k)^j}+P(z),\quad k=1,2,\cdots,q,$$

其中 $P(z)$ 是一个多项式 (或零).

若 $f(z)$ 是一个超越亚纯函数, 设它有极点 $\{a_k\}(k=1,2,\cdots)$, 能不能像有理函数那样, 将 $f(z)$ 表示为部分分式呢? 这个问题由 Mittag–Leffler 定理解决了. 这个定理的证明, 作为 Runge 定理的应用是很简单的. 因此, 在本节中我们先证明 Runge 定理, 再应用它去证明 Mittag–Leffler 定理.

3.1　两个预备定理　在下面的叙述中, 我们常用符号 $\mathbb{C}$ 和 $\mathbb{C}_\infty$ 分别表示开的和闭的复平面; 以 $\rho(A,B)$ 表示集合 A 和 B 的距离; 以 ∂A 表示集合 A 的边界.

定理 3.1　设 K 是区域 G 内一个紧子集, $f(z)$ 是区域 G 内任一个全纯函数, 则在 $G-K$ 内存在一个由有限多个简单封闭折线组成的路径 $\varGamma$, 使

$$f(z)=\frac{1}{2\pi i}\int_\varGamma\frac{f(t)}{t-z}dt \tag{3.1}$$

对 K 中所有的 z 成立.

证　设正数 η 满足 $0<\eta<\dfrac{1}{2}\rho\left(K,\mathbb{C}-G\right)$, 在平面上分别作水平线 $y=m\eta(m=0,\pm1,\pm2,\cdots)$ 和垂直线 $x=n\eta(n=0,\pm1,\pm2,\cdots)$, 这两族直线构成的正方形网中只有有限多个正方形与 K 有公共点 (因 K 是紧的). 设这有限个正方形 (内部) 为 $R_1, R_2, \cdots, R_q$, 其边界取正向 (反时针方向). 每个 $\partial R_j(1\leqslant j\leqslant q)$ 的四条边为 $\sigma_{j1}, \sigma_{j2}, \sigma_{j3}, \sigma_{j4}$.

如果 $z \in R_j(1 \leqslant j \leqslant q)$, 则 $\rho(z, K) < \sqrt{2}\eta < \rho(K, \mathbb{C} - G)$, 所以有 $R_j \subset G$ $(1 \leqslant j \leqslant q)$. 另外, 在所有的边 σ_{jk} $(1 \leqslant j \leqslant q$ 及 $1 \leqslant k \leqslant 4)$ 中, 有的是两个正方形的公共边, 有的不是公共边. 显然, 在不是公共边的边上不含 K 的点. 凡不是公共边的那些边围成一个或若干个简单封闭折线, 记这些封闭折线组成的路径为 $\varGamma$.

当取每个 ∂R_j 的正方向时, 对每个公共边恰好取正反两个方向各一次. 对一固定的 j_0, 设 $\zeta \in R_{j_0}$, 则 $\dfrac{f(t)}{t-\zeta}$ 在 $\partial R_j(1 \leqslant j \leqslant q)$ 上连续, 所以有

$$\sum_{j=1}^{q} \frac{1}{2\pi i} \int_{\partial R_j} \frac{f(t)}{t-\zeta} dt = \frac{1}{2\pi i} \int_{\varGamma} \frac{f(t)}{t-\zeta} dt. \tag{3.2}$$

另一方面, 根据 Cauchy 积分定理和积分公式有

$$\frac{1}{2\pi i} \int_{\partial R_j} \frac{f(t)}{t-\zeta} dt = \begin{cases} f(\zeta), & \text{当 } j = j_0, \\ 0, & \text{当 } j \neq j_0, \end{cases}$$

所以

$$\sum_{j=1}^{q} \frac{1}{2\pi i} \int_{\partial R_j} \frac{f(t)}{t-\zeta} dt = f(\zeta).$$

由 (3.2), 得

$$f(\zeta) = \frac{1}{2\pi i} \int_{\varGamma} \frac{f(t)}{t-\zeta} dt. \tag{3.3}$$

当 $z \in K$, 则 z 在某个 R_j 的内部或在某个公共边上, 但此公共边已不属于 $\varGamma$. 无论属于何种情况, z 点都是某个 R_j 内部点的极限点. 由假设, (3.3) 的两边都是在组成 $\varGamma$ 的每个封闭折线内连续, 于是有

$$f(z) = \frac{1}{2\pi i} \int_{\varGamma} \frac{f(t)}{t-z} dt, \quad z \in K.$$ □

定理 3.2 设 $\varGamma$ 为可求长曲线, K 为复平面内与 $\varGamma$ 不相交的一个紧集. 若 $f(z)$ 是 $\varGamma$ 上一个连续函数, 则对任意小正数 ε, 存在一个极点全在 $\varGamma$ 上的有理函数 $R(z)$, 使

$$\left| \int_{\varGamma} \frac{f(\zeta)}{\zeta - z} d\zeta - R(z) \right| < \varepsilon \tag{3.4}$$

对 K 中所有的 z 成立.

证 设 $\varGamma$ 的方程为

$$z = z(t), \quad 0 \leqslant t \leqslant 1,$$

取 δ 满足 $0 < \delta < \rho(K, \varGamma)$, 设 $z \in K$, 对 $[0,1]$ 作一个分划

$$T: 0 = t_0 < t_1 < t_2 < \cdots < t_n = 1,$$

设

$$t_{j-1} \leqslant t \leqslant t_j, \quad 1 \leqslant j \leqslant n,$$

则

$$\begin{aligned}\left|\frac{f(z(t))}{z(t)-z} - \frac{f(z(t_j))}{z(t_j)-z}\right| &\leqslant \frac{1}{\delta^2}|(z(t_j)-z)f(z(t)) \\ &\quad -(z(t)-z)f(z(t_j))| \\ \leqslant \frac{1}{\delta^2}|f(z(t))||z(t)-z(t_j)| &+ \frac{1}{\delta^2}|z(t)||f(z(t))-f(z(t_j))| \\ &+\frac{|z|}{\delta^2}|f(z(t))-f(z(t_j))|.\end{aligned}$$

取正数 A 使得对 K 中所有 z 及 $[0,1]$ 上所有 t 都有

$$|z| \leqslant A, \quad |z(t)| \leqslant A \quad 及 \quad |f(z(t))| \leqslant A,$$

则

$$\begin{aligned}\left|\frac{f(z(t))}{z(t)-z} - \frac{f(z(t_j))}{z(t_j)-z}\right| &\leqslant \frac{A}{\delta^2}|z(t)-z(t_j)| \\ &\quad +\frac{2A}{\delta^2}|f(z(t))-f(z(t_j))|.\end{aligned}$$

由于 $z(t)$ 及 $f(z(t))$ 在 $[0,1]$ 上一致连续, 对给定的 $\varepsilon > 0$, 只要分划 T 的每个小区间 $(t_{j-1}, t_j)(1 \leqslant j \leqslant n)$ 充分小, 就有

$$|z(t)-z(t_j)| < \varepsilon \quad 及 \quad |f(z(t))-f(z(t_j))| < \varepsilon.$$

于是

$$\left|\frac{f(z(t))}{z(t)-z} - \frac{f(z(t_j))}{z(t_j)-z}\right| < \frac{3A}{\delta^2}\varepsilon$$

对 K 中所有 z 成立.

令

$$R(z) = \sum_{j=1}^{n} \frac{f(z(t_j))(z(t_j)-z(t_{j-1}))}{z(t_j)-z},$$

则 $R(z)$ 是极点为 $z(t_j)(j=1,2,\cdots,n)$ 的有理函数. 于是

$$\begin{aligned}\left|\int_\Gamma \frac{f(\zeta)}{\zeta - z}d\zeta - R(z)\right| &= \left|\sum_{j=1}^{n}\left(\int_{t_{j-1}}^{t_j} \frac{f(z(t))}{z(t)-z}dz(t)\right.\right. \\ &\quad \left.\left.-\frac{f(z(t_j))((z(t_j)-z(t_{j-1}))}{z(t_j)-z}\right)\right| \\ = \left|\sum_{j=1}^{n}\int_{t_{j-1}}^{t_j}\left(\frac{f(z(t))}{z(t)-z} - \frac{f(z(t_j))}{z(t_j)-z}\right)dz(t)\right| &< \frac{3A}{\delta^2}V(\Gamma)\varepsilon,\end{aligned}$$

其中 $V(\Gamma)$ 为 $z(t)$ 在 $[0,1]$ 上的全变差. 因 ε 为任意小正数, 故定理得证. □

3.2 Runge 定理 先证明几个引理.

引理 3.1 设 G 是 $\mathbb{C}$ 内一个开集, 则存在 G 内一列紧子集 $\{K_n\}(n=1,2,\cdots)$ 满足条件:

1° $K_n \subset K_{n+1}$ 且 $G=\bigcup\limits_{n=1}^{\infty} K_n$.

2° 若 $K \subset G$ 且 K 为紧集, 则有某个 n 使 $K \subset K_n \subset G$.

3° $\mathbb{C}_\infty - K_n$ 的每一个分支① 包含 $\mathbb{C}_\infty - G$ 的一个分支.

证 1° 对每一个正整数 n, 设

$$A_n=\{z:|z|<n\}, \quad B_n=\left\{z:\rho(z,\mathbb{C}-G)>\frac{1}{n}\right\},$$
$$\bar{A}_n=\{z:|z|\leqslant n\}, \quad \bar{B}_n=\left\{z:\rho(z,\mathbb{C}-G)\geqslant\frac{1}{n}\right\},$$

则 A_n, B_n 为开集, $\bar{A}_n, \bar{B}_n$ 为闭集且 $B_n \subset \bar{B}_n \subset G$. 于是 $K_n=\bar{A}_n \bigcap \bar{B}_n$ 是有界闭集, 从而它是紧的, 并且显然

$$K_n \subset K_{n+1}(n=1,2,\cdots) \quad 及 \quad G=\bigcup_{n=1}^{\infty} K_n.$$

2° 由于 $\bar{A}_n \subset A_{n+1}$ 及 $\bar{B}_n \subset B_{n+1}$, 若令 $D_{n+1}=A_{n+1} \bigcap B_{n+1}$, 则 D_{n+1} 为开集, 且有 $K \subset G=\bigcup\limits_{n=1}^{\infty} D_{n+1}$, 于是 $\{D_{n+1}\}(n=1,2,\cdots)$ 是 K 的一个开覆盖, 所以存在一个正整数 N 使

$$K \subset \bigcup_{n=1}^{N} D_{n+1} \subset G.$$

但

$$\begin{aligned}\bigcup_{n=1}^{N} D_{n+1} &= \bigcup_{n=1}^{N}(A_{n+1} \bigcap B_{n+1}) \subset \bigcup_{n=1}^{N}(\bar{A}_{n+1} \bigcap \bar{B}_{n+1}) \\ &= \bigcup_{n=1}^{N} K_{n+1}=K_{N+1} \subset G.\end{aligned}$$

故有

$$K \subset K_{n+1} \subset G.$$

3° 由于 $K_n \subset G$, 所以 $(\mathbb{C}_\infty-K_n) \supset (\mathbb{C}_\infty-G)$. 于是不难证明 $\mathbb{C}_\infty-K_n$ 的每一个分支包含 $\mathbb{C}_\infty-G$ 的一个分支. □

① 度量空间 X 内构成开集 G 的不能再扩大的连通开集, 叫做 G 的一个分支.

引理 3.2 设 U 和 V 为 $\mathbb{C}$ 内两个开集且 $V \subset U$ 及 $\partial V \bigcap U = \varnothing$. 若 H 为 U 的一个分支并有 $H \bigcap V \neq \varnothing$, 则有 $H \subset V$.

证 设 $a \in H \bigcap V$, 则 V 有一个含 a 点的分支 G, 由于 $V \subset U$, 所以 $G \subset H$. 又由于 $\partial V \bigcap U = \varnothing$, 所以 $\partial G \bigcap H = \varnothing$. 但 G 与 H 都是连通开集, 所以有 $H = G$, 否则在 H 内存在一点 $h \bar{\in} G$, 在 G 内存在一点 g 使线段 $\overline{hg}$ 全部属于 H, 而在 $\overline{hg}$ 上至少有一个 G 的界点. 这与 $\partial G \bigcap H = \varnothing$ 矛盾. 由于 $G \subset V$, 所以 $H \subset V$. □

用 $B(K, E)$ 表示那样一个函数集合, 其中每一个函数 $f(z)$ 在 K 上连续而且存在一个有理函数序列 $\{R_n(z)\}$ $(n = 1, 2, \cdots)$ 在 K 上一致收敛于 $f(z)$, 而每个 $R_n(z)$ 的极点在 E 中.

引理 3.3 (1) 若 $f(z)$ 和 $g(z)$ 属于 $B(K, E)$, a 为常数, 则 $af(z)$、$f(z) + g(z)$ 和 $f(z) \cdot g(z)$ 也属于 $B(K, E)$.

(2) 若 $B(K, E)$ 中一个函数序列 $\{f_n(z)\}(n = 1, 2, \cdots)$ 在 K 上一致收敛于 $f(z)$, 则 $f(z) \in B(K, E)$, 即 $B(K, E)$ 是闭的.

这个引理的成立是很显然的, 证明从略.

引理 3.4 设 K 为平面内的一个紧集. 若 $a \in \mathbb{C} - K$, E 为 $\mathbb{C}_\infty - K$ 内一个子集且与 $\mathbb{C}_\infty - K$ 的每一个分支相交, 则 $\dfrac{1}{z-a} \in B(K, E)$.

证 分两种情况证明:

1° $\infty \bar{\in} E$. 设使 $\dfrac{1}{z-a} \in B(K, E)$ 成立的所有 a 值所成之集为 V. 令 $U = \mathbb{C} - K$, 则有 $E \subset V \subset U$.

现设 a 为 V 中任一点, 考虑满足条件 $|b - a| < \rho(a, K)$ 的任意点 b, 则对 K 中所有的 z 有

$$\left|\frac{b-a}{z-a}\right| < \frac{|b-a|}{\rho(a, K)} < 1.$$

所以

$$\frac{1}{z-b} = \frac{1}{z-b}\left(1 - \frac{b-a}{z-a}\right)^{-1} = \frac{1}{z-a}\sum_{n=1}^{\infty}\left(\frac{b-a}{z-a}\right)^n, \tag{3.5}$$

其中 $\displaystyle\sum_{n=1}^{\infty}\left(\frac{b-a}{z-a}\right)^n$ 在 K 上一致收敛于 $\left(1 - \dfrac{b-a}{z-a}\right)^{-1}$.

令

$$R_k(z) = \sum_{n=1}^{k}\left(\frac{b-a}{z-a}\right)^n, \quad k = 1, 2, \cdots,$$

则 $R_k(z)$ 是有理函数, 且序列 $\left\{\dfrac{R_k(z)}{z-a}\right\}(k = 1, 2, \cdots)$ 在 K 上一致收敛于 $\dfrac{1}{z-b}$. 由引理 3.3, $\dfrac{R_k(z)}{z-a} \in B(K, E)$. 又由于 $B(K, E)$ 是闭的, 故得 $\dfrac{1}{z-b} \in B(K, E)$, 即

$b \in V$. 于是 V 是开集.

设 b 为 V 的边界上任一点, $\{a_n\}$ 为 V 中一个序列并有 $\lim\limits_{n\to\infty} a_n = b$, 由上面的证明, 则有 $|b-a_n| \geqslant \rho(a_r, K)$, 当 $n \to \infty$ 时, 就有 $\rho(a,K)=0$, 即 $a \in K$. 于是就有 $\partial V \bigcap U \neq \varnothing$. 但 $E \subset V$, 所以 $H \bigcap V \neq \varnothing$. 由引理 3.2, 则得 $H \subset V$. 于是 $U \subset V$. 另一方面, 已知 $V \subset U$, 故得 $V = U$. 于是引理成立.

2° $\infty \in E$. 此时 $\mathbb{C}-K$ 必有一个无界分支, 在这个无界分支中选取 a_0, 使

$$\frac{|a_0|}{2} > \max\{|z| : z \in K\}.$$

考虑集合 $E_0 = (E - \{\infty\}) \bigcup \{a_0\}$, 则 E_0 不含 ∞ 且与 $\mathbb{C}-K$ 的每个分支相交. 由 1° 的证明, 当 $a \in \mathbb{C}-K$ 时, 有 $\dfrac{1}{z-a} \in B(K,E)$. 所以存在一个极点在 E_0 中的有理函数序列 $\{R_n(z)\}(n=1,2,\cdots)$ 在 K 上一致收敛于 $\dfrac{1}{z-a}$.

另一方面, 对 K 中的所有 z, 有 $\left|\dfrac{z}{a_0}\right| < \dfrac{1}{2}$, 所以

$$\frac{1}{z-a_0} = \frac{-1}{a_0} \cdot \frac{1}{1-\dfrac{z}{a_0}} = \frac{-1}{a_0} \sum_{n=0}^{\infty} \left(\frac{z}{a_0}\right)^n,$$

即多项式序列

$$P_n(z) = \frac{-1}{a_0} \sum_{k=0}^{n} \left(\frac{z}{a_0}\right)^k, \quad n = 1, 2, \cdots$$

在 K 上一致收敛于 $\dfrac{1}{z-a_0}$. 多项式是以无穷远点为极点的有理函数, 于是在上面的有理函数序列 $\{R_n(z)\}$ 中若有某个 $R_k(z)$ 以 a_0 为极点, 则可用多项式 $P(z)$ 替代相应的 $\dfrac{a_k}{(z-a_0)^{n_k}}$, 从而可得一个极点在 E 中的有理函数序列 $\{R_n(z)\}$ 在 K 上一致收敛于 $\dfrac{1}{z-a}$. 所以仍有

$$\frac{1}{z-a} \in B(K,E).$$

□

现在证明下面的 Runge 定理.

定理 3.3 设 K 是平面内一个紧集, E 为 $\mathbb{C}_\infty - K$ 的一个子集并与 $\mathbb{C}_\infty - K$ 的每一个分支都相交. 若 $f(z)$ 在开集 G 内解析且 $G \supset K$, 则对任意 $\varepsilon > 0$, 存在一个极点在 E 中的有理函数 $R(z)$ 使

$$|f(z) - R(z)| < \varepsilon$$

对 K 中所有 z 成立.

证 由定理 3.1, 在 G 内存在一个由若干封闭折线组成的路径 Γ 与 K 不相交并使

$$f(z) = \frac{1}{2\pi i}\int_{\Gamma}\frac{f(t)}{t-z}dt \tag{3.6}$$

对 K 中所有的 z 成立.

又根据定理 3.2, 存在一个极点在 Γ 上的有理函数 $Q(z)$, 使

$$\left|\frac{1}{2\pi i}\int_{\Gamma}\frac{f(t)}{t-z}dt - Q(z)\right| < \varepsilon/2 \tag{3.7}$$

对 K 中所有的 z 成立.

由 (3.6) 和 (3.7) 则有

$$|f(z) - Q(z)| < \varepsilon/2 \tag{3.8}$$

对 K 中所有的 z 成立.

由引理 3.2 和引理 3.3, $Q(z) \in B(K, E)$. 于是存在一个极点在 E 中的有理函数序列 $\{R_n(z)\}(n = 1, 2, \cdots)$ 在 K 上一致收敛于 $Q(z)$, 即当 n 充分大时

$$|R_n(z) - Q(z)| < \varepsilon/2 \tag{3.9}$$

对 K 中所有的 z 成立.

由 (3.8) 和 (3.9), 则当 n 充分大时

$$|f(z) - R_n(z)| < \varepsilon$$

对 K 中所有的 z 成立. 于是 Runge 定理成立. □

定理 3.4 设 G 是 $\mathbb{C}$ 内一个开集, E 为 $\mathbb{C}_\infty - G$ 内与 $\mathbb{C}_\infty - G$ 的每一个分支都有交点的点集. 设 $R(G, E)$ 是极点在 E 中的一切有理函数的集合, 则对 G 内任一解析函数 $f(z)$, 存在极点在 E 中的有理函数序列 $\{R_n(z)\}$, 使

$$\lim_{n\to\infty} R_n(z) = f(z) \tag{3.10}$$

对 G 内所有的 z 成立.

证 由引理 3.1, 在 G 内存在一个紧子集序列 $\{K_n\}(n = 1, 2, \cdots)$ 满足

$$K_n \subset K_{n+1} \quad (n = 1, 2, \cdots) \quad 及 \quad G = \bigcup_{n=1}^{\infty} K_n,$$

并且 $\mathbb{C}_\infty - K_n$ 的每个分支包含 $\mathbb{C}_\infty - G$ 的一个分支. 取一个随 n 趋于 0 的正数序列 $\{\varepsilon_n\}$, 根据 Runge 定理, 对每一个正整数 n, 存在一个极点在 E 中的有理函数 $R_n(z)$, 使

$$|f(z) - R_n(z)| < \varepsilon_n$$

对 K_n 中所有的 z 成立. 于是对任意 $z \in G$ 及任意 $\varepsilon > 0$, 存在一个正整数 N, 使当 $n > N$ 时, 有 $z \in K_n$ 及 $\varepsilon_n < \varepsilon$. 所以当 $n > N$ 时

$$|f(z) - R_n(z)| < \varepsilon.$$

这就证明了 (3.10) 对 G 内所有 z 成立. □

在定理 3.4 中, 若令 $E = \{\infty\}$, 并视多项式为以 ∞ 为极点的有理函数, 则立即可推出下面的定理.

定理 3.5 设 G 是 $\mathbb{C}$ 内一个开集, 且 $\mathbb{C}_\infty - G$ 是连通的, 则对于 G 内每一个解析函数 $f(z)$, 存在一个多项式序列 $\{P_n(z)\}(n = 1, 2, \cdots)$ 使

$$\lim_{n\to\infty} P_n(z) = f(z), \quad z \in G.$$

3.3 亚纯函数的部分分式分解定理

定理 3.6 (Mittag–Leffler 定理) 设 G 是一个开集, $\{a_k\}(k = 1, 2, \cdots)$ 是 G 内互不相同的点组成的序列并在 G 内没有聚点. 又设

$$S_k(z) = \sum_{j=1}^{m_k} \frac{A_{jk}}{(z - a_k)^j}, \quad k = 1, 2, \cdots \tag{3.11}$$

是一个有理函数序列, 则在 G 内存在一个亚纯函数 $f(z)$ 以且仅以 $\{a_k\}$ 为极点, 并在 a_k 处的奇异部分为 $S_k(z)$.

证 由引理 3.1, 在 G 内存在一列紧子集 $\{K_n\}(n = 1, 2, \cdots)$ 满足 $K_n \subset K_{n+1}(n = 1, 2, \cdots)$ 及 $G = \bigcup_{n=1}^{\infty} K_n$, 并在 $\mathbb{C}_\infty - K_n$ 的每一个分支包含 $\mathbb{C}_\infty - G$ 的一个分支. 因为每一个 K_n 是紧的, 所以在 K_n 中只有有限多个 a_k. 我们设正整数集

$$I_1 = \{k : a_k \in K_1\}, \quad I_n = \{k : a_k \in K_n - K_{n-1}\}(n \geqslant 2).$$

考虑函数序列

$$f_n(z) = \sum_{k \in I_n} S_k(z), \quad n = 1, 2, \cdots, \tag{3.12}$$

其中若 I_n 为空集, 则规定 $f_n(z) = 0$. 由于 $f_n(z)$ 在 K_{n-1} 中无极点, 故存在一个开集 $G_0 \supset K_{n-1}$, 使 $f_n(z)$ 在 G_0 内解析. 又由于 $\mathbb{C}_\infty - K_n$ 的每一个分支包含 $\mathbb{C}_\infty - G$ 的一个分支, 故根据 Runge 定理, 有一个极点在 $\mathbb{C}_\infty - G$ 内的有理函数 $R_n(z)$ 使

$$|f_n(z) - R_n(z)| < \left(\frac{1}{2}\right)^n \tag{3.13}$$

对 K_n 中所有的 z 成立. 考虑函数

$$f(z) = f_1(z) + \sum_{n=2}^{\infty}(f_n(z) - R_n(z)). \tag{3.14}$$

设 N 为任意大正整数, 由 (3.13) 则当 $n \geqslant N+1$ 时, $f_n(z) - R_n(z)$ 在 K_N 上解析, 并有

$$|f_n(z) - R_n(z)| < \left(\frac{1}{2}\right)^n, \quad n = N+1, N+2, \cdots,$$

所以级数

$$\sum_{n=N+1}^{\infty} (f_n(z) - R_n(z))$$

在 K_N 上一致收敛于一个解析函数 $g_N(z)$. 由 (3.14)

$$f(z) = f_1(z) + \sum_{n=2}^{N}(f_n(z) - R_n(z)) + g_N(z).$$

但

$$f_1(z) + \sum_{n=2}^{N}(f_n(z) - R_n(z))$$

在 K_n 上是一个亚纯函数, 其极点为 $\{a_k : k \in I_1+I_2+\cdots+I_N\}$, 且在 a_k 的奇异部分为 $S_k(z)$. 从而 $f(z)$ 在 K_n 上是一个亚纯函数, 其极点为 $\{a_k : k \in I_1+I_2+\cdots+I_N\}$, 且在 a_k 的奇异部分为 $S_k(z)$.

由于正整数 N 是任意的, 且有 $G = \bigcup\limits_{n=1}^{\infty} K_n$. 于是由 (3.14) 确定的函数 $f(z)$ 是 G 内一个亚纯函数, 其极点为 $\{a_k\}(k = 1, 2, \cdots)$, 且在 a_k 的奇异部分为 $S_k(z)$. □

由定理 3.6, 立即可得亚纯函数的部分分式分解定理.

定理 3.7　设 $F(z)$ 是在 $|z| < \infty$ 内的亚纯函数, 极点为 $\{a_k\}(k = 1, 2, \cdots)$, 在 a_k 的奇异部分为

$$S_k(z) = \sum_{j=1}^{m_k} \frac{A_{jk}}{(z - a_k)^j},$$

则有

$$F(z) = S_1(z) + \sum_{n=2}^{\infty}(S_n(z) - P_n(z)) + G(z),$$

其中 $\{P_n(z)\}(n = 1, 2, \cdots)$ 是一个多项式序列, $G(z)$ 是另一个整函数.

证　应用定理 3.6, 令 $G = \mathbb{C}$. 此时 $\mathbb{C}_\infty - G = \{\infty\}$. 再令 $K_n = \{|z| \leqslant a_n\}$, 则相应的正整数集

$$I_1 = \{k : a_k \in K_1\} = \{1\}, \quad I_n = \{k : a_k \in K_n - K_{n-1}\} = \{n\}(n \geqslant 2).$$

于是

$$f_n(z) = \sum_{k \in I_n} S_k(z) = S_n(z).$$

函数

$$\begin{aligned} f(z) &= f_1(z) + \sum_{n=2}^{\infty}(f_n(z) - R_n(z)) \\ &= S_1(z) + \sum_{n=2}^{\infty}(S_n(z) - R_n(z)) \end{aligned}$$

是一个在 G 内以 $\{a_k\}$ 为极点的亚纯函数, 而在 a_k 的奇异部分为 $S_k(z)$. 此处每个 $R_n(z)$ 是极点在 $\mathbb{C}_\infty \backslash G$ 内的有理函数. 但在这里, G 为区域 $|z| < \infty$, 所以 $\mathbb{C}_\infty \backslash G = \{\infty\}$, 从而 $R_n(z)$ 是多项式. 将 $R_n(z)$ 另记为 $P_n(z)$.

由假设知, $F(z)$ 与 $f(z)$ 有相同极点及相同的奇异部分, 所以 $F(z) - f(z)$ 是一个整函数. 令

$$G(z) = F(z) - f(z),$$

则有

$$\begin{aligned} F(z) &= f(z) + G(z) \\ &= S_1(z) + \sum_{n=2}^{\infty}(S_n(z) - P_n(z)) + G(z). \end{aligned}$$ □

第四章　共形映射

共形映射是复变函数论中最重要的概念之一, 它是从物理学中的概念产生出来的, 并且在工程技术方面有重要的应用. 本章主要讲述映射函数存在性的 Riemann 映射定理和映射函数的边界性质.

§1　解析函数正规族

1.1　概念及性质　正规族的概念是 P. Montel 引进的, 他在这方面进行了深入的研究.

定义 1.1　设 $\mathscr{F}$ 为一族函数, $\mathscr{F}$ 中的每个函数在区域 G 内有定义并且是解析的. 如果对于 $\mathscr{F}$ 中的任一无穷序列 $\{f_n(z)\}$, 总有子序列 $\{f_{n_k}(z)\}$ 在 G 内任一紧集上一致收敛于 G 内的一个解析函数, 简称为内闭一致收敛, 或者一致发散到 ∞, 则称 $\mathscr{F}$ 在 G 内是正规族.

设 P 是 G 内任意一点. 如果存在 P 的某一邻域 $U(P)$, 使得 $\mathscr{F}$ 在 $U(P)$ 内是正规的, 则称 $\mathscr{F}$ 在点 P 是正规的.

引理 1.1　函数族 $\mathscr{F}$ 在区域 G 内是正规的, 其充要条件是 $\mathscr{F}$ 在 G 内的每一点是正规的.

证　条件的必要性是明显的.

对于充分性的证明, 可设 G 是有界的, 否则我们在 Riemann 球上考虑即可. 对于每一个正整数 j, 命 E_j 为 G 内与 G 的边界的距离大于或等于 $\dfrac{1}{j}$ 的点的集合. 因此, 对于任一闭域 $\bar{G}_1 \subset G$, 必可找到充分大的 j, 使得 $\bar{G}_1 \subset E_j$.

对于每个固定的 j, E_j 上的每个点 P 都是 G 的内点. 于是存在邻域 $U(P)$, 使得 $\mathscr{F}$ 在 $U(P)$ 内是正规的. 取 P 的较小的邻域 $U'(P)$, 使 $\overline{U'(P)} \subset U(P)$. 由于 E_j 是闭集, $\bigcup\limits_{P\in E_j} U'(P)$ 是它的开覆盖. 根据有限覆盖定理, 必定有有限个邻域 $U_l'(l=1,2,\cdots,L)$ 构成 E_j 的覆盖. 对于 $\mathscr{F}$ 中的任一无穷序列 $\{f_n(z)\}$, 由于 $\mathscr{F}$ 在 U_1' 内正规, 有子序列 $\{f_n^{(1)}(z)\}$ 在 $\overline{U_1'}$ 上一致收敛或一致发散到 ∞. 又由于 $\mathscr{F}$ 在 U_2 内正规, 于是对于 $\{f_n^{(1)}(z)\}$, 有子序列 $\{f_n^{(2)}(z)\}$ 在 $\overline{U_2'}$ 上一致收敛或一致发散到 ∞. 经过有限次后, 有 $\{f_n(z)\}$ 的子序列 $\{f_n^{(L)}(z)\}$ 在 $\bigcup\limits_{l=1}^{L}\overline{U_l'}$ 上一致收敛或一致发散到 ∞, 从而在 E_j 上一致收敛或一致发散到 ∞.

对于 $\mathscr{F}$ 中的任一序列 $\{f_n(z)\}$, 由以上推理, 有子序列 $\{f_{n1}(z)\}$ 在 E_1 上一致收敛或一致发散到 ∞. 又有 $\{f_{n1}(z)\}$ 的子序列 $\{f_{n2}(z)\}$ 在 E_2 上一致收敛或一致发散到 ∞. 一般地, 有 $\{f_{n,j-1}(z)\}$ 的子序列 $\{f_{nj}(z)\}$ 在 E_j 上一致收敛或一致发散到 ∞. 如此继续下去, 最后取对角线序列 $f_{11}(z), f_{22}(z), \cdots, f_{jj}(z), \cdots$. 可以看出它在每个 $E_j(j=1,2,\cdots)$ 上一致收敛或一致发散到 ∞. 故 $\mathscr{F}$ 在 G 内是正规的.□

定义 1.2 如果存在正数 M, 使得对于区域 G 内函数族 $\mathscr{F}$ 中任一函数 $f(z)$ 及在 G 内集合 E 上的任意点 z, 有 $|f(z)| \leqslant M$, 则称 $\mathscr{F}$ 在 E 上是一致有界的.

定义 1.3 如果任给 $\varepsilon > 0$, 存在 $\delta(\varepsilon) = \delta$, 对于函数族 $\mathscr{F}$ 中的任一函数 $f(z)$ 和集合 E 上任意两点 z_1 和 z_2, 只要 $|z_1 - z_2| < \delta$, 就有 $|f(z_1) - f(z_2)| < \varepsilon$, 则称 $\mathscr{F}$ 在 E 上是等度连续的.

引理 1.2 设 $\mathscr{F}$ 是区域 G 中的解析函数族, 如果它在 G 内是一致有界的, 则它在任一闭圆盘 $\{|z-z_0| \leqslant \rho\} \subset G$ 上是等度连续的.

证 设 $z_1, z_2 \in \{|z-z_0| \leqslant \rho\}, \partial G$ 是 G 的边界. 设 ∂G 与 $\{|z-z_0| \leqslant \rho\}$ 的距离是 r①. 我们有 $r > 0$, 从而 $\left\{|z-z_0| \leqslant \rho + \dfrac{r}{2}\right\} \subset G$. 对族 $\mathscr{F}$ 中的任一函数 $f(z)$, 由 Cauchy 公式有

$$
\begin{aligned}
f(z_1) - f(z_2) &= \frac{1}{2\pi i}\int_{|\zeta - z_0| = \rho + \frac{r}{2}} \frac{f(\zeta)d\zeta}{\zeta - z_1} - \frac{1}{2\pi i}\int_{|\zeta - z_0| = \rho + \frac{r}{2}} \frac{f(\zeta)d\zeta}{\zeta - z_2} \\
&= \frac{z_1 - z_2}{2\pi i}\int_{|\zeta - z_0| = \rho + \frac{r}{2}} \frac{f(\zeta)d\zeta}{(\zeta - z_1)(\zeta - z_2)}.
\end{aligned}
$$

①若 G 是全平面, 我们不妨将 G 适当缩小, 使 $r < +\infty$.

当 $|\zeta - z_0| = \rho + \dfrac{r}{2}$ 时, $|\zeta - z_1| \geqslant \dfrac{r}{2}, |\zeta - z_2| \geqslant \dfrac{r}{2}$. 由于 $\mathscr{F}$ 在 G 内是一致有界的, 故存在 $M > 0$, 使得

$$\begin{aligned}|f(z_1) - f(z_2)| &\leqslant \frac{1}{2\pi} \cdot \frac{M}{\left(\dfrac{r}{2}\right)^2} \cdot 2\pi \left(\rho + \frac{r}{2}\right) |z_1 - z_2| \\ &= \frac{4M\left(\rho + \dfrac{r}{2}\right)}{r^2} |z_1 - z_2|.\end{aligned}$$

取 $\delta = r^2\varepsilon / 4M\left(\rho + \dfrac{r}{2}\right)$, 那么当 $|z_1 - z_2| < \delta$ 时, 有 $|f(z_1) - f(z_2)| < \varepsilon$, 即 $\mathscr{F}$ 在 $\{|z - z_0| \leqslant \rho\}$ 上等度连续. □

对于一致有界的解析函数族, 我们有

定理 1.1 (Arzelà) 设 $\mathscr{F}$ 是区域 G 内一致有界的解析函数族, 则 $\mathscr{F}$ 的任一无穷序列 $\{f_n(z)\}$ 有在 G 内内闭一致收敛的子序列.

证 由于 $\{f_n(z)\}$ 在 G 内是一致有界的, 如果它的子序列内闭一致收敛, 其极限函数不可能为 ∞, 故我们只须证明 $\mathscr{F}$ 在 G 内正规就可以了. 根据引理 1.1, 我们只须证明 $\mathscr{F}$ 在 G 的任意一点 z^0 正规.

设 $U(z_0)$ 是以 z_0 为圆心的开圆盘, 使得 $\overline{U(z_0)} \subset G$. 在 $U(z_0)$ 内选取一个处处稠密的可列集合 E (例如 $U(z_0)$ 内两个坐标都是有理数的点构成的集合). 对于 $\mathscr{F}$ 中的任一无穷序列 $\{f_n(z)\}$, 由于 $\mathscr{F}$ 在 $U(z_0)$ 内一致有界, 用取对角线序列的方法可知, 有子序列 $\{f_{nn}(z)\}$ 在 E 的每点都收敛. 根据引理 1.2, $\{f_{nn}(z)\}$ 在 $\overline{U(z_0)}$ 上是等度连续的, 即对于任意正数 ε, 存在正数 δ, 使当 $z_1, z_2 \in U(z_0)$, 且 $|z_1 - z_2| < \delta$ 时, 有

$$|f_{nn}(z_1) - f_{nn}(z_2)| < \frac{\varepsilon}{3}. \tag{1.1}$$

在 z 平面上作边长为 $\dfrac{\delta}{2}$ 的正方形网. 在与 $U(z_0)$ 的交集非空的每个正方形内取 E 的一点, 这样得到有限多个点 $e_j (j = 1, 2, \cdots, J)$. 对于 $\varepsilon > 0$, 存在相应的 N, 使当 m 和 n 都大于 N 时, 有

$$|f_{mm}(e_j) - f_{nn}(e_j)| < \frac{\varepsilon}{3}, \quad j = 1, 2, \cdots, J. \tag{1.2}$$

设 z 为 $U(z_0)$ 内任意一点, 则有某个 e_j, 使 $|z - e_j| < \delta$. 于是由 (1.1) 有

$$|f_{mm}(z) - f_{mm}(e_j)| < \frac{\varepsilon}{3}, \quad |f_{nn}(z) - f_{nn}(e_j)| < \frac{\varepsilon}{3}. \tag{1.3}$$

从 (1.2) 与 (1.3) 可知, 当 m, n 都大于 N 时, 有

$$|f_{mm}(z) - f_{nn}(z)| < \varepsilon.$$

这里的 N 不依赖于 z. 于是 $\{f_{nn}(z)\}$ 在 $U(z_0)$ 内内闭一致收敛. 即 $\mathscr{F}$ 在 $U(z_0)$ 内是正规的. □

1.2 正规定则 对于区域 G 内的解析函数族, 在什么样的条件下它是正规族呢? 这种条件通常称为正规定则. 寻求正规定则是正规族理论中的主要课程.

定义 1.4 如果区域 G 内的函数族 $\mathscr{F}$ 在 G 内任意紧集上是一致有界的, 则称 $\mathscr{F}$ 在 G 中内闭一致有界.

引理 1.3 (Montel) 设 $\mathscr{F}$ 是区域 G 内的解析函数族. 对于 $\mathscr{F}$ 中任一无穷序列 $\{f_n(z)\}$ 有子序列在 G 中内闭一致收敛的充要条件是: $\mathscr{F}$ 在 G 中内闭一致有界.

证 **必要性** 设 $\mathscr{F}$ 在 G 中不是内闭一致有界的, 则在 G 内必有一个紧集 E, 在 E 上有 $\mathscr{F}$ 中的函数, 它的模能够任意大. 即对每个 n, 有 $f_n(z) \in \mathscr{F}$ 与一点 $z_n \in E$, 使得

$$|f_n(z_n)| > n, \quad n = 1, 2, \cdots. \tag{1.4}$$

由于 $\{f_n(z)\}$ 有子序列 $\{f_{n_k}(z)\}$ 在 G 中内闭一致收敛, 因此在 E 上是一致收敛的. 其极限函数 $f(z)$ 在 E 上是连续的, 故有界. 设 $\max\limits_{z \in E}|f(z)| = M < +\infty$. 于是存在 N, 使得: 在 E 上当 $n_k > N$ 时, 有

$$|f_{n_k}(z) - f(z)| < 1,$$

因而

$$|f_{n_k}(z)| \leqslant |f(z)| + 1 \leqslant M + 1,$$

这与 (1.4) 矛盾.

充分性 设 $\mathscr{F}$ 在 G 中内闭一致有界. 与证明定理 1.1 相仿, 只要证明 $\{f_n(z)\}$ 有子序列 $\{f_{n_k}(z)\}$ 在 G 内任一点 z_0 的邻域 $U(z_0)$ 中内闭一致收敛. 适当地选取邻域 $U(z_0)$, 使 $\overline{U(z_0)} \subset G$. $\{f_n(z)\}$ 在 $U(z_0)$ 内是一致有界的 (这个界依赖于 $\overline{U(z_0)}$). 根据定理 1.1, 有子序列 $\{f_{n_k}(z)\}$ 在 $U(z_0)$ 中内闭一致收敛. □

定理 1.2 (Montel–Carathéodory) 如果 $\mathscr{F}$ 是在区域 G 内不取值 0 与 1 的解析函数族, 则 $\mathscr{F}$ 在 G 内是正规的.

证 固定 G 内一点 z_0, 定义族 $\mathscr{F}_1$ 和 $\mathscr{F}_2$:

$$\mathscr{F}_1 = \{f \in \mathscr{F} \,|\, |f(z_0)| \leqslant 1\},$$
$$\mathscr{F}_2 = \{f \in \mathscr{F} \,|\, |f(z_0)| > 1\}.$$

故 $\mathscr{F} = \mathscr{F}_1 \bigcup \mathscr{F}_2$.

首先我们证明 $\mathscr{F}_1$ 在 G 内是正规的. 根据引理 1.3, 我们只须证明 $\mathscr{F}_1$ 在 G 中是内闭一致有界的.

设 a 是 G 内任意一点, $\varGamma$ 是 G 内联结 z_0 与 a 的曲线. $D_0, D_1, \cdots, D_n$ 是在 G 内以 $\varGamma$ 上的点 $z_0, z_1, \cdots, z_n = a$ 为圆心的圆盘, 使得 z_{k-1} 与 z_k 在 $D_{k-1} \bigcap D_k (1 \leqslant k \leqslant n)$ 之内, 且 $\bar{D}_k \subset G (0 \leqslant k \leqslant n)$. 现在我们在 D_0 内应用 Schottky 定理 (见第三章定理 2.5), 则对 $\mathscr{F}_1$ 中的任一函数 $f(z)$, 存在仅依赖于 D_0 的半径的常数 C_0, 使得 $|f(z)| \leqslant C_0 (z \in D_0)$. 特别有 $|f(z_1)| \leqslant C_0$. 在 D_1 内应用 Schottky 定理, 则在 D_1 内对 $\mathscr{F}_1$ 中的任一函数 $f(z)$, 存在仅依赖于 D_1 的半径和 C_0 的常数 C_1, 使得 $|f(z)| \leqslant C_1 (z \in D_1)$. 继续这个过程, 我们得到 $\mathscr{F}_1$ 在 D_n 内是一致有界的. 由于 a 是任意的, 再用有限覆盖定理, 得到 $\mathscr{F}_1$ 在 G 内是内闭一致有界的. 由引理 1.3, $\mathscr{F}_1$ 中任何序列有内闭一致收敛的子序列. 即 $\mathscr{F}_1$ 在 G 内是正规的.

现在考虑族 $\mathscr{F}_2$. 由于 $\mathscr{F}_2$ 中的每个函数 $f(z) \neq 0$, $\dfrac{1}{f(z)}$ 在 G 内是解析的, 且 $\dfrac{1}{f(z)}$ 不取值 0 与 1, 而 $|1/f(z_0)| < 1$, 因此 $\widetilde{\mathscr{F}} = \left\{ \dfrac{1}{f} | f \in \mathscr{F}_2 \right\} \subset \mathscr{F}_1$. $\widetilde{\mathscr{F}}$ 中任何序列 $\left\{ \dfrac{1}{f_n(z)} \right\}$ 在 G 内有内闭一致收敛的子序列 $\left\{ \dfrac{1}{f_{n_k}(z)} \right\}$. 设 $h(z) = \lim\limits_{k \to \infty} \dfrac{1}{f_{n_k}(z)}$. 若 $h(z) \equiv 0$, 则 $\{f_{n_k}(z)\}$ 内闭一致趋于 ∞. 当 $h(z) \not\equiv 0$ 时, 一定有 $h(z) \neq 0 (z \in G)$. 事实上, 设 $z_0 \in G, h(z_0) = 0$, 但 $h(z) \not\equiv 0$, 则存在圆盘 $\{|z - z_0| \leqslant r\} \subset G$, 使得在圆周上, $|h(z)| > m > 0$, 且存在着常数 N, 使当 $n_k \geqslant N$ 时, $\left| h(z) - \dfrac{1}{f_{n_k}(z)} \right| < m$ 在圆周上一致成立. 由 Rouché定理, h 与 $\dfrac{1}{f_{n_k}}$ 在上述的圆盘内有相同个数的零点. $h(z)$ 在这个圆盘内至少有一个零点, 因而 $\dfrac{1}{f_{n_k}(z)}$ 也至少有一个零点. 这与 $f_{n_k} \in \mathscr{F}_2$ 矛盾. 因此 $\{f_{n_k}\}$ 内闭一致收敛到 $\dfrac{1}{h}$, 即 $\mathscr{F}_2$ 是正规的. □

关于解析函数正规族的正规定则还有许多, 请参阅有关的著作.

1.3 极限函数的性质 关于内闭一致收敛的解析函数序列, 其极限函数有以下的性质:

定理 1.3 (Weierstrass) 设 $\{f_n(z)\}$ 是区域 G 内的解析函数序列, 它在 G 内内闭一致收敛于函数 $f(z)$, 则 $f(z)$ 在 G 内是解析的, 且对于每一个正整数 $k \geqslant 1$, $f_n^{(k)}(z)$ 内闭一致收敛于 $f^{(k)}(z)$.

此定理的证明在复变函数基础教程中都有, [①]这里我们从略.

定理 1.4 (Hurwitz) 设 $\{f_n(z)\}$ 是区域 G 内的解析函数序列, 它内闭一致收敛于函数 $f(z) \not\equiv 0$; 设有闭圆盘 $\overline{D(a,R)} \subset G$[②], 在 $|z - a| = R$ 上, $f(z) \neq 0$, 则存在正整数 N, 使当 $n \geqslant N$ 时, $f(z)$ 与 $f_n(z)$ 在圆盘 $D(a, R)$ 内有相同个数的零点.

① 例如可参见: 余家荣. 复变函数. 北京: 高等教育出版社, 1984: 76, 定理 2.3.
② $D(a, R) = \{z | |z - a| < R\}$.

证 因为在圆周 $\Gamma:|z-a|=R$上, $f(z)\neq 0$, 故

$$\delta=\inf\{|f(z)||z\in\Gamma\}>0.$$

而 $f_n\to f$ 在 Γ 上是一致的, 故存在正整数 n_1, 使当 $n\geqslant n_1$ 时, 有 $|f_n(z)|>\dfrac{\delta}{2}(z\in\Gamma)$. 因此对于 $z\in\Gamma$, 当 $n\geqslant n_1$ 时, 有

$$\left|\frac{1}{f(z)}-\frac{1}{f_n(z)}\right|=\left|\frac{f_n(z)-f(z)}{f(z)f_n(z)}\right|\leqslant\frac{2}{\delta^2}|f_n(z)-f(z)|,$$

即 $\dfrac{1}{f_n}\to\dfrac{1}{f}$ 在 Γ 上是一致的. 由定理 1.3, $f_n'\to f'$ 在 Γ 上是一致的. 于是 $f_n'/f_n\to f'/f$ 在 Γ 上是一致的, 从而

$$\frac{1}{2\pi i}\int_\Gamma\frac{f'(\zeta)}{f(\zeta)}d\zeta=\lim_{n\to\infty}\frac{1}{2\pi i}\int_\Gamma\frac{f_n'(\zeta)}{f_n(\zeta)}d\zeta.$$

而 $\dfrac{1}{2\pi i}\displaystyle\int_\Gamma\frac{f_n'(\zeta)}{f_n(\zeta)}d\zeta$ 只取整数值, 故存在 N, 使当 $n\geqslant N$ 时, 有

$$\frac{1}{2\pi i}\int_\Gamma\frac{f'(\zeta)}{f(\zeta)}d\zeta=\frac{1}{2\pi i}\int_\Gamma\frac{f_n'(\zeta)}{f_n(\zeta)}d\zeta.$$

这就证明了定理. □

§2 Riemann 映射定理

Riemann 定理在复变函数的理论及其应用上都有极其重要的作用. 在理论上, 它是近代复变函数几何理论的起点. 其次, 为要研究在较复杂的区域内的共形映射下的某些不变量, 只须在较简单的区域内进行研究, 然后应用共形映射就得到所需要的结果.

2.1 一个引理 在证明映射存在定理之前, 我们先证明一个有关映射函数的导数性质的引理.

引理 2.1 设 G 是复平面内的单连通区域, $w=\psi(z)$ 是 G 内的单叶解析函数, 它将 G 映为单位圆盘 $|w|<1$ 内的区域. 若 $\psi(G)$ 不与单位圆盘重合, 且 $z_0\in G$, 则在 G 内存在一个单叶解析函数 $\psi_1(z)$, 将 G 映为单位圆盘内的区域, 且

$$|\psi_1'(z_0)|>|\psi'(z_0)|.$$

证 考虑把单位圆盘映为自身的映射

$$\varphi_\alpha=\frac{z-\alpha}{1-\overline{\alpha}z},$$

其中复数 α 满足 $|\alpha| < 1$. φ_α 是单位圆盘到自身的一个双射, 可直接计算其逆为 $\varphi_{-\alpha}$.

根据引理的假定, 存在 $\alpha, |\alpha| < 1, \alpha \bar{\in} \psi(G)$, 则 $\varphi_\alpha \circ \psi$ 是 G 内的单叶解析函数, 且不为零. 因此存在 G 内的解析函数 $g(z)$, 使 $g^2 = \varphi_\alpha \circ \psi$, g 是内射. 设 $\beta = g(z_0), z_0 \in G$. 令 $\psi_1 = \varphi_\beta \circ g$. 不难见到, ψ_1 是 G 内的解析函数. 如果记 $s(w) = w^2$, 则有

$$\psi = \varphi_{-\alpha} \circ s \circ g = \varphi_{-\alpha} \circ s \circ \varphi_{-\beta} \circ \psi_1.$$

由于 $\psi_1(z_0) = 0$, 复合函数求导法则给出

$$\psi'(z_0) = F'(0)\psi_1'(z_0),$$

其中 $F = \varphi_{-\alpha} \circ s \circ \varphi_{-\beta}$. 由于 F 将单位圆盘映为自身的真子集, 根据 Schwarz 引理, 有 $|F'(0)| < 1$, 由此 $|\psi'(z_0)| < |\psi_1'(z_0)|$. □

2.2 Riemann 定理 设 G_1, G_2 是两个区域. 如果解析函数 $f(z)$ 是 G_1 到 G_2 的双射, 亦即 $f(z)$ 是 G_1 内的单叶解析函数, 且 $f(G_1) = G_2$, 则称 $f(z)$ 将 G_1共形映射为 G_2.

关于共形映射的存在性, 我们有:

定理 2.1 (Riemann) 设 G 是复平面内的单连通区域, 其边界至少含有两个不同的点. 任意给定一点 $z_0 \in G$, 则存在唯一的单叶解析函数 $g(z)$, 映 G 为单位圆盘 $|w| < 1$, 使得

$$g(z_0) = 0, \arg g'(z_0) > 0. \tag{2.1}$$

证 由 Liouville 定理, 扩充复平面 $\widehat{\mathbb{C}}$ 及开平面 $\mathbb{C}$ 不能共形映射为单位圆盘. 因此假定 G 至少有两个边界点是必要的. 设 a 和 b 是 G 的两不同边界点. 当 $a, b \neq \infty$ 时, 变换 $(z-a)/(z-b)$ 将 G 变为单连通区域 G_1, 有边界点 0 与 ∞. 当 $b = \infty$ 时, 变换 $z - a$ 将 G 变为单连通区域 G_1, 有边界点 0 与 ∞. 因此我们总可以假定 G 有边界点 0 和 ∞. 任一包围原点的简单闭曲线 (指连续曲线, 下同) 必与 G 的边界相交. 因为如果它整个在 G 内成为 G 的内点, 则原点属于 G; 同时它也不可能全都是 G 的外点. 如果我们令

$$z_1 = \sqrt{z},$$

这个函数在 G 内有解析分支, 因为当 z 在 G 内描绘一条闭曲线时, 这条曲线不包围原点. 取定一个分支后, 这个函数还是单叶的. 它将 G 共形映为单连通区域 G_1. 若 $z_1 = c$ 是 G_1 的内点, 则 $z_1 = -c$ 是 G_1 的外点.

$$z_2 = 1/(z_1 + c) \tag{2.2}$$

将 G_1 共形映为有界单连通区域 G_2. 因此我们总可以假定 G 是有界域. 变换 $z_3 = z_2 + d$ 共形地映 G_2 为单连通区域 G_3, 并可选取 d 使 G_3 含有原点 $z_3 = 0$, 它是 z_0 的像. 总之, 我们可以假定 G 是含有原点的有界单连通域. 我们还可以用旋转将映射函数的初始条件进行正规化:

$$f(0) = 0, \quad f'(0) > 0. \tag{2.3}$$

现在我们考虑具有下列性质的函数 $f(z)$ 所组成的类 $\mathscr{F}$:

(1) $f(z)$ 在 G 内是解析的.

(2) $f(z)$ 在 G 内是单叶的.

(3) $f(z)$ 满足 (2.3).

(4) 当 $z \in G$ 时, $|f(z)| < 1$.

当 K 是充分小的正数时, $Kz \in \mathscr{F}$. 故 $\mathscr{F}$ 非空. 对于 $\mathscr{F}$, 根据引理 2.1, 现在我们可以提出下面的极值问题:

寻求 $\mathscr{F}$ 的元素 $f(z)$, 使得 $f'(0)$ 有最大可能的值.

由于 G 含有原点, G 必含有一闭圆盘 $|z| \leqslant \rho, \rho > 0$. 对任一 $f \in \mathscr{F}$, 由条件 (4) 及 Cauchy 公式得

$$f'(0) < \frac{1}{\rho}.$$

因此正数集合 $\{f'(0) | f \in \mathscr{F}\}$ 是有界的. 令

$$\mu = \sup_{f \in \mathscr{F}} \{f'(0)\}.$$

我们将证明 $\mathscr{F}$ 有一元素 $g(z)$, 使得 $g'(0) = \mu$. 随后将验证, $g(z)$ 就是所要求的映射函数.

条件 (1) 与 (4) 表明, $\mathscr{F}$ 是正规族. 由于 μ 是上确界. 对任一正整数 n, 有 $f_n(z) \in \mathscr{F}$ 使得 $f_n'(0) \geqslant \mu - \dfrac{1}{n}$. 序列 $\{f_n(z)\}$ 的收敛子序列仍记为 $\{f_n(z)\}$, 则有

$$\lim_{n \to \infty} f_n'(0) = \mu,$$

且 $\{f_n(z)\}$ 在 G 中内闭一致收敛于函数 $g(z)$. $g'(0) = \mu$ 是明显的. 由定理 1.3, $g(z)$ 满足条件 (1). $g(z)$ 满足 (3) 是明显的. $g(z)$ 不是常数. 由最大模原理, $g(z)$ 满足 (4). 为验证条件 (2), 设 $g(z)$ 在 G 内不是单叶的, 即 G 内存在两点 z_1 和 z_2, $z_1 \neq z_2$, 使得 $g(z_1) = g(z_2) = a$, 则在 z_1 和 z_2 的邻域内, 由定理 1.4, 对充分大的 n, $f_n(z)$ 分别在这两个邻域中取相同的值 a, 于是 $f_n(z)$ 不是单叶的. 故 $g(z)$ 满足条件 (2), 从而 $g \in \mathscr{F}$.

根据引理 2.1, $g(z)$ 映 G 为整个单位圆盘 $|w| < 1$.

剩下须证明映射函数的唯一性. 假定还有一个函数 $w = G(z)$ 也将 G 共形映射为单位圆盘, 且满足初始条件 (2.3). 函数 $F(w) = G(g^{-1}(w))$ 共形地映 $|w| < 1$ 为自

身, 由 Schwarz 引理, $|F(w)| \leqslant |w|$, 即 $|G(z)| \leqslant |g(z)|$. 交换 $G(z)$ 与 $g(z)$ 的地位, 又得到 $|g(z)| \leqslant |G(z)|$. 于是对任一 $z \in G, |G(z)| = |g(z)|$. 又由于 $G(z)/g(z)$ (补充定义 $G(0)/g(0) = 1$) 在 G 内是解析的, $|G(z)/g(z)| \equiv 1$, 故由最大模原理, $G(z) \equiv g(z)$. 定理全部证完. □

2.3 映射函数的边界性质 Riemann 映射定理中没有考虑区域的边界点与单位圆周上的点的对应关系. 这里我们来讨论映射函数是否可连续延拓到边界的问题.

考虑区域 G 内的点列 $\{z_n\}$. 如果 $\{z_n\}$ 的聚点都属于 G 的边界, 我们说点列 $\{z_n\}$ 趋于 G 的边界, 即对任一 $z \in G$ 和充分小的 $\varepsilon > 0$, 总存在 n_0, 使当 $n > n_0$ 时, 有 $|z_n - z| \geqslant \varepsilon$.

在这一情况下, 以 z 为圆心, ε (可能依赖于 z) 为半径的圆盘组成 G 的一个开覆盖. 由此可知, 任何紧集 $K \subset G$ 可用有限多个这样的圆盘来覆盖. 如把相应的最大的 n_0 记作 n_0', 则知当 $n > n_0'$ 时, z_n 不能属于 K. 或者说, 对于任一紧集 $K \subset G$, 存在 $\{z_n\}$ 的子点列, 它不与 K 相交.

定理 2.2 设 f 是把区域 G 映成区域 G' 的一个连续双射. 如果 $\{z_n\}$ 趋于 G 的边界, 则 $\{f(z_n)\}$ 趋于 G' 的边界.

证 对于任一 $a \in G$, 由于 f 是连续的, 对于每个 $\varepsilon > 0$, 存在 $\delta > 0$, 使得

$$f^{-1}(\{|w - f(a)| < \varepsilon\}) \supset \{|z - a| < \delta\}.$$

设 O 是 G' 内的开集, $z_0 \in f^{-1}(O)$. 如果 $w_0 = f(z_0)$, 则 w_0 在 O 内. 由开集的定义, 存在 $\varepsilon > 0$, 使得 $\{|w - w_0| < \varepsilon\} \subset O$. 由上段的说明, 存在 $\delta > 0$, 使得

$$\{|z - z_0| < \delta\} \subset f^{-1}(\{|w - w_0| < \varepsilon\}) \subset f^{-1}(O).$$

即 $f^{-1}(O)$ 是开集.

设 K 是 G' 内的一个紧集, 由于 f 是连续的双射, f^{-1} 是连续的. 考虑 $f^{-1}(K)$ 的一些由开集 $\{O\}$ 组成的覆盖. 原像 $\{f(O)\}$ 由上段的证明也是一些开集, 组成 K 的一个覆盖. 于是可选出有限子覆盖: $K \subset f(O_1) \bigcup \cdots \bigcup f(O_m)$, 其中 $O_j(j = 1, 2, \cdots, m)$ 是开集. 因此推出 $f^{-1}(K) \subset O_1 \bigcup \cdots \bigcup O_m$. $f^{-1}(K)$ 是 G 中的紧集. 如果存在 n_0, 使得当 $n > n_0$ 时, z_n 不属于 $f^{-1}(K)$, 则 $f(z_n)$ 不属于 K. 即 $f(z_n)$ 趋于 G' 的边界. □

一般说来, 一个区域的边界可能出现很复杂的情况. 我们仅限于简单闭曲线所围的域来证明下面的边界对应定理.

定理 2.3 设 G 是由一条简单闭曲线 Γ 所围的内域. 若函数 $f(z)$ 共形映射 G 为单位圆盘 $|w| < 1$, 则 $f(z)$ 可延拓到 Γ 上, 使得 $f(z)$ 在闭区域 $\bar{G}$ 上连续, 并且建立起 Γ 上的点与圆周 $|w| = 1$ 上的点的一个一一对应 (亦即 $f(z)$ 是 $\bar{G}$ 到 $|w| \leqslant 1$ 的一同胚映射).

证 首先证明函数 $f(z)$ 在区域 G 内一致连续. 假定 $f(z)$ 在 G 内不一致连续, 则存在某一正数 ε_0 及 G 内两点列 $z'_n, z''_n(n=1,2,\cdots)$, 使得

$$|z'_n - z''_n| < \frac{1}{n}, \quad |f(z'_n) - f(z''_n)| \geqslant \varepsilon_0, \quad n=1,2,\cdots.$$

因为序列 $z'_n(n=1,2,\cdots)$ 是有界的, 所以有它的一个子序列 $z'_{n_k}(k=1,2,\cdots)$ 收敛到一点 Z. 又因为

$$|z'_{n_k} - z''_{n_k}| \to 0, \quad k \to \infty,$$

所以 $z''_{n_k}(k=1,2,\cdots)$ 也收敛到同一点 Z. 为简单起见, z'_{n_k}, z''_{n_k} 仍记作 z'_n, z''_n. 于是有

$$z'_n \to Z, z''_n \to Z(n \to \infty), \quad |f(z'_n) - f(z''_n)| \geqslant \varepsilon_0.$$

点 Z 必是 Γ 上的一点. 因为若 Z 是 G 内的一点, 则当 $n \to \infty$ 时,

$$|f(z'_n) - f(z''_n)| \to |f(Z) - f(Z)| = 0.$$

这与 $|f(z'_n) - f(z''_n)| \geqslant \varepsilon_0$ 相矛盾.

设 $w'_n = f(z'_n), w''_n = f(z''_n)$. 由于 w'_n, w''_n 的有界性, 与上述选取 z'_n, z''_n 的子序列类似, 我们可以设 $w'_n \to W', w''_n \to W''(n \to \infty)$. 于是我们有

$$|W' - W''| \geqslant \varepsilon_0,$$

并且由定理 2.2, W', W'' 一定是圆周 $|w|=1$ 上的两点.

作一条连续曲线 β, 连接点 Z 与 G 内的一点 z_0, 使得除 Z 点外, β 全在 G 内 (关于简单闭曲线的 Jordan 定理的一个推论). 在单位圆盘内取两点 w_1, w_2, 使得线段 $\overline{w_1 w'_n}$ 与 $\overline{w_2 w''_n}$ 的距离大于 $\varepsilon_0/2$. 设

$$z_1 = f^{-1}(w_1), \quad z_2 = f^{-1}(w_2).$$

以 Z 为圆心, r 为半径作圆周 C_r, 使得点 z_0 在其外部 (图 4.1). 当点从 Z 出发沿 β 运动时, 首次遇到 C_r 上的点 z^*, 然后从 z^* 出发分别沿 C_r 的两个方向运动, 首次遇到 Γ 上的两点 Z_1, Z_2. 圆弧 $\widehat{Z_1 Z_2}$ 除两个端点外都属于 G. 圆弧 $\widehat{Z_1 Z_2}$ 与 Γ 上包含点 Z 的那部分围成的域记作 G_r. 当 r 充分小时, 点 z_1, z_2 在 G_r 的外部. 设线段 $\overline{w_1 w'_n}, \overline{w_2 w''_n}$ 在 G 内的原像是 β_1, β_2. 当 n 充分大时, 点 z'_n, z''_n 属于 G_r, β_1, β_2 与圆弧 $\widehat{Z_1 Z_2}$ 的交点分别为 ζ_1 和 ζ_2. 于是我们有

$$\begin{aligned}
\frac{\varepsilon_0}{2} < |f(\zeta_2) - f(\zeta_1)| &= \left| \int_{\zeta_1}^{\zeta_2} f'(z) dz \right| \\
&= \left| \int_{\theta_1}^{\theta_2} f'(Z + re^{i\theta}) rie^{i\theta} d\theta \right| \\
&\leqslant \int_{\theta_1}^{\theta_2} r|f'(Z + re^{i\theta})| d\theta, \quad \theta_1 < \theta_2.
\end{aligned}$$

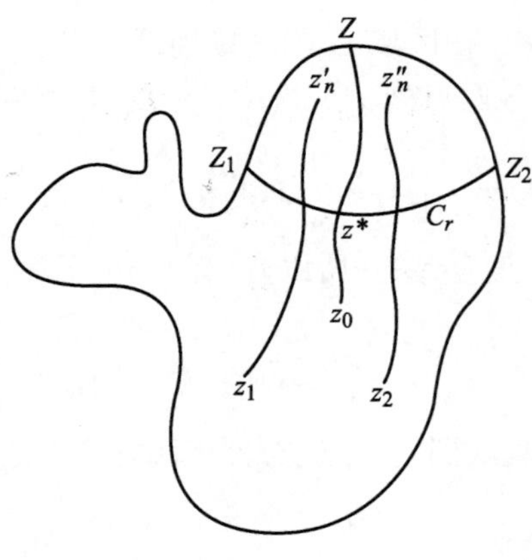

图 4.1

由积分的 Schwarz 不等式, 有

$$\begin{aligned}\frac{\varepsilon_0^2}{4} &\leqslant \left(\int_{\theta_1}^{\theta_2} r|f'(Z+re^{i\theta})|d\theta\right)^2 \\ &\leqslant 2\pi\int_{\theta_1}^{\theta_2} r^2|f'(Z+re^{i\theta})|^2 d\theta,\end{aligned}$$

即

$$\frac{\varepsilon_0^2}{4r} \leqslant 2\pi\int_{\theta_1}^{\theta_2} r|f'(Z+re^{i\theta})|^2 d\theta.$$

将不等式两边从 ρ 到 R 对 r 积分, 得到

$$\begin{aligned}\frac{\varepsilon_0^2}{4}\ln\frac{R}{\rho} &\leqslant 2\pi\int_{\rho}^{R} dr\int_{\theta_1}^{\theta_2} r|f'(Z+re^{i\theta})|^2 d\theta \\ &\leqslant 2\pi\iint\limits_{G_R} |f'(z)|^2 d\sigma < 2\pi^2.\end{aligned}$$

所以

$$\frac{\varepsilon_0^2}{4}\ln\frac{R}{\rho} \leqslant 2\pi^2.$$

令 $\rho\to 0$, 左边趋于无穷, 从而得到矛盾. 这便证明了 $f(z)$ 在 G 内一致连续.

由于 $f(z)$ 在 G 内一致连续, 便可给出函数 $f(z)$ 在边界 $\varGamma$ 上的值. 我们证明, 若 Z 是 $\varGamma$ 上的任意一点, 则 $\lim\limits_{z\to Z} f(z)$ 存在且有穷. 事实上, 对于任意的 $\varepsilon>0$, 因 $f(z)$ 在 G 内一致连续, 故可找到一个正数 $\delta>0$, 使得对于 G 内的任意两点 z_1, z_2, 只要 $|z_1-z_2|<\delta$, 就有

$$|f(z_1)-f(z_2)|<\varepsilon.$$

因此, 当 $|z_1-Z|<\dfrac{\delta}{2}, |z_2-Z|<\dfrac{\delta}{2}$ 时, $|f(z_1)-f(z_2)|<\varepsilon$. 根据 Cauchy 准则, 上述

极限存在且有穷.

在边界 $\varGamma$ 上, 定义

$$f(Z)=\lim_{\substack{z\to Z\\ z\in G}} f(z).$$

设 ε 和 δ 是上述正数, 而 Z_1, Z_2 是 $\varGamma$ 上的两点, 满足条件

$$|Z_1-Z_2|<\frac{\delta}{2}.$$

在 G 内取两点 z_1, z_2, 使得

$$|z_1-Z_1|<\frac{\delta}{4},\quad |f(z_1)-f(Z_1)|<\frac{\varepsilon}{2};$$
$$|z_2-Z_2|<\frac{\delta}{4},\quad |f(z_2)-f(Z_2)|<\frac{\varepsilon}{2}.$$

这时点 z_1, z_2 满足条件

$$|z_1-z_2|\leqslant|z_1-Z_1|+|Z_1-Z_2|+|Z_2-z_2|<\delta,$$

所以

$$|f(z_1)-f(z_2)|<\varepsilon.$$

因此, 当 $|Z_1-Z_2|<\dfrac{\delta}{2}$ 时,

$$\begin{aligned}|f(Z_1)-f(Z_2)|&\leqslant|f(Z_1)-f(z_1)|+|f(z_1)-f(z_2)|\\&\quad+|f(z_2)-f(Z_2)|\\&\leqslant\frac{\varepsilon}{2}+\varepsilon+\frac{\varepsilon}{2}=2\varepsilon.\end{aligned}$$

所以 $f(Z)$ 在 $\varGamma$ 上一致连续. 由此可知, $f(z)$ 在 $\bar{G}$ 上一致连续. 若 Z 是 $\varGamma$ 上的一点, 那么 $W=f(Z)$ 必是圆周 $|w|=1$ 上的一点. 因为若 W 是 $|w|<1$ 内的一点, 则 $f^{-1}(w)$ 将把它映为 G 内的一点.

同理, 函数 $f^{-1}(w)$ 在单位圆盘内一致连续, 对于圆周 $|w|=1$ 上的任意一点 W, 极限

$$\lim_{w\to W} f^{-1}(w),\quad |w|<1$$

存在且有穷. 然后, 在圆周 $|w|=1$ 上定义

$$f^{-1}(W)=\lim_{w\to W} f^{-1}(w),\quad |w|<1.$$

于是 $f^{-1}(w)$ 在 $|w|\leqslant 1$ 上连续, 且当 W 是圆周 $|w|=1$ 上的一点时, $Z=f^{-1}(W)$ 是 $\varGamma$ 上的一点. 因为对于 $\varGamma$ 上的点 Z, 对应的点 $W=f(Z)$ 在单位圆周上. 反之, 和单位圆周上的点 W 相对应的点 $Z=f^{-1}(W)$ 在 $\varGamma$ 上. 所以 $\varGamma$ 上的点与单位圆周上的点是一一对应的. □

下面的定理在某种意义下, 是定理 2.3 的逆定理. 它在共形映射的实际应用中很有用.

定理 2.4 设 G 和 G^* 是给定的两个单连通区域, 且 G^* 是有界的. 如果函数 $w=f(z)$ 在 G 内解析, 在 $\bar{G}$ 上连续, $\partial G^*=f(\partial G)$ 为保持通过时的方向的双方单值映射, 则 $f(z)$ 是 $\bar{G}$ 到 $\bar{G}^*$ 的单叶映射.

证 根据定理的假设条件, 只须证明 $f(z)$ 在 G 内单叶便够. 设 $w_0\neq f(\partial G)$. 由辐角原理, $f(z)$ 在 G 内取 w_0 为值的个数等于

$$N(w_0)=\frac{1}{2\pi}\Delta_{\partial G}\arg\{f(z)-w_0\}.$$

由于 ∂G^* 与 ∂G 是双方单值的, 且保持通过时的方向, 从而有

$$\Delta_{\partial G}\arg\{f(z)-w_0\}=\Delta_{\partial G^*}\arg\{w-w_0\}.$$

$$N(w_0)=\begin{cases}1, & w_0\in G^*;\\ 0, & w_0\,\bar{\in}\, G^*.\end{cases}$$

即 $f(z)$ 在 G 内取 G^* 内的每一个值恰为一次, 亦即 $f(z)$ 在 G 内是单叶的. □

§3 多连通区域的映射定理

不是单连通的区域统称为多连通区域. 同心圆环 $A=\{z|0<r_1<|z|<r_2\}$ 就是一个简单的多连通区域的例子. 因为, 如设 A 是单连通区域, 则由 Riemann 映射定理, 存在 A 中的单叶解析函数 $w=f(z)$ 将 A 共形映射为单位圆盘 $|w|<1$. 设 γ 是 $\{|w|<1\}$ 内的一条简单闭曲线, 由于 $z=f^{-1}(w)$ 在 $|w|<1$ 内是单叶解析的, $\mathit{\Gamma}=f^{-1}(\gamma)$ 是 A 中的一条简单闭曲线. 又由于 $f^{-1}(w)$ 在 $|w|<1$ 内不为零, $\dfrac{1}{f^{-1}(w)}$ 也是解析的. 由于在 A 内 $f'(z)\neq 0$ 且是解析的, $\dfrac{1}{f'(f^{-1}(w))f^{-1}(w)}$ 是解析的. 由 Cauchy 积分定理.

$$0=\int_\gamma\frac{dw}{f'(f^{-1}(w))f^{-1}(w)}=\int_{\mathit{\Gamma}}\frac{dz}{z}=2\pi i,$$

得到的矛盾同时说明了两点:

(1) A 是多连通区域;

(2) 多连通区域内不存在这样的解析函数, 它能单叶地映此区域为单位圆盘.

由于多连通区域的映射函数比较复杂, 这里我们只讲最简单的情形.

上述圆环域 A 的边界为两个圆周, 称为二连通域. 一般地, 粗略说来, 如果一个区域的边界由 n 个连通集 (或孤立点) 构成, 则称该区域为 n 连通的.

3.1 单叶函数类 S 为了给下面作准备, 这里先讲单位圆盘内单叶解析函数的几个基本性质.

设 $D=\{|z|<1\}, \Delta=\{|z|>1\}$. 用 S 表示 D 内的单叶解析函数类:

$$f(z)=z+a_2z^2+\cdots,\quad z\in D;$$

用 Σ 表示 Δ 内的单叶函数类:

$$g(z)=z+b_0+b_1z^{-1}+\cdots,\quad z\in\Delta.$$

当 $b_0=0$ 时, 记作 $g\in\Sigma_0$.

S 和 Σ 有如下的简单关系: 若 $f\in S$, 令

$$g(z)=1/f(z^{-1})=\frac{z}{1+a_2z^{-1}+\cdots}=z-a_2+\cdots,\quad z\in\Delta,$$

则 $g\in\Sigma$, 且 $g(z)\neq 0$.

若 $g\in\Sigma$, 及 $d\bar{\in} g(\Delta)$, 令

$$\begin{aligned}f(z)&=\frac{1}{g(z^{-1})-d}=\frac{z}{1+(b_0-d)z+\cdots}\\&=z+(d-b_0)z^2+\cdots,\quad z\in D,\end{aligned}$$

则 $f\in S$.

定理 3.1 (面积原理) 设 $g\in\Sigma$, E 是 $g(\Delta)$ 的余集, 则有

$$E\text{ 的面积}=\pi\left(1-\sum_{n=1}^{\infty}n|b_n|^2\right).$$

证 设 $H(r)=\mathbb{C}\backslash\{g(z):|z|\geqslant r\}, r>1$, 则

$$E\text{ 的面积}=\lim_{r\to1}\{H(r)\text{ 的面积}\}.$$

由于 $g\in\Sigma$, 当 $r>1$ 时, $g(re^{i\theta})$ 是单叶解析的, 将 $|z|=r$ 映为简单闭曲线 L. 圆周 $z=r\cos\theta+ir\sin\theta$ 可展为 θ 的 Fourier 级数. L 是光滑的, L 围成的区域设为 G. 则由 Green 公式,

$$\iint_G dudv=\int_L udv.$$

因此

$$H(r)\text{ 的面积}=\iint_{H(r)}dudv=\int_{C(r)}udv,\quad C(r)=g(re^{i\theta}).$$

又设 $b_n=\alpha_n+i\beta_n$,

$$u=r\cos\theta+\sum_{n=0}^{\infty}r^{-n}(\alpha_n\cos n\theta+\beta_n\sin n\theta),$$

$$v=r\sin\theta-\sum_{n=0}^{\infty}r^{-n}(\alpha_n\sin n\theta-\beta_n\cos n\theta),$$

$$dv=\left(r\cos\theta-\sum_{n=1}^{\infty}nr^{-n}(\alpha_n\cos n\theta+\beta_n\sin n\theta)\right)d\theta.$$

$$\begin{aligned}&H(r)\text{ 的面积}\\&=\int_0^{2\pi}\left(r\cos\theta+\sum_{n=0}^{\infty}r^{-n}(\alpha_n\cos n\theta+\beta_n\sin n\theta)\right)\\&\quad\times\left(r\cos\theta-\sum_{n=1}^{\infty}nr^{-n}(\alpha_n\cos n\theta+\beta_n\sin n\theta)\right)d\theta\\&=\pi\left(r^2-\sum_{n=1}^{\infty}nr^{-2n}(\alpha_n^2+\beta_n^2)\right)\\&=\pi\left(r^2-\sum_{n=1}^{\infty}nr^{-2n}|b_n|^2\right).\end{aligned}$$

令 $r\to 1+0$, 便证明了定理. □

由于 E 的面积不是负数, 有 $\sum\limits_{n=1}^{\infty}n|b_n|^2\leqslant 1$. 特别有 $|b_1|\leqslant 1$. 当且仅当 $g(z)=z+b_0+e^{i\alpha}/z$ 时, $|b_1|=1$.

引理 3.1 (Faber) *若 $g\in\Sigma$ 及 $w\bar{\in}g(\Delta)$, 则*

$$g^*(Z)=\sqrt{g(z^2)-w}=z+\frac{1}{2}(b_0-w)z^{-1}+\cdots,\quad z\in\Delta \tag{3.1}$$

是 Σ 中的奇函数. 若 $f\in S$, 则 $\sqrt{f(z^2)}$ 是 S 中的奇函数.

证 偶函数 $z^{-2}(g(z^2)-w)$ 在单连通区域 Δ 内是解析的, 且不为零. 因此奇函数

$$\begin{aligned}g^*(z)&=z(z^{-2}(g(z^2)-w))^{\frac{1}{2}}=z(1+(b_0-w)z^{-2}+\cdots)^{\frac{1}{2}}\\&=z+\frac{1}{2}(b_0-w)z^{-1}+\cdots\end{aligned}$$

在 $1<|z|<\infty$ 内是解析的, 在 ∞ 有展开式 (3.1). 若 $g^*(z_2)=g^*(z_1)$, 则 $g(z_2^2)=g(z_1^2)$. 由于 $g(z)$ 是单叶的, 得 $z_2=\pm z_1$. 因为 $g^*(-z_1)=-g^*(z_1)\neq g^*(z_1)$, 故 $z_2=-z_1$ 是不可能的. 因此, $g^*(z)$ 在 Δ 内是单叶的. 即 $g^*\in\Sigma$. □

同理可得另一结论.

引理 3.2 设 $g \in \Sigma, E = \mathbb{C}\backslash\{g(\Delta)\}$, 则

$$E \subset \{|w - b_0| \leqslant 2\}.$$

等号当且仅当 E 是长度为 4 的区间时成立.

证 对任一 $w \in E$, 将 $|b_1| \leqslant 1$ 应用于引理 3.1 中的函数 $g^*(z)$, 得 $\frac{1}{2}|b_0 - w| \leqslant 1$. 如果等号成立, 则必有

$$g^*(z) = \sqrt{g(z^2) - w} = z - e^{i\beta}/z.$$

因此

$$g(z) = z + (w - 2e^{i\beta}) + e^{i2\beta}z^{-1}.$$

$\{g(z)||z| = 1\}$ 是线段 $[w - 4e^{i\beta}, w] = A$. 由于 $g(\Delta)$ 的全部边界点是 A, 且 $\infty \in g(\Delta)$, 故 $g(\Delta) = (\mathbb{C}\bigcup\{\infty\})\backslash A$. □

定理 3.2 (Bieberbach)① 若 $f \in S$, 则

$$|a_2| \leqslant 2, \quad |a_3 - a_2^2| \leqslant 1,$$

当且仅当 $f(z) = z/(1 - e^{i\beta}z)^2$ 时, $|a_2| = 2$. 若 $f \in S$ 是奇函数, 则 $|a_3| \leqslant 1$, 当且仅当 $f(z) = z/(1 + e^{i\beta}z^2)$ 时, $|a_3| = 1$.

证 函数

$$g(\zeta) = 1/f(\zeta^{-1}) = \zeta - a_2 + (a_2^2 - a_3)\zeta^{-1} + \cdots, \quad |\zeta| > 1$$

属于 Σ, 且 $g(\zeta) \neq 0$. 设 $E = \mathbb{C}\backslash\{g(\Delta)\}$, 则 $0 \in E$. 由引理 3.2, $|a_2| \leqslant 2$. 由定理 3.1, $|a_2^2 - a_3| \leqslant 1$. 当 $|a_2| = 2$ 时, 由引理 3.2, $g(\zeta) = \zeta - 2e^{i\beta} + e^{i2\beta}/\zeta$. 从而 $f(z) = g/(1 - e^{i\beta}z)^2$.

若 $f \in S$ 是奇函数, 则 $a_2 = 0, |a_3| \leqslant 1$. 若 $|a_3| = 1$, 则由定理 3.1, $g(\zeta) = \zeta + e^{i\beta}/\zeta$; 得到 $f(z) = z/(1 + e^{i\beta}z^2)$. □

定理 3.3 (Koebe) 若 $f \in S$, 则 $\left\{|w| < \frac{1}{4}\right\} \subset f(D)$.

证 任取 $\gamma \bar{\in} f(D)$, 则

$$g(z) = \frac{f(z)}{1 - f(z)/\gamma} = \frac{z + a_2z^2 + \cdots}{1 - \frac{z}{\gamma} - \frac{a_2z^2}{\gamma} - \cdots}$$

$$= z + \left(a_2 + \frac{1}{\gamma}\right)z^2 + \cdots \quad \in S.$$

---

① 若 $\sum_{n=1}^{\infty} \alpha_n z^n$ 为单位圆盘内的单叶函数, 1916 年 Bieberbach 猜想: $|\alpha_n| \leqslant n|\alpha_1|$, 当 $n > 1$ 时, 等号当且仅当 Koebe 函数 $z/(1 + \omega z)^2$ 的一个常倍数成立, 其中 ω 为绝对值为 1 的常数. 此猜想在 1984 年由 Louis de Branges 所证实. 详细情形请见: Louis de Branges. A proof of the Bieberbach conjecture. Acta Mathematica, 1985, 154(1–2): 137–152.

由定理 3.2, $|a_2| \leqslant 2$ 及 $\left|a_2+\dfrac{1}{\gamma}\right| \leqslant 2$, 推出 $\left|\dfrac{1}{\gamma}\right|-|a_2| \leqslant \left|a_2+\dfrac{1}{\gamma}\right| \leqslant 2$, 有 $|\gamma| \geqslant \dfrac{1}{2+|a_2|} \geqslant \dfrac{1}{4}$, 即 $\left\{|w|<\dfrac{1}{4}\right\} \subset f(D)$.

函数 $f(z)=z/(1-e^{i\beta}z)^2 \in S, f(-e^{-i\beta})=-\dfrac{1}{4}e^{-i\beta} \bar{\in} f(D)$. 这说明定理中的 $\dfrac{1}{4}$ 不能再增大了. □

3.2 多连通区域的共形映射 以下我们考虑将多连通区域共形映射为特殊区域的问题. 从下面的一个定理可以看出, 这时与单连通区域情况有本质的区别.

定理 3.4 存在一个把圆环 $r_1<|z|<r_2$ 映为圆环 $\rho_1<|\zeta|<\rho_2$ 的单叶解析函数 $\zeta=f(z)$ 的充要条件是

$$\rho_2/\rho_1=r_2/r_1. \tag{3.2}$$

证 充分性 若 (3.2) 成立, 则 $\zeta=\dfrac{\rho_1}{r_1}z$ 就是符合条件的单叶解析函数.

必要性 设 $\zeta=f(z)$ 是所述的映射函数. 由定理 2.3[①], $f(z)$ 在圆环的边界上是连续的双射. $f(z)$ 满足对称原理的条件, 它可解析延拓到区域 $\dfrac{r_1^2}{r_2}<|z|<r_1$ 及 $r_2<|z|<\dfrac{r_2^2}{r_1}$ 内去. 这两个区域分别是关于圆周 $|z|=r_1$ 和 $|z|=r_2$ 与圆环 $r_1<|z|<r_2$ 对称的. 函数 $f(z)$ (连同它的延拓) 将圆环 $\dfrac{r_1^2}{r_2}<|z|<\dfrac{r_2^2}{r_1}$ 映为圆环 $\dfrac{\rho_1^2}{\rho_2}<|z|<\dfrac{\rho_2^2}{\rho_1}$. 无限继续实行这样的延拓, 最后得到: $f(z)$ 将区域 $0<|z|<\infty$ 映为区域 $0<|\zeta|<\infty, f(z)$ 是其内单叶解析函数, 且

$$\lim_{z\to 0} f(z)=0 \ (\text{或 } \infty), \quad \lim_{z\to\infty} f(z)=\infty \ (\text{或 } 0).$$

补充定义 $f(0)=0$. $f(z)$ 成为单叶整函数, 故

$$f(z)=az,$$

其中 a 是一个复常数. 因此必有 (3.2) 成立. 如果是括号内的情况, 再考虑 $1/f(z)$ 即可. □

多连通区域能共形映为一些特殊区域, 其中最简单的特殊区域是具有平行割线线段的平面. 现在我们先证明两个引理.

引理 3.3 设 θ 为一实数, 区域 $|z|>R$ 内单叶解析函数 $F(z)=z+\dfrac{\alpha_1}{z}+\cdots$ 使得 $\mathrm{Re}\{e^{-i2\theta}\alpha_1\}$ 为最大者是 $w=F(z)$ 映 $|z|>R$ 为具有割线的 w 平面, 割线与实轴所成的角是 θ, 并且只有这种函数才取到极值, 极值等于 $\mathrm{Re}\{e^{-2\theta i}\alpha_1\}=R^2$.

① 将定理 2.3 的证明方法施用于局部, 可得在边界上 $f(z)$ 为连续的双射.

证 函数

$$\frac{1}{R}F(R\zeta)=\zeta+\frac{\alpha_1}{R^2\zeta}+\cdots\quad\in\Sigma,$$

由面积原理有 $\left|\frac{\alpha_1}{R^2}\right|\leqslant 1$, 即 $|\alpha_1|\leqslant R^2$. 当且仅当

$$F(z)=z+R^2e^{i\alpha}/z$$

时, $|\alpha_1|=R^2$. 于是 $\mathrm{Re}\,\{e^{-2\theta i}\alpha_1\}\leqslant R^2$, 当且仅当

$$F(z)=z+R^2e^{2\theta i}/z$$

时取等号. 这个函数映区域 $|z|>R$ 为具有割线的平面, 割线与实轴成 θ 的倾斜角. □

引理 3.4 若函数 $\zeta=F(z)=z+\alpha_0+\frac{\alpha_1}{z}+\cdots$ 在区域 $|z|>R$ 内是单叶解析的, 则有

$$|F(z)-\alpha_0|\leqslant 2|z|,\tag{3.3}$$

并且 $|z|>R$ 关于 $\zeta=F(z)$ 的像的边界点全在圆 $|\zeta-\alpha_0|\leqslant 2R$ 上.

证 若 $|z_0|>R$, 则

$$\zeta=F_1(z)=\frac{1}{z_0}F(z_0z)=z+\frac{\alpha_0}{z_0}+\frac{\alpha_1}{z_0^2z}+\cdots\in\Sigma.$$

设 $d=F_1(1)$, 则

$$F_2(z)=\frac{1}{F_1\left(\frac{1}{z}\right)-d}=z+\left(d-\frac{\alpha_0}{z_0}\right)z^2+\cdots\in S.$$

由 Bieberbach 定理, 有

$$\left|F_1(1)-\frac{\alpha_0}{z_0}\right|=\left|\frac{1}{z_0}F(z_0)-\frac{\alpha_0}{z_0}\right|\leqslant 2,$$

即

$$|F(z_0)-\alpha_0|\leqslant 2|z_0|.$$

由于 $z_0\in\{z||z|>R\}$ 是任意的, 故得到 (3.3). 当 $|z|\to R$ 时, 就得到结论的后一部分. □

定理 3.5 (Possel) z 平面上的任何区域 G 都可共形映射为 ζ 平面内的域 G', 使得: G' 含有 $\zeta=\infty$, 且 G' 的余集中的任何连续点集是与实轴成定角 θ 的直线段. 设 G 中的点 $z=a$ 对应于 $\zeta=\infty$, 则当 $a\neq\infty$ 时, 映射函数在 $z=a$ 的邻域内有展开式

$$\frac{1}{z-a}+\alpha_1(z-a)+\cdots.\tag{3.4}$$

当 $a=\infty$ 时, 则在 $z=\infty$ 的邻域内有展开式

$$z+\frac{\alpha_1}{z}+\cdots. \tag{3.5}$$

证 只要对 $a=\infty$ 证明定理便够. 如果 a 是一个有限复数, 预先作映射 $z^*=\dfrac{1}{z-a}$, 将 G 变为 G^*. 这时 G^* 便含有 $z^*=\infty$ 了.

首先, 若 G 是单连通区域, 当 $G=\mathbb{C}$ 或 $\mathbb{C}\bigcup\{\infty\}$ 时, 定理显然成立. 当 ∂G 至少有两点时, 由 Riemann 映射定理, 它可共形映射为具有割线 —— 割线与实轴成 θ 角 —— 的 ζ_1 平面, 并可使 $z=\infty$ 对应于 $\zeta_1=\infty$. 映射函数 $\zeta_1=\zeta_1(z)$ 在 $z=\infty$ 的邻域内有展开式

$$\alpha_{-1}z+\alpha_0+\frac{\alpha_1}{z}+\cdots,\quad \alpha_{-1}\neq 0.$$

函数 $\zeta=(\zeta_1(z)-\alpha_0)/\alpha_{-1}$ 就适合定理的要求.

对于一般情形, 设函数

$$f(z)=z+\frac{\alpha_1}{z}+\cdots$$

将 G 共形映射为含有 ∞ 的区域, $z=\infty$ 对应于 $\zeta=\infty$. 记这种函数的全体为 $\mathscr{F}$. 函数 $f(z)=z$ 是属于 $\mathscr{F}$ 的, 故 $\mathscr{F}$ 非空. 现在考虑如下的极值问题: 在 $\mathscr{F}$ 中求一 $f(z)$, 使得 $\mathrm{Re}\,\{e^{-2\theta i}\alpha_1\}$ 为最大.

首先证明 $\mathscr{F}$ 中存在 $f(z)$ 使 $\mathrm{Re}\,\{e^{-2\theta i}\alpha_1\}$ 为最大. 设 $\partial G\subset\{z\big||z|<R\}$, 则 $\mathscr{F}$ 中的一切函数在 $|z|>R$ 中是单叶解析的. 由引理 3.3, $\mathrm{Re}\,\{e^{-2\theta i}\alpha_1\}\leqslant R^2$, 即对于 $\mathscr{F}$ 中的 $f(z)$, $\mathrm{Re}\,\{e^{-2\theta i}\alpha_1\}$ 是一致有界的. 设 A 是 $\mathrm{Re}\,\{e^{-2\theta i}\alpha_1\}$ 的上确界, 则 $\mathscr{F}$ 中存在函数序列 $\left\{f_n(z)=z+\dfrac{\alpha_{1n}}{z}+\cdots\right\}$ 使得

$$\lim_{n\to\infty}\mathrm{Re}\,\{e^{-2\theta i}\alpha_{1n}\}=A.$$

再由引理 3.4, 对任一 $f(z)\in\mathscr{F}$, 在 $|z|>R$ 内有 $|f(z)/z|\leqslant 2$. 可从函数序列 $\{f_n(z)/z\}$ 中选出子序列 $\{f_{n_k}(z)/z\}$ 在 $|z|>R$ 中内闭一致收敛于解析函数

$$\frac{f_0(z)}{z}=1+\frac{\alpha_1^{(0)}}{z}+\cdots,$$

且

$$\mathrm{Re}\,\{e^{-2\theta i}\alpha_1^{(0)}\}=A.$$

由引理 3.4, 在圆周 $|z|=R'>R$ 上, $|f_{n_k}(z)|\leqslant 2R'$. 由于 $f_{n_k}(z)$ 在 G 中是解析的, 此不等式在 $G\bigcap(|z|<R')$ 中成立. 根据 Montel 原理, 存在 $\{f_{n_k}(z)\}$ 的子序列, 仍记为 $\{f_{n_k}(z)\}$, 在 $G\bigcap(|z|<R')$ 中内闭一致收敛, 于是 $\{f_{n_k}(z)\}$ 在 G_0 中内闭一致收敛于解析函数 $f_0(z)$. 由 Hurwitz 定理, $f_0(z)$ 在 G_0 中是单叶的. $f_0(z)$ 在 G 中也单叶. 因此 $f_0(z)\in\mathscr{F}$.

现在证明极值函数 $f_0(z)$ 就是定理中所述的映射函数. 事实上, 设 $\zeta = f_0(z)$ 将区域 G 映为 G', 在不属于 G' 的连续点集中①, 至少有一连续点集, 不是与实轴成 θ 角的割线, 则在 ζ 平面内除去这样一个连续点集, 得一区域 G_1, G_1 含有 $\zeta = \infty$. 于是 G_1 是单连通区域. 函数 $w = w(\zeta)$ 将 G_1 共形映射为除一割线的 w 平面, 割线为实轴成 θ 角. 映射函数在 $\zeta = \infty$ 的邻域内有展开式

$$w = \zeta + \frac{\beta_1}{\zeta} + \cdots.$$

由 Riemann 映射定理, G_1 可共形映射为 $|t| > R'$, 使得映射函数的反函数为 $\zeta(t) = t + \gamma_0 + \dfrac{\gamma_1}{t} + \cdots$. 函数

$$w = w(\zeta(t)) = t + \frac{\beta_1 + \gamma_1}{t} + \cdots$$

将 $|t| > R'$ 共形映射为具有与实轴成 θ 角的割线之 w 平面. 而函数

$$\zeta = \zeta(t) - \gamma_0 = t + \frac{\gamma_1}{t} + \cdots$$

将 $|t| > R'$ 共形映射所得的区域不同于上述的区域. 于是由引理 3.3 得到

$$\mathrm{Re}\,\{e^{-2\theta i}\gamma_1\} < \mathrm{Re}\,\{e^{-2\theta i}(\beta_1 + \gamma_1)\},$$

即

$$\mathrm{Re}\,\{e^{-2\theta i}\beta_1\} > 0.$$

现在考察 $w = w(f_0(z))$ 的性质. 它将 G 共形映射为含有 $w = \infty$ 的区域, 在 $z = \infty$ 的邻域内有展开式

$$w = z + \frac{\alpha_1^{(0)} + \beta_1}{z} + \cdots.$$

因此 $w(f_0(z)) \in \mathscr{F}$, 且

$$\mathrm{Re}\,\{e^{-2\theta i}(\alpha_1^{(0)} + \beta_1)\} = \mathrm{Re}\,\{e^{-2\theta i}\alpha_1^{(0)}\} + \mathrm{Re}\,\{e^{-2\theta i}\beta_1\} > A.$$

这是不可能的. 因此 $f_0(z)$ 满足定理的所有要求. □

推论 3.1 (Hilbert) *z 平面上的 n 连通区域必可共形映射为具有 n 根割线的 ζ 平面, 这 n 根割线与实轴成 θ 角, 并且有展开式 (3.4) 或 (3.5).*

n 连通区域可共形映射为带割线的区域已如上证明, 割线的条数也必为 n; 因为如若不然, 这两个区域在 Riemann 球面上不同胚, 更不能相互共形映射.

关于多连通区域的边界对应和其他的特殊区域的映射问题, 请读者参阅有关专著.

---

① 由引理 3.3, 不属于 G' 的连续点集在线段 $[-2Re^{i\theta}, 2Re^{i\theta}]$ 上.

第五章　解析开拓及 Riemann 曲面初步

18 世纪末, 数学家已注意到应用幂级数来研究特殊的解析函数, 他们还借助于函数的幂级数表示式来证明某些常微分方程解的存在性, 而 Weierstrass 则首先应用这一方法来定义一般的解析函数, 即一个幂级数 $\sum_{n=0}^{\infty} a_n(z-a)^n$ 在其收敛圆盘内代表一个解析函数, 而在收敛圆周上至少有一个奇点. Weierstrass 认识到这样定义的解析函数有其不足之处, 即函数的解析区域 (收敛圆盘) 由最接近圆心的奇点所决定. 于是他提出一个开拓的方法以扩大解析函数原先的定义区域, 通过开拓过程和拼合所得到的局部定义的解析函数, 构成在更大范围内定义的解析函数. 这样得到的函数可能是单值的, 也可能是多值的. 对于后一种情况, Riemann 构想出一个新的定义区域, 使得多值函数在它上面是单值的. 这个新的域即称为 Riemann 曲面. 为了想象这些曲面, 可以把它看成是由有限或可数无限多的 “叶” 所组成. 这些叶都是复平面上的域, 把它们沿着某些边线切开, 并且不同叶的切口按一定的方式黏合在一起, 这就产生在局部有平面结构的流形. 如何切开和黏合有赖于所给的函数. 这些 “叶” 对应于函数由解析开拓得到的不同分支. 本章我们将讲述解析开拓和抽象 Riemann 曲面的概念.

§1　解 析 开 拓

1.1　Schwarz 对称原理　解析开拓的问题是: 给定域 G 内一解析函数 $f(z)$ 以及包含 G 的另一区域 G_1, 问是否存在 G_1 内的解析函数 $F(z)$, 使得在 G 内

$F(z)=f(z)$? 由解析函数的唯一性定理知, 如果这样的函数存在, 则它是唯一的. 解析函数的开拓能根据不同的函数而有不同的方法, 如用 Schwarz 对称原理进行开拓, 用幂级数进行开拓等. 本段我们将讲述 Schwarz 对称原理.

设 G 是一区域且对于实轴 $\mathbb{R}$ 是对称的. 由于 G 是连通的, 因此它与 $\mathbb{R}$ 之交至少包含一个开区间, 今设 $f(z)$ 在 G 内解析并在上述 $\mathbb{R}$ 的开区间内取实值, 则由于 $f(z)-\overline{f(\bar{z})}$ 是解析的, 在所论区间上取为零值. 因此必须在 G 内恒为零, 即在 G 内有 $f(z)=\overline{f(\bar{z})}$. 这就是说, $f(z)$ 在对称点 z 和 $\bar{z}$ 的值相互共轭. 这是一个重要的事实, 这里我们是假设了 $f(z)$ 在整个 G 内是解析的, 而上述事实能被用来把只定义于 $D\bigcap\{z:\operatorname{Im} z\geqslant 0\}$ 上的函数开拓到整个 G 内. 我们有:

定理 1.1 (Schwarz 对称原理) 设域 G 位于实轴 $\mathbb{R}$ 的同一侧, 其边界包含 $\mathbb{R}$ 上的一区间 I (不包含两端点). 设 $f(z)$ 在 G 内解析, 在 $G\bigcup I$ 上连续, 并在 I 上取实数值, 则存在一函数 $F(z)$, 它在 $G\bigcup G^*\bigcup I$ 内解析, 在 G 内 $F(z)=f(z)$, 其中 G^* 是 G 关于实轴对称的域, 并且 $\overline{F(\bar{z})}=F(z)$.

证明见一般复变函数教科书.

1.2 幂级数的解析开拓 设幂级数

$$P(z)=\sum_{n=0}^{\infty}a_n(z-a)^n,\quad a\in\mathbb{C}$$

具有正的收敛半径 $r=r(a)>0$. 此时 $P(z)$ 在圆盘 $D(a,r)=\{z:|z-a|<r\}$ 内表示一全纯函数, $D=D(a,r)$ 称为收敛圆盘, 并称 $(P(z),D)$ 为 (正则) 函数元素. 一般地, 设 G 为一区域, $f(z)$ 为 G 内全纯函数, 则称 (f,G) 为一函数元素.

今若 $a_1\in D(a,r)=D, P(z)$ 在 a_1 点附近的幂级数展开式为

$$P_1(z)=\sum_{n=0}^{\infty}\frac{P^{(n)}(a_1)}{n!}(z-a_1)^n,$$

它的收敛圆盘为 $D(a_1,r_1)=\{z:|z-a_1|<r_1\}=D_1$, 则 $r_1=r_1(a_1)\geqslant r(a)-|a-a_1|$. 若 $r_1>r(a)-|a-a_1|$, 则 D_1 有一部分在 D 之外, $P(z)$ 可以过 a_1 的半径方向上解析开拓到 $D(a,r)$ 外. 新的级数在 $D_1=D(a_1,r_1)$ 中定义了一个解析函数, 我们称 (P_1,D_1) 是 (P,D) 的直接解析开拓, 或 (P_1,D_1) 从 (P,D) 经直接解析开拓得到. 一般地, 若 (P,D) 和 (P_1,D_1) 为两个函数元素, D 和 D_1 为某两个区域, 如 $D\bigcap D_1\neq\varnothing$, 且当 $z\in D\bigcap D_1$ 时, 有 $P(z)=P_1(z)$, 则称它们互为直接解析开拓. 上述过程能反复进行. 设 $(P_\nu,D_\nu)(\nu=1,2,\cdots,m)$ 为 m 个函数元素, 如果 $(P_{\nu+1},D_{\nu+1})$ 是 (P_ν,D_ν) 的直接解析开拓, 我们称 (P_m,D_m) 是 (P_1,D_1) 的解析开拓. 但须指出, 一般地不能得出 $P_1(z),\cdots,P_m(z)$ 在 $D_1\bigcup D_2\bigcup\cdots\bigcup D_m$ 中定义了一个单值解析函数. 因为在开拓过程中一些不相邻的函数元素的定义域可能相交, 在交集中同一点处, 相应的不同函数元素之值可能不相同.

下面我们考虑函数元素沿一路径的解析开拓. 路径 α 是指定向线段 $I=[0,1]$ 到 $\mathbb{C}$ 的连续映射 $\alpha(t)$, 并记为 $\alpha=(\alpha(t),I)$. $\alpha(0)=a$ 和 $\alpha(1)=b$ 分别称为 α 的始点和终点.

定义 1.1 设 $\alpha=(\alpha(t),I)$ 是连接 a 和 b 的路径. 又设对于每一个 $t\in I$, 有一函数元素 (f_t,D_t). 若对于任一 $t_0\in I$, 总存在 $\delta>0$, 使得当 $|t-t_0|<\delta$ 时, $\alpha(t)\in D_t$. 并且 (f_t,D_t) 是 (f_{t_0},D_{t_0}) 的直接解析开拓, 则称 (f_1,D_1) 是 (f_0,D_0) 沿路径 α 的解析开拓, 或称 (f_1,D_1) 由 (f_0,D_0) 沿 α 解析开拓而得到.

在一般区域 G 中定义的解析函数也构成一函数元素, 记作 (f,G). 我们还可用下面的方式来叙述函数元素沿一路径的解析开拓. 为此先定义解析函数的芽的概念.

定义 1.2 设 (f,G) 为一函数元素, f 在 $a\in G$ 的芽定义为所有这样的函数元素 (g,D) 的集合, 即其中每个函数元素 (g,D) 满足 $a\in G$, 并且在 a 的某个邻域内 $g(z)=f(z)$. f 在 a 点的芽用 $[f]_a$ 表示.

注意, 芽是函数元素的集合, 此外讨论两个芽相等 $[f]_a=[g]_b$, 即要求 $a=b$, 并在 a 点的某个邻域内 $f(z)=g(z)$.

于是函数元素沿路径解析开拓能叙述如下: 设 $\alpha=(\alpha(t),I)$ 是连接 a 和 b 的路径, 对于每一 $t\in I$ 有一函数元素 (f_t,D_t), 使得 $\alpha(t)\in D_t$; 又对每一 $t\in I$, 存在 $\delta>0$, 使当 $|s-t|<\delta$ 时, $\alpha(s)\in D_t$ 且 $[f_s]_{\alpha(s)}=[f_t]_{\alpha(s)}$, 则称 $[f_1]_b$ 是 $[f_0]_a$ 的解析开拓.

Weierstrass 考察了由一个函数元素通过解析开拓得到的所有函数元素的集合, 并在下述定义中引入完全解析函数的概念.

定义 1.3 由一给定函数元素解析开拓得到的全部函数元素的集合 A, 称为由所给函数元素定义的完全解析函数.

若 $(P,D)\in A$, 其中 $P(z)=\sum\limits_{n=0}^{\infty}a_n(z-a)^n$, 则 $a_0=P(a)$ 称为 A 在 a 点的值. 一般地, 对于 $z=a$, 可能有多个 A 的元素的定义域包含它, 这些元素在 a 点的值可能不相同, 因而 A 在 $z=a$ 可能对应单个值, 也可能对应多个值. A 的定义域是其所有函数元素的定义域以下述方式联合而成. 设 (P,D) 和 $(Q,D_1)\in A$, 且 $D\bigcap D_1\neq\varnothing$. 如果 $z\in D\bigcap D_1$ 时, $P(z)=Q(z)$, 则将 $D\bigcap D_1$, 以及 D 和 D_1 的其余部分联合起来看成同一个区域; 如果 $z\in D\bigcap D_1$ 时, $P(z)\neq Q(z)$, 则把 $D\bigcap D_1$ 看作分别在 D 和 D_1 的不同区域. 对于确定 A 的所有函数元素的定义域像上面那样联合起来. 如果 A 是单值函数, 则联合所得仍为一区域; 如果 A 是多值的, 则得到一个推广的区域, 它称为 A 的 Riemann 曲面. A 的定义域亦称为它的存在域, 其边界称为自然边界, 自然边界的点 (孤立的或非孤立的) 称为 A 的奇点.

例 对数函数 $w = \mathrm{Ln}\, z$ 的 Riemann 曲面. 我们能够如下地分出对数函数的单值解析分支

$$w_n(z) = \ln|z| + i\arg z,$$

它的定义域为

$$G_n = \left\{z : \frac{n-2}{2}\pi < \arg z < \frac{n}{2}\pi\right\}, \quad n = 0, \pm 1, \cdots.$$

由于在

$$G_n \bigcap G_{n+1} = \left\{z : \frac{(n-1)\pi}{2} < \arg z < \frac{n\pi}{2}\right\}$$

内 $w_n(z) = w_{n+1}(z)$, 因此如果把函数元素 (w_n, G_n) 排列如下:

$$\cdots, (w_{-n}, G_{-n}), \cdots, (w_{-1}, G_{-1}),$$
$$(w_0, G_0), (w_1, G_1), \cdots, (w_n, G_n), \cdots,$$

则其中每个函数元素是它相邻元素的直接解析开拓. 若把 G_n 和 G_{n+1} 的公共部分黏合起来就得到一个曲面, 看上去好像朝两个方向都是无穷长的螺旋形阶梯面. 它就是 $w = \mathrm{Ln}\, z$ 的 Riemann 曲面. 0 和 ∞ 为其自然边界.

§2 单值性定理

设 α 和 β 为连接 a 和 b 的两条路径, 问沿着 α 和 β 的解析开拓, 具有公共的起始芽是否达到同一的终端芽? 本节讲述的单值性定理将回答这个问题. 对于 $\alpha = \beta$ 是同一路径的特殊情形, 我们有下述定理, 它说明函数元素沿一路径解析开拓而得的元素是唯一的.

定理 2.1 设 $\alpha = (\alpha(t), I)$ 是连接 a 和 b 的路径, $\{(f_t, G_t)\}$ 和 $\{(g_t, G_{1t})\}$ 是沿 α 的两个解析开拓, 如果 $[f_0]_a = [g_0]_a$, 则有 $[f_1]_b = [g_1]_b$.

证 令 E 是 I 的子集, 使得当 $t \in E$ 时有 $[f_t]_{\alpha(t)} = [g_t]_{\alpha(t)}$. 下面证明 $E = I$. 首先, 由于 $0 \in E$, 因此 E 是非空的. 其次, 设 $t \in E$, 由 $\alpha(t)$ 的连续性和函数元素沿路径的解析开拓的定义, 总存在 $\delta > 0$, 使得当 $|s - t| < \delta$ 时, $\alpha(s) \in G_t \bigcap G_{1t}$ 中包含 $\alpha(t)$ 的连通分支 $\hat{G}$, 并且

$$[f_s]_{\alpha(s)} = [f_t]_{\alpha(s)} \quad 和 \quad [g_s]_{\alpha(s)} = [g_t]_{\alpha(s)}, \tag{2.1}$$

由于 $t \in E$, 因此在 $\alpha(t)$ 点的某个邻域, 从而在 $\hat{G}$ 中 $f_t(z) = g_t(z)$. 因此 $[f_t]_{\alpha(s)} = [g_t]_{\alpha(s)}$. 再由 (2.1) 便有当 $|s - t| < \delta$ 时, $[f_s]_{\alpha(s)} = [g_s]_{\alpha(s)}$. 于是 $(t - \delta, t + \delta) \subset E$.

这就表明 E 在 I 中是开的. 下面证明 E 也是闭的. 设 t 是 E 的极限点, 则对任意 $\delta > 0$ 总存在 $s \in E$, 使得 $|s-t| < \delta$. 特别地设 δ 如上选取, 于是有 $\alpha(s) \in \hat{G} \bigcap D_s \bigcap D_{1s} = G$, 此即 G 为非空开集. 我们仍以 G 表示包含 $\alpha(s)$ 的 G 的连通分支, 则由于 $s \in E$, 故当 $z \in G$ 时 $f_s(z) = g_s(z)$. 但由 (2.1) 知, 当 $z \in G$ 时 $f_s(z) = f_t(z)$ 和 $g_s(z) = g_t(z)$. 因此, 当 $z \in G$ 时 $f_t(z) = g_t(z)$. 因 G 在 $\hat{G}$ 中有极限点, 从而 $[f_t]_{\alpha(t)} = [g_t]_{\alpha(t)}$, 即 $t \in E$.

综上所述便得 E 是连通空间 I 上非空的既开又闭的子集, 根据 §3 中所述的关于连通空间的性质, 便得 $E = I$. □

为了证明单值性定理, 我们先证明下面的引理.

引理 2.1 设 $\alpha = (\alpha(t), I)$ 是一路径, $\{(f_t, G_t)\}$ 是沿 α 的解析开拓. 对于 $t \in I$, 令 $r(t)$ 是 f_t 在 $z = \alpha(t)$ 附近的幂级数展开式的收敛半径, 则或者 $r(t) \equiv \infty$, 或者 $r(t)$ 是 t 的连续函数.

证 如果对某个 $t \in I$ 有 $r(t) = \infty$, 则 f_t 能开拓为全平面的解析函数, 因此对任意的 $s \in I$, 当 $z \in G_s$ 时, $f_s(t) = f_t(t)$. 故亦有 $r(s) = \infty$. 今设对所有 $t \in I, r(t) < \infty$. 对于固定的 $t \in I$, 记 $\tau = \alpha(t)$, 令 $D(\tau, r(t)) = \{z : |z - \alpha(t)| < r(t)\}$, 则 f_t 能开拓为 $G_t \bigcup D(\tau, r(t))$ 内的解析函数. 现取 $\delta > 0$, 使得当 $|s-t| < \delta$ 时, $\mu = \alpha(s) \in G_t \bigcap D(\tau, r(t))$ 及 $[f_s]_{\alpha(s)} = [f_t]_{\alpha(s)}$. 由于在 μ 点的一个邻域内 f_s 和 f_t 相等, 因此 f_s 可以开拓为 $G_s \bigcup D(\tau, r(t))$ 内的解析函数. 于是有 $r(s) \geqslant r(t) - |\tau - \mu|$, 即有

$$r(s) - r(t) \leqslant |\alpha(s) - \alpha(t)|.$$

交换 t 和 s 的位置, 可得

$$r(t) - r(s) \leqslant |\alpha(s) - \alpha(t)|.$$

结合上述两式, 即有当 $|s-t| < \delta$ 时,

$$|r(t) - r(s)| \leqslant |\alpha(t) - \alpha(s)|,$$

由于 $\alpha(t)$ 是连续的, 故 $r(t)$ 是连续的. □

引理 2.2 设 $\alpha = (\alpha(t), I)$ 是连接 a 和 b 的一路径, $\{(f_t, G_t)\}$ 为沿 α 的解析开拓, 则存在一数 $\varepsilon > 0$, 使得任一条连接 a 和 b 的路径 $\beta = (\beta(t), I)$ 且满足 $|\alpha(t) - \beta(t)| < \varepsilon, t \in I$, 和沿 β 的解析开拓 $\{(g_t, G'_t)\}$ 且满足 $[g_0]_a = [f_0]_a$ 者, 必有 $[g_1]_b = [f_1]_b$.

证 设 $r(t)$ 是 f_t 在 $\alpha(t)$ 附近幂级数展开式的收敛半径, 并设对所有 $t \in I, r(t) < \infty$. 在相反的情形, 容易指出: 对任意的 $\varepsilon > 0$, 引理结论成立. 此外由芽和函数元素沿路径解析开拓的定义, 可设 G_t 是 f_t 在 $\alpha(t)$ 点幂级数展开式的收

敛圆. 今由引理 2.1 得 $r(t)$ 是闭区间 I 上的连续正值函数. 因此我们能取 ε, 使得

$$0<\varepsilon<\frac{1}{2}\min_{t\in I}\{r(t)\}.$$

今设 $|\beta(t)-\alpha(t)|<\varepsilon<r(t)$, 且 $\{[g(t),\beta(t)]\}$ 为引理条件中所述, 故对所有 $t\in I,\beta(t)\in G_t\bigcap G'_t$, 下面证明对所有 $t\in I$, 当 $z\in G_t\bigcap G'_t$ 时 $g_t(z)=f_t(z)$. 特别地, 当 $t=1$ 时, 即为所要的结论. 为此令 $E=\{t\in I$, 使得 $z\in G_t\bigcap G'_t$ 时, $f_t(z)=g_t(z)\}$, 并证明 $E=I$.

首先由引理条件知 $0\in E$, 即 E 是非空的; 其次证明 E 是开的. 今对固定的 $t\in I$, 选取 $\delta>0$, 使得当 $|s-t|<\delta$ 时, 有

$$\begin{cases}|\alpha(s)-\alpha(t)|<\varepsilon,[f_s]_{\alpha(s)}=[f_t]_{\alpha(s)},\\|\beta(s)-\beta(t)|<\varepsilon,[g_s]_{\beta(s)}=[g_t]_{\beta(s)},\\\beta(s)\in G'_t\bigcap G'_s.\end{cases}\tag{2.2}$$

我们先指出, 对于 $|s-t|<\delta,\beta(s)\in G=G'_s\bigcap G'_k\bigcap G_s\bigcap G_t$. 事实上, 由 (2.2) 有 $\beta(s)\in G'_t\bigcap G'_s$; 又因为 $|s-t|<\delta$ 时, $|\beta(s)-\alpha(s)|<\varepsilon<r(s)$, 即 $\beta(s)\in G_s$; 再由 ε 的选取

$$\begin{aligned}|\beta(s)-\alpha(t)|&\leqslant|\beta(s)-\beta(t)|+|\alpha(t)-\beta(t)|\\&<2\varepsilon<r(t),\end{aligned}$$

此即表示 $\beta(s)\in G_t$. 因此 $\beta(s)\in G$, 即 G 是非空开集.

由于 $t\in E$, 故当 $z\in G$ 时, $f_t(z)=g_t(z)$. 又根据 (2.2), 当 $z\in G$ 时, 有 $f_s(z)=f_t(z)$ 和 $g_s(z)=g_t(z)$. 于是 $z\in G$ 时有 $f_s(z)=g_s(z)$. 由于 G 在 $G'_s\bigcap G_s$ 内有极限点, 因此上式在 $G'_s\bigcap G_s$ 上成立. 因此 $s\in E$. 即有 $(t-\delta,t+\delta)\subset E$. 因此 E 是开的. 类似地可证明 E 是闭的. 最后像引理 2.1 一样演证, 即可完成引理 2.2 的证明. □

现在我们来证明下述单值性定理.

定理 2.2 设 (f,D) 为一函数元素, G 是包含 D 的一区域, 并且对于 G 内任一条始点在 D 的路径, (f,D) 总能沿着它解析开拓. 又设 $a\in D,b\in G,\alpha$ 和 β 是连接 a 和 b 的关于 G 是同伦的路径①, $\{(f_t,G_t)\}$ 和 $\{(g_t,G'_t)\}$ 为 (f,D) 沿 α 和 β 的解析开拓, 则有

$$[f_1]_b=[g_1]_b.$$

证 由假设, $\alpha=(\alpha(t),I)$ 和 $\beta=(\beta(t),I)$ 为同伦路径, 即存在连续映射 $\varphi(t,u):I\times I\to G$, 并满足

$$\varphi(t,0)=\alpha(t),\quad\varphi(t,1)=\beta(t),\quad t\in I$$

① 同伦概念在第一章中已引进了.

和

$$\varphi(0,u)=\alpha(0)=\beta(0),\quad \varphi(1,u)=\alpha(1)=\beta(1),\quad u\in I.$$

对固定的 $u\in I$, 我们考虑连接 a 和 b 的路径 $\alpha_u=(\alpha_u(t),I)$, 其中 $\alpha_u(t)=h(t,u)$. 由假设 (f,D) 沿 α_u 存在解析开拓 $\{(h_{t,u},D_{t,u})\},t\in I$. 特别地 $\{(h_{t,0},D_{t,0})\}$ 和 $\{(f_t,G_t)\}$ 是沿着 α 的两个解析开拓, 且具有公共的起始芽. 因此由定理 2.1 知 $[h_{1,0}]_b=[f_1]_b$. 同样地, 我们有 $[h_{1,1}]_b=[g_1]_b$. 因此, 我们只须证明 $[h_{1,0}]_b=[h_{1,1}]_b$.

令 $U=\{u\in I$, 使得 $[h_{1,u}]_b=[h_{1,0}]_b\}$. 下面证明 $U=I$. 首先, $0\in U$, 即 U 是非空的; 其次, 我们来证明 U 是开的. 为此, 我们只须证明对于 $u\in I$, 存在 $\delta>0$, 使得当 $|u-v|<\delta$ 时, $[h_{1,u}]_b=[h_{1,v}]_b$. 事实上, 对固定的 $u\in I$, 应用引理 2.2, 可找到 $\varepsilon>0$, 使得对任意连接 a 和 b 的路径 $\gamma=(\gamma(t),I)$ 且满足 $|\alpha_u(t)-\gamma(t)|<\varepsilon,t\in I$ 和 (f,D) 沿 γ 的解析开拓 $\{(k_t,E_t)\}$, 有

$$[h_{1,u}]_b=[k_1]_b. \tag{2.3}$$

现在 $\varphi(t,u)$ 是 $I\times I$ 上的连续函数, 故存在 $\delta>0$, 使得当 $|u-v|<\delta$ 时, 对所有 $t\in I$ 满足

$$|\alpha_u(t)-\alpha_v(t)|=|\varphi(t,u)-\varphi(t,v)|<\varepsilon.$$

由 (2.3) 便得到, 如果 $u\in U,\delta$ 如上选取的数, 则 $(u-\delta,u+\delta)\subset U$. 此即 U 是开的. 最后证明 U 也是闭的. 今设 u 是 U 的极限点, δ 是如上确定的数, 则总存在 $v\in U$, 使得 $|u-v|<\delta$. 由上面同样的演证可得 $[h_{1,u}]_b=[h_{1,v}]_b$, 但因 $v\in U$, 故有 $[h_{1,v}]_b=[h_{1,0}]_b$, 因此 $[h_{1,u}]_b=[h_{1,0}]_b$, 即 $u\in U$. 故 U 是闭的. 综上所得 U 是连通空间 I 的非空的既开又闭的子集, 因此 $U=I$. □

推论 2.1 *设 (f,D) 为一函数元素, G 为包含 D 的一个单连通区域, (f,D) 能沿着 G 内任一路径解析开拓, 则存在一解析函数 $F:G\to\mathbb{C}$, 使得对于 D 内所有的 $z,F(z)=f(z)$.*

证 在 D 内固定一点 a, 设 z 为 G 内任一点. 如果 α 是 G 内连接 a 和 z 的路径, $\{(f_t,G_t)\},t\in I$ 是 (f,D) 沿 α 的解析开拓, 则令 $F_\alpha(z)=f_1(z)$. 由于 G 是单连通的, 所以对于 G 内连接 a 和 z 的任意两条路径 α 和 β 关于 G 是同伦的①. 于是, 由定理 2.2 知, 如果 $\{(g_t,G_t')\},t\in I$ 是 (f,D) 沿 β 的解析开拓, 且 $F_\beta(z)=g_1(z)$, 则有 $[f_1]_z=[g_1]_z$. 特别地, $F_\alpha(z)=F_\beta(z)$. 因此 $F(z)=F_\alpha(z)$ 定义一个函数 $F:G\to\mathbb{C}$, 并可以指出在 z 点的某个邻域内 $F(\zeta)=f_1(\zeta)$, 所以 $F(z)$ 是一解析函数. □

---

① 参看 §3.

§3 Riemann 曲面的概念

3.1 二维流形 在复变函数论的基本课程中, 人们不仅引进开的复数平面 $\mathbb{C}$, 还考虑包含 ∞ 点的扩充平面 $\hat{\mathbb{C}} = \mathbb{C}\bigcup\{\infty\}$. $\mathbb{C}$ 和 $\hat{\mathbb{C}}$ 是拓扑空间的最简单的例. 如众所周知的, 在 $\hat{\mathbb{C}}$ 中一个点集 G 称为是开的, 如果它的任一点 $a \neq \infty$, G 包含一个圆盘 $D(a,r) = \{z : |z-a| < r\}(r > 0)$ 的点; 如 $a = \infty$, 则 G 包含圆盘 $D(a,r)$ 的外部, 即 $\hat{\mathbb{C}}\backslash\overline{D(a,r)} = \{z : 0 < r < |z| \leqslant \infty\}$. 这些开集的任意多个之并与有限多个之交仍然是开集. 由此我们能引进一般拓扑空间的概念.

设给予元素的集合 X, 并称它为空间, 其元素称为点. 若把它的某些子集称为开集, 并且任意多个开集之并和有限多个开集之交仍为开集, 则 X 称为一拓扑空间. 这里整个空间 X 和空集 $\varnothing$ 也算作开集. 开集关于 X 的余集称为闭集. 若 X' 是拓扑空间 X 的子集, 则对每一 X 的开集 O 有一交集 $O' = X'\bigcap O$. 若我们称这样得到的 X' 的子集为 (相对于 X' 的) 开集, 则 X' 成一拓扑空间. 特别地, 若 X' 是 X 的开集, 则 X' 的子集 O' 对 X' 是开的, 当且仅当 O' 对 X 是开的. 包含点 p 的开集称为 p 的邻域. 设 X 是一拓扑空间, 如果 $X = \bigcup U_\nu$, 它的开集族 $\{U_\nu\}$ 称为一个 (开) 覆盖. 若任一开覆盖总包含一个有限的子覆盖, 则称 X 是紧致的, 或简称紧的. 如果拓扑空间 X 不能表为两个互不相交的非空开集之并, 则称为连通的. 容易指出, 若 A 是连通拓扑空间 X 的既开又闭的子集, 则或者 $A = X$, 或者 $A = \varnothing$. 事实上, 由假设 A 和 $X\backslash A$ 是两个互不相交的开集, 并且 $X = A\bigcup(X\backslash A)$. 由 X 的连通性便得 A 和 $X\backslash A$ 不能同时是非空的. 这就导出了我们的结论. 若拓扑空间 X 的每一点 p 对应拓扑空间 X' 的一点 p', 记为 $p' = f(p)$, 则称 f 是 X 映入 X' 的映射, p' 称为像点, p 为原像点. 如果 X 中不同的点对应 X' 中不同的点, 则称此映射为一对一的映射. 如果对每一 X' 的开集其原像是 X 的开集, 则称此映射是连续的. 一对一的连续映射并且其逆映射也是连续的, 称为同胚映射.

拓扑空间 X 如果满足 “分离公理”, 即对任意两个不同的点, 分别存在互不相交的邻域, 则称 X 为 Hausdorff 空间 . Hausdorff 空间仍然是很一般的空间, 为了函数论的应用还需要加上某些限制. 首先要求这个空间的每一点的邻域有平面的拓扑结构, 这就导致二维流形的概念.

定义 3.1 二维流形 M 是一 Hausdorff 空间, 它的每一点 p 有一个邻域 U_p 与复平面一开集 V 同胚. 若 M 是连通的, 则称它为曲面.

这里 U_p 和 V 同胚是指存在一个由 U_p 到 V 的同胚映射 $h : U_p \to V$, 它建立了 U_p 内的点与 V 内的点之间的一对一的连续对应. 称 $z = h(p)$ 为 U_p 内的局部参数或局部坐标, U_p 称为参数邻域. 令 $D \subset V$ 为一开圆盘, 则原像 $\hat{D} = h^{-1}(D)$ 是 U_p 内的一开集, 并且 h 在 $\hat{D}$ 上的限制 $\hat{h} = h|_{\hat{D}}$ 是 $\hat{D} \to D$ 的同胚

映射, 并称 $\hat{D}$ 为参数圆或圆邻域. 这里 $\hat{h}$ 是 $\hat{D} \to D$ 的映射, 使得当 $p \in \hat{D}$ 时 $\hat{h}(p) = h(p)$. 因此不失一般性, 我们能说, 二维流形是由同胚于圆的开集所覆盖.

在流形上一般没有唯一的方式来规定给定点的局部坐标. 事实上, 设 U 是 p 的邻域, $z = h(p)$ 是 U 内的一个局部坐标, 若 $w = w(z)$ 是 $V = h(U)$ 到另一个平面上开集 $\hat{V}$ 的同胚映射, 则复合映射 $w \circ h$ 定义了 U 内的另一个局部坐标. 若 U_ν 和 U_μ 是 p 的邻域, , 则 $U_\nu \bigcap U_\mu$ 也是 p 的邻域. 令 $z_\nu = z_\nu(p)$ 和 $z_\mu = z_\mu(p)$ 分别是 U_ν 和 U_μ 上的局部坐标, 则在 $U_\nu \bigcap U_\mu$ 上两个坐标都是有效的, 并且 $z_\mu = h_\mu \circ h_\nu^{-1}(z_\nu)$ 是 $h_\nu(U_\nu \bigcap U_\mu)$ 到 $h_\mu(U_\nu \bigcap U_\mu)$ 的同胚映射. 若对 M 上每一点 p 对应一实数或复数 $f(p)$, 则在 M 上定义了一函数 f, 它能局部地看作是局部坐标的函数, 它的某些性质能用局部坐标来研究. 但必须指出, 通过局部坐标表示式来研究的性质, 不应依赖于局部坐标的选择. 例如可用局部坐标来讨论流形上函数的连续性, 但讨论解析函数则是不合理的. 因为如果在 M 上给定一函数 $f, z_\nu = z_\nu(p)$ 是 U 内的一个局部坐标, 则纵然 $g(z_\nu) = f \circ h_\nu^{-1}(z_\nu)$ 是 $z_\nu \in h_\nu(U)$ 的解析函数, 但转变到新的坐标 $z_\mu = h_\mu(p)$ 时, 不能保证 $f \circ h_\mu^{-1}(z_\mu)$ 是 $z_\mu \in h_\mu(U)$ 的解析函数. 因为 $z_\nu = \lambda(z_\mu) = h_\nu \circ h_\mu^{-1}(z_\mu)$ 是 $z_\mu \in h_\mu(U)$ 的连续函数, 它与解析函数的复合 $g \circ \lambda(z_\mu) = f \circ h_\mu^{-1}(z_\mu)$ 不一定是解析的. 因此为了研究解析函数, 便导致 Riemann 曲面的概念.

3.2 Riemann 曲面的定义

定义 3.2 Riemann 曲面 是一个曲面 M 连同一个附加的复结构 $\{(U_\nu, h_\nu)\}$, 记为 $R = (M, \{(U_\nu, h_\nu)\})$, 或简记为 R.

这里一个复结构 $\{(U_\nu, h_\nu)\}$ 是指 $\{U_\nu\}$ 为曲面 M 的一个开覆盖, h_ν 是 U_ν 到复平面开集 V_ν 的同胚映射, 并且若 $U_\nu \bigcap U_\mu \neq \varnothing$, 则复合映射 $h_\nu \circ h_\mu^{-1}$ 在 $h_\mu(U_\nu \bigcap U_\mu)$ 上是解析的 (图 5.1).

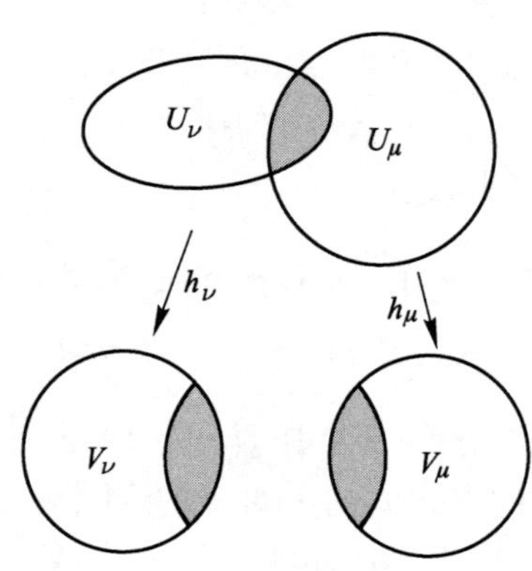

图 5.1

紧的 Riemann 曲面称为闭 Riemann 曲面, 否则称为开 Riemann 曲面.

现在我们来考察 Riemann 曲面上的函数, 设 G 是 Riemann 曲面 R 上一区域, G 到复平面 $\mathbb{C}$ 的映射 $f: p \longmapsto w = f(p)$ 在 G 中定义了一个函数. 若 U_ν 是一个参数邻域 (我们假设它完全在 G 内), 引进 U_ν 上一个局部坐标 $z_\nu = h_\nu(p)$, 则 f 在 U_ν 内能表示为 z_ν 的一个函数, 即 $f(p) = f \circ h_\nu^{-1}(z_\nu) = f_\nu(z_\nu)$, $z_\nu \in h_\nu(U_\nu)$. 对于另一个参数邻域 U_μ 和局部参数 $z_\mu = h_\mu(p)$, 同样地 f 在 U_μ 中可表示为 $f_\mu(z_\mu)$. 若 $p \in U_\nu \bigcap U_\mu$, 则有

$$f(p) = f_\nu(z_\nu) = f_\mu(z_\mu), \tag{3.1}$$

其中 z_ν 和 z_μ 在它们定义域的交集中以一解析关系相联系, 即 $z_\mu = h_\mu \circ h_\nu^{-1}(z_\nu) = \lambda(z_\nu), z_\nu \in h_\nu(U_\mu \bigcap U_\nu)$. 因此在 G 内定义的函数在各个参数邻域内能表示为局部参数的函数, 并且在任意两个相邻的参数邻域的交集上它们以 (3.1) 式相联系.

定义 3.3 在 Riemann 曲面 R 上定义的函数 f 称为解析的 (或全纯的), 如果在每个参数邻域 U_ν 内函数

$$f_\nu(z_\nu) = f \circ h_\nu^{-1}(z_\nu)$$

是 z_ν 在 $h_\nu(U_\nu)$ 内的解析函数.

3.3 Riemann 曲面的例

1. 环面 设 ω_1 和 ω_2 为两复数, 且 $\mathrm{Im}\,(\omega_1/\omega_2) \neq 0$. 令 Γ 是下列线性变换所成的群

$$\Gamma = \{s : s(z) = z + n_1\omega_1 + n_2\omega_2,\ n_1, n_2 \in \mathbb{Z}\},$$

两复数 $z, z' \in \mathbb{C}$ 称为对于 Γ 是等价的, 如果有 $s \in \Gamma$, 使得 $z' = s(z)$. 所有等价类的集以 $\mathbb{C}/\Gamma$ 表示之. 令 $\pi: \mathbb{C} \to \mathbb{C}/\Gamma$ 是自然投影, 即将每一点 $z \in \mathbb{C}$ 映入它的等价类. 在 $\mathbb{C}/\Gamma$ 引入拓扑如下: 集 $U \subset \mathbb{C}/\Gamma$ 称为开的, 如果 $\pi^{-1}(U)$ 在 $\mathbb{C}$ 中是开的. 易知在此拓扑下 $\mathbb{C}/\Gamma$ 是一 Hausdorff 空间, 且 $\pi: \mathbb{C} \to \mathbb{C}/\Gamma$ 是连续映射. 此外由于 $\mathbb{C}$ 是连通的, 故 $\mathbb{C}/\Gamma$ 亦是连通的. $\mathbb{C}/\Gamma$ 的复结构定义如下: 设 $V \subset \mathbb{C}$ 是一开集, 并使得在 V 内没有两个对 Γ 等价的点. 于是 $U = \pi(V)$ 是开的, 并且 $\pi|_V$ 是 $V \to U$ 的同胚映射. 其逆是 $U \to V$ 的同胚映射, 并记为 h. 所有这些序对 $\{(U_\nu, h_\nu)\}$ 构成 $\mathbb{C}/\Gamma$ 的复结构. 为此还须指出, 其中任两个序对 $(U_\nu, h_\nu), (U_\mu, h_\mu)$ 其相邻关系

$$z_\mu = h_\mu \circ h_\nu^{-1}(z_\nu) = \lambda(z_\nu)$$

是 $h_\nu(U_\nu \bigcap U_\mu)$ 到 $h_\mu(U_\nu \bigcap U_\mu)$ 的解析映射. 事实上, 对于每一 $z_\nu \in h_\nu(U_\nu \bigcap U_\mu)$, 我们有 $\pi(\lambda(z_\nu)) = h_\nu^{-1}(z_\nu) = \pi(z_\nu)$. 因此 $\lambda(z_\nu)$ 和 z_ν 对于 Γ 等价, 即 $z_\mu = \lambda(z_\nu) = z_\nu + n_1\omega_1 + n_2\omega_2, n_1, n_2 \in \mathbb{Z}$. 由于 $\lambda(z_\nu)$ 是连续的, 故在 $h_\nu(U_\nu \bigcap U_\mu)$ 内 n_1 和 n_2

必是与 z_ν 无关的固定数. 因此 $\lambda(z_\nu)$ 是解析的. $\mathbb{C}/\Gamma$ 还是紧的 Riemann 曲面. 因为它被闭的平行四边形

$$P=\{\lambda_1\omega_1+\lambda_2\omega_2,\ \lambda_1,\ \lambda_2\in[0,1]\}$$

的投影像所覆盖.

2. 每个平面域 G 是一 Riemann 曲面, 如果取复结构为 (G,Id), 即参数邻域为 G, 同胚映射为恒等映射 Id.

3. 扩充的复平面 $\hat{\mathbb{C}}$ 为一 Riemann 曲面. 对于 $\hat{\mathbb{C}}$ 的开覆盖至少需要两个开集. 例如两个参数邻域可取当 $U_1=\mathbb{C},U_2=\hat{\mathbb{C}}\backslash\{0\}$. 在 U_1 中我们取恒等映射为同胚映射, 在 U_2 中取 $z\longmapsto w=\dfrac{1}{z}$.

3.4 曲面的基本群 设 X 为一拓扑空间, X 上的路径 (或称弧) 是指定向线段 $I=[a,b]$ 在此空间的连续映射 $\alpha(t)$, 并记为 $\alpha=(\alpha(t),I)$. 点 $\alpha(a)$ 称为 α 的始点, $\alpha(b)$ 称为终点. 若 $\alpha(a)=\alpha(b)$, 则称 α 为闭路径. 我们还约定 $(\alpha(t),I)$ 和 $(\beta(t),J)$ 代表相同的路径, 如果存在把 I 同胚地映为 J 的映射 $t=\varphi(t)$, 使得 $\alpha(t)=\beta\circ\varphi(t)$. 因此我们总可取 $I=[0,1]$.

设 M 是一曲面, $\alpha=(\alpha(t),I)$ 和 $\beta=(\beta(t),I)$ 是 M 中具有相同始点和终点的两个路径. 如果存在连续映射 $h(t,u):I\times I\to M$, 使得

$$h(t,0)=\alpha(t),\quad h(t,1)=\beta(t),\quad t\in I$$

和

$$h(0,u)=\alpha(0)=\beta(0),\quad h(1,u)=\alpha(1)=\beta(1),\quad u\in I,$$

则称 α 和 β (在 M 中) 同伦, 并记为 $\alpha\sim\beta$, 其中 $h(t,u)$ 称为 α 到 β 的形变.

容易指出, 同伦关系是一等价关系, 即有

(i) $\alpha\sim\alpha$. 事实上, 对任意 $u\in I$, 取 $h(t,u)=\alpha(t)$, 则它是 α 到自身的形变.

(ii) 若 $\alpha\sim\beta$, 则 $\beta\sim\alpha$. 事实上, 若 $h(t,u)$ 是 α 到 β 的形变, 则 $h_1(t_1u)=h(t,1-u)$ 便是 β 到 α 的形变.

(iii) 若 $\alpha\sim\beta,\beta\sim\gamma$, 则 $\alpha\sim\gamma$. 设 $h_1(t,u)$ 和 $h_2(t,u)$ 分别是 α 到 β 和 β 到 γ 的形变, 则令

$$h(t,u)=\begin{cases}h_1(t,2u), & 0\leqslant u\leqslant\dfrac{1}{2},\\ h_2(t,2u-1), & \dfrac{1}{2}\leqslant u\leqslant 1\end{cases}$$

就是 α 到 γ 的形变.

此外我们还能指出, 若 $g(t)$ 是 I 到自身的连续映射, 且 $g(0)=0,g(1)=1$, 又令 $\beta(t)=\alpha\circ g(t)$, 则 $\beta=(\beta(t),I)\sim\alpha$. 事实上, α 到 β 的形变可取为 $h(t,u)=\alpha(t+u(g(t)-t))$.

根据上述同伦关系能将曲面 M 上连接两固定点的所有路径之集合分为同伦的路径类, 并记同伦类为 $\alpha = [\alpha]$.

给定两路径 α 和 β, 并设 α 之终点和 β 之始点重合, 则它们的积 $\gamma = \alpha\beta = (\gamma(t), I)$ 定义为

$$\gamma(t) = \begin{cases} \alpha(2t), & 0 \leqslant t \leqslant \dfrac{1}{2}, \\ \beta(2t-1), & \dfrac{1}{2} \leqslant t \leqslant 1. \end{cases}$$

类似地可以定义三个路径之积. 特别地, 我们能把一点 P_0 视为一路径 $P_0 = (P_0(t), I)$, 其中 $P_0(t) = P_0$, 并称为点路径. 即此点作为线段 I 的连续像. 点路径 P_0 和 α 的积为 $P_0\alpha = (P_0\alpha(t), I)$, 其中

$$P_0\alpha(t) = \begin{cases} P_0, & 0 \leqslant t \leqslant \dfrac{1}{2}, \\ \alpha(2t-1), & \dfrac{1}{2} \leqslant t \leqslant 1, \end{cases}$$

并且有 $P_0\alpha \sim \alpha$. 事实上, 我们可取

$$h(t,u) = \begin{cases} P_0, & 0 \leqslant t \leqslant \dfrac{1-u}{2}, \\ \alpha\left(\dfrac{2t-1+u}{1+u}\right), & \dfrac{1-u}{2} \leqslant t \leqslant 1 \end{cases}$$

为 $P_0\alpha$ 到 α 的形变.

若 P_1 为 α 的终点, 则同样可指出 $\alpha P_1 \sim \alpha$. 若以 $\alpha^{-1} = (\alpha(1-t), I)$ 表示 α 的逆路径, 则有 $\alpha\alpha^{-1} \sim P_0$, 其中 P_0 为 α 之始点. 事实上, $\alpha\alpha^{-1}$ 到 P_0 的形变可取为

$$h(t,u) = \begin{cases} \alpha(2t(1-u)), & 0 \leqslant t \leqslant \dfrac{1}{2}, \\ \alpha(2(t-1)(u-1)), & \dfrac{1}{2} \leqslant t \leqslant 1. \end{cases}$$

同样可指出 $\alpha^{-1}\alpha \sim P_1$.

现设 $P_0 \in M$ 为一固定点, 我们考虑所有由 P_0 出发的封闭路径 $\alpha = (\alpha(t), I)$, $\alpha(0) = \alpha(1) = P_0$. 这些路径能分为同伦类, 并以 $a, b, \cdots$ 表示之. 我们定义同伦类的乘积如下: 任两个类 $a = [\alpha]$ 和 $b = [\beta]$ 对应一个积 $a \cdot b$, 它是 $\alpha\beta$ 的同伦类, 并表为 $a \cdot b = [\alpha\beta], \alpha \in a, \beta \in b$. 这里须要指出同伦类 $[\alpha\beta]$ 不依赖特殊路径 α 和 β 的选择, 而只依赖于类 $a = [\alpha]$ 和 $b = [\beta]$. 为此要指出, 若 $\alpha' \sim \alpha$. $\beta' \sim \beta$, 则 $\alpha'\beta' \sim \alpha\beta$. 事实上, 若 $h_1(t,u)$ 和 $h_2(t,u)$ 分别是 α' 到 α 和 β' 到 β 的形变, 则

$$h(t,u) = \begin{cases} h_1(2t,u), & 0 \leqslant t \leqslant \dfrac{1}{2}, \\ h_2(2t-1,u), & \dfrac{1}{2} \leqslant t \leqslant 1 \end{cases}$$

是 $\alpha'\beta'$ 到 $\alpha\beta$ 的形变. 同伦于 P_0 的类 $[P_0]=1$ 起着单位元的作用. 事实上, 因为 $\alpha P_0\sim P_0\alpha\sim\alpha$, 因此对每一个 $a=[\alpha]$ 有 $a\cdot 1=1\cdot a=a$. 因此对每一个 $a=[\alpha]$ 对应一个逆元素 a^{-1}, 它是以 α^{-1} 为代表的类, 即 $a^{-1}=[\alpha^{-1}]$. 事实上, 由于 $\alpha\alpha^{-1}\sim P_0,\alpha^{-1}\alpha\sim P_0$, 故有 $[\alpha][\alpha^{-1}]=1,[\alpha^{-1}][\alpha]=1$, 即 a^{-1} 是 a 的逆元素.

综上所述, 我们得到: 由固定点 $P_0\in M$ 出发的封闭路径的同伦类, 按照上面引进的乘法构成一个群, 它称为 M 的基点为 P_0 的基本群, 并记为 F_{P_0}.

今若另取一点 $Q_0\in M$ 代替 P_0 作为封闭路径的出发点 (图 5.2), 则同样可得一个群 F_{Q_0}. 我们将指出 F_{P_0} 和 F_{Q_0} 是同构的, 并记为 $F_{P_0}\cong F_{Q_0}$. 设 $F_{P_0}=\{a,b,\cdots\},F_{Q_0}=\{a',b',\cdots\}$. 任取一个由 Q_0 到 P_0 的路径 γ, 今对每一个由 P_0 出发的封闭路径 α, 借助于 γ 对应一个由 Q_0 出发的封闭路径 α',

$$\alpha\to\alpha'=(\gamma\alpha)\gamma^{-1}.$$

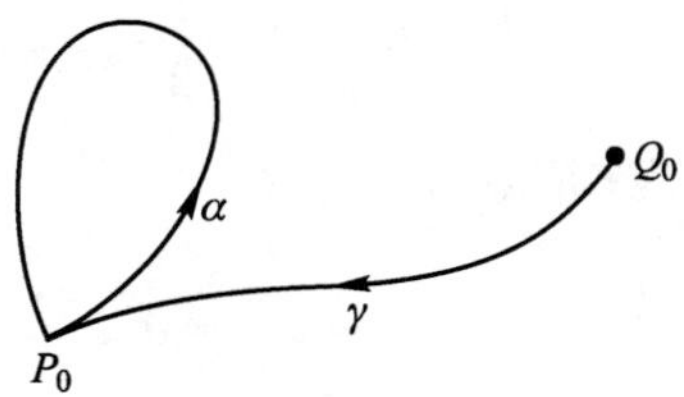

图 5.2

易知若 $\alpha_1\sim\alpha$, 则 $\alpha_1\to\alpha_1'=(\gamma\alpha_1)\gamma^{-1}\sim\alpha'$. 由此产生 F_{P_0} 映入 F_{Q_0} 的映射

$$\Phi:a\to a'.$$

同样能通过对应 $\alpha'\to\alpha=(\gamma^{-1}\alpha')\gamma,\alpha'\in a'$ 得到 F_{Q_0} 映入 F_{P_0} 的映射

$$\Phi':a'\to a.$$

我们将进一步指出 Φ 是 F_{P_0} 到 F_{Q_0} 的同构对应. 先指出 Φ 是一对一的, 为此我们应指出 $\Phi'\circ\Phi=IdF_{P_0}$ 和 $\Phi\circ\Phi'=IdF_{Q_0}$. 现从 a 出发, $\Phi:a\to a'$ 是通过 $\alpha\in a\to\alpha'=(\gamma\alpha)\gamma^{-1}\in a'$ 来定义的. 反之, 对 $a'\in F_{Q_0}$, 则 $\Phi':a'\to a$ 能借助于

$$\alpha'=(\gamma\alpha)\gamma^{-1}\to(\gamma^{-1}\alpha')\gamma=(\gamma^{-1}\{(\gamma\alpha)\gamma^{-1}\})\gamma\sim\alpha$$

来得到. 因此对每一 $a\in F_{P_0}$ 我们有 $\Phi'\circ\Phi(a)=a$, 即 $\Phi'\circ\Phi=IdF_{P_0}$. 同样有 $\Phi\circ\Phi'=IdF_{Q_0}$. 为要证明 Φ 是一同构, 还须指出两个路径类的乘积映为两个像类的积, 即 $\Phi(ab)=\Phi(a)\Phi(b)$. 事实上,

$$\begin{aligned}\alpha\beta&\to(\gamma(\alpha\beta))\gamma^{-1}\sim\gamma(\alpha\gamma^{-1}\gamma\beta)\gamma^{-1}\\&\sim((\gamma\alpha)\gamma^{-1})((\gamma\beta)\gamma^{-1})=\alpha'\beta'\in a'b',\end{aligned}$$

因此 $ab \to a'b'$.

由此可知 F_{P_0} 除去一个同构关系之外与始点 P_0 的选择无关. 我们定义 M 的基本群如下:

定义 3.4 同构于 F_{P_0} 的 (抽象的) 群 F 称为 M 的基本群.

若 F 只由一个元素组成, 则称 M 为单连通曲面. 例如 $\mathbb{C}$ 和 $\hat{\mathbb{C}}$ 是单连通曲面.

3.5 覆盖曲面

定义 3.5 设 M 和 $\hat{M}$ 为两个曲面, $\sigma : \hat{M} \to M$ 是 $\hat{M}$ 到 M 的映射, $(\hat{M}, \sigma)$ 称为 M 的光滑覆盖曲面, 如果对每一点 $\hat{p} \in \hat{M}$, 存在一邻域 $\hat{U}$, 使得 σ 在 $\hat{U}$ 上的限制 $\sigma_{\hat{U}} = \sigma|_{\hat{U}}$ 是 $\hat{U}$ 到 $p = \sigma(\hat{p})$ 的一个邻域 U 的同胚映射. M 称为基曲面, σ 为迹映射或投影映射. p 为 $\hat{p}$ 的迹, $\hat{p}$ 称为 p 上的点. 具有上述性质的邻域 $\hat{U}$ 和 U 称为特性邻域.

容易指出, 迹映射 σ 是连续的. 此外对任一 $p \in M$ 上的点 $\{\hat{p}\}$ 在 $\hat{M}$ 上不能有极限点, 因为若 $\hat{p}^*$ 是一极限点, 则 σ 不能在 $\hat{p}^*$ 的邻域中是一对一的.

现设 $\hat{\alpha} = (\hat{\alpha}(t), I)$ 是 $\hat{M}$ 上以 $\hat{p}_0$ 为始点的路径, 则 $\sigma \circ \hat{\alpha} = \alpha$ 是 M 上以 $p_0 = \sigma(\hat{p}_0)$ 为始点的路径. α 称为 $\hat{\alpha}$ 的迹路径, $\hat{\alpha}$ 为 α 的具有始点为 $\hat{p}_0$ 的覆盖路径 (或提升). 现在反过来问, 若 α 是 M 上一路径, $\hat{p}_0$ 是其始点 p_0 上的一点, 是否存在以 $\hat{p}_0$ 为始点的路径 $\hat{\alpha}$, 使得 α 是它的迹路径, 或者说是否存在由 $\hat{p}_0$ 点出发的 α 的提升. 对于光滑覆盖曲面, 提升不是恒存在的. 但如果存在, 则是唯一的. 我们有下列定理.

定理 3.1 (唯一性定理) 设 $\hat{p}_0$ 为 p_0 上的一点, 则对于从 p_0 出发的 M 上的路径, 至多有一条覆盖路径以 $\hat{p}_0$ 为始点.

证 设 $\hat{\alpha} = (\hat{\alpha}(t), I)$ 和 $\hat{\beta} = (\hat{\beta}(t), I)$ 是 α 的两个覆盖路径, 且具有相同的始点 $\hat{p}_0 = \hat{\alpha}(0) = \hat{\beta}(0)$. 令 $t_1 = \sup\{t_0, \hat{\alpha}(t) = \hat{\beta}(t),$ 当 $0 \leqslant t \leqslant t_0\}$. 由于 $\hat{\alpha}(t)$ 和 $\hat{\beta}(t)$ 的连续性必有 $\hat{\alpha}(t_1) = \hat{\beta}(t_1)$. 我们要证明 $t_1 = 1$. 如若不然, 则 $t_1 < 1$. 现考虑 $\hat{p} = \hat{\alpha}(t_1) = \hat{\beta}(t_1)$ 的一个特性邻域 $\hat{U}$, 由 $\hat{\alpha}(t)$ 和 $\hat{\beta}(t)$ 的连续性, 存在 $\delta > 0$, 使得当 $t_1 < t < t_1 + \delta \leqslant 1$ 时, $\hat{\alpha}(t), \hat{\beta}(t) \in \hat{U}$, 从而在 $\hat{U}$ 内有 $\hat{\alpha}(t) \neq \hat{\beta}(t)$. 另一方面 σ 在 $\hat{U}$ 是拓扑的, 且 $\sigma \circ \hat{\alpha}(t) = \sigma \circ \hat{\beta}(t)$. 因此 $\hat{\alpha}(t) \neq \hat{\beta}(t)$ 是不可能的, 故必须 $t_1 = 1$, 即 $\hat{\alpha} = \hat{\beta}$. □

定义 3.6 M 的光滑覆盖曲面 $(\hat{M}, \sigma)$ 称为非限的, 如果每一个路径 α 对于其始点 p_0 上的每一点 $\hat{p}_0$, 总存在以 $\hat{p}_0$ 为始点的提升 $\hat{\alpha}$.

关于非限覆盖曲面, 我们有下面的重要定理.

定理 3.2 (抽象单值性定理) 设 $(\hat{M},\sigma)$ 是 M 的非限覆盖曲面. α 和 β 为 M 上两同伦曲线, 即 $\alpha\sim\beta$, 且 $\alpha(0)=\beta(0)=p_0,\alpha(1)=\beta(1)=p_1$. 令 $\hat{p}_0$ 是 p_0 上一点, 则始点为 $\hat{p}_0$ 的 α 和 β 的覆盖路径 $\hat{\alpha}$ 和 $\hat{\beta}$ 具有相同的终点 $\hat{\alpha}(1)=\hat{\beta}(1)=\hat{p}_1$, 并且 $\hat{\alpha}\sim\hat{\beta}$.

证 设 $h(t,u)$ 是 α 到 β 的形变, 我们只须提升形变 h 到 $\hat{M}$ 上, 使之成为 $\widetilde{\alpha}$ 到 $\widetilde{\beta}$ 的形变. 对 $u\in I$, 令 $\alpha_u=(\alpha_u(t),I)$, 其中 $\alpha_u(t)=h(t,u)$, 并有 $\alpha_0(t)=h(t,0)=\alpha(t),\alpha_1(t)=h(t,1)=\beta(t)$. 由于 $(\hat{M},\sigma)$ 是 M 的非限光滑覆盖曲面, 又根据定理 3.1, 因此对每一路径 α_u 存在唯一的以 $\hat{p}_0$ 为始点的提升 $\hat{\alpha}_u=(\hat{\alpha}_u(t),I)$. 特别地, $\hat{\alpha}_0=\hat{\alpha}$ 和 $\hat{\alpha}_1=\hat{\beta}$ 分别是 α 和 β 的提升. 现在令

$$\hat{h}(t,u)=\hat{\alpha}_u(t),\quad t\in I,u\in I.$$

我们要证明 $\hat{h}(t,u)$ 即是 $\hat{\alpha}$ 到 $\hat{\beta}$ 的形变. 首先显然有 $\hat{h}(0,u)=\hat{\alpha}_u(0)=\hat{p}_0,\hat{h}(t,0)=\hat{\alpha}_0(t)=\hat{\alpha}(t),\hat{h}(t,1)=\hat{\alpha}_1(t)=\hat{\beta}(t)$. 下面将指出 $\hat{h}(t,u)$ 是两个变量的连续函数, 并且 $\hat{h}(1,u)=\hat{\alpha}(1)=\hat{p}_1$.

先证明 $\hat{h}(t,u)$ 的连续性. 对固定的 $u_0\in I$, 考虑路径 $\hat{\alpha}_{u_0}=(\hat{\alpha}_{u_0}(t),I)$, 其中 $\hat{\alpha}_{u_0}(t)=\hat{h}(t,u_0)$, 对 $\hat{\alpha}_{u_0}$ 上每一点 $\hat{h}(t,u_0)$ 有一特性邻域 $\hat{U}_{\hat{\alpha}_{u_0(t)}}$, 并有 $\hat{\alpha}_{u_0}\subset\bigcup\limits_{t\in I}\hat{U}_{\hat{\alpha}_{u_0(t)}}$. 我们能从中选出有限多个 $\{\hat{U}_\nu\},\nu=1,2,\cdots,n$, 使得 $\hat{\alpha}_{u_0}\subset\bigcup\limits_{\nu=1}^{n}\hat{U}_\nu$. 由于 $\hat{h}(t,u_0)$ 是连续的, 故可将 I 分为 n 个区间 $I_\nu=[t_\nu,t_{\nu+1}]$, 使得 I_ν 的 $\hat{h}(t,u_0)$ 像含于 $\hat{U}_\nu$. 并且设 t_0 含于某个 I_ν, 即 $t_\nu<t_0<t_{\nu+1}$. 又令 $U_\nu=\sigma(\hat{U}_\nu)$, 且 I_ν 的 $h(t,u_0)$ 像含于 U_ν. 由于 $h(t,u)$ 是连续的, 故存在 $\delta_\nu>0$, 使得矩形 $\Delta_\nu=\{(t,u):t\in I_\nu,|u-u_0|<\delta_\nu\}$ 的 $h(t,u)$ 像含于 U_ν. 我们取 $\delta=\min\{\delta_\nu\}$, 并仍以 $\Delta_\nu=\{(t,u):t\in I_\nu,|u-u_0|<\delta_\nu\}$. 下面证明 Δ_ν 的 $\hat{h}(t,u)$ 像含于 $\hat{U}_\nu$, 并且 $\hat{h}(t,u)=\sigma_{\hat{U}_\nu}^{-1}\circ h(t,u)$, 其中 $\sigma_{\hat{U}_\nu}$ 是 σ 在 $\hat{U}_\nu$ 的限制. 如已证明这点, 则由于 $h(t,u)$ 是连续的而且 σ 在 $\hat{U}_\nu$ 是同胚映射, 则 $\hat{h}(t,u)$ 是连续的. 为此我们从 $\nu=1$ 开始. 由于路径段 $\hat{\alpha}_u=(\hat{h}(t,u),I_1),|u-u_0|<\delta$ 都是从 $\hat{P}_0$ 出发, 它首先在 $\hat{U}_1$ 中经过, 而它的迹路径段 $\alpha_u=(h(t,u),I_1),|u-u_0|<\delta$ 完全在 U_1 中. 由定理 3.1 (唯一性定理) 必有 $\hat{h}(t,u)=\sigma_{\hat{U}_1}^{-1}\circ h(t,u),(t,u)\in\Delta_1$. 后者完全在 $\hat{U}_1$ 之中, 因此 Δ_1 的 $\hat{h}(t,u)$ 像完全在 $\hat{U}_1$ 之中, 并且 $(t,u)\in\Delta_1$ 时, $\hat{h}(t,u)=\sigma_{\hat{U}_1}^{-1}\circ h(t,u)$. 如此继续可得, Δ_ν 的 $\hat{h}(t,u)$ 像含于 $\hat{U}_\nu$ 之中, 并且当 $(t,u)\in\Delta_\nu$ 时, $\hat{h}(t,u)=\sigma_{\hat{U}_\nu}^{-1}\circ h(t,u)$. 这就是所要证明的.

最后证明 $\hat{h}(1,u)\equiv\hat{\alpha}(1)$. 首先 $\hat{h}(1,u)$ 是 u 的连续函数, 并在迹映射下映为同一点, 即 $\sigma\circ\hat{h}(1,u)\equiv p_1$. 另一方面在 p_1 上的点是孤立的, 因此连续函数 $\hat{h}(1,u)$ 保持常数, 特别地有 $\hat{h}(1,0)=\hat{\alpha}(1)=\hat{h}(1,1)=\hat{\beta}(1)$. 即 $\hat{\alpha}$ 和 $\hat{\beta}$ 有相同的终点, 因此 $\hat{\alpha}\sim\hat{\beta}$. □

单值性定理的重要推论是迹映射 σ 作为连续映射不仅诱导 $\hat{M}$ 的基本群 $\hat{F}$ 映入 M 的基本群 F 的同态, 而且是一同构.

设 $(\hat{M},\sigma)$ 是 M 的非限覆盖曲面, $\sigma(\hat{p}) = p$. 我们考察 $\hat{M}$ 上以 $\hat{p}$ 为出发点的所有闭路径 $\hat{\alpha}$ 的集合. 首先由 σ 产生这个集合映入 M 中以 p 为出发点的闭路径 α 集合之映射, 即 $\alpha = \sigma \circ \hat{\alpha}$、并且 $\hat{M}$ 上的同伦路径映为 M 上的同伦路径, 即有 $\sigma(\hat{a}) = [\sigma(\hat{\alpha})] = a, \hat{\alpha} \in \hat{a}$. 另一方面, 由单值性定理, 不同路径类对应不同的类, 即 $\sigma \circ \hat{\alpha} \sim \sigma \circ \hat{\beta}$ 导出 $\hat{\alpha} \sim \hat{\beta}$. 因此由 $\sigma(\hat{a}) = \sigma(\hat{b})$ 导出 $\hat{a} = \hat{b}$. 这就表明 σ 产生的 $\hat{F}_{\hat{p}}$ 映入 F_r 的对应是一对一的, 显然也是保持乘法的, 因此是一同构对应.

令 $G = \sigma(\hat{F}_{\hat{p}})$ 表示 $\hat{F}_{\hat{p}}$ 在映射 σ 下的像, 它是 F_p 的一个子群且与 $\hat{F}_{\hat{p}}$ 同构, 并记为 $G \cong \hat{F}_p$. 我们称它为 $\hat{F}_{\hat{p}}$ 的迹群. 问题是什么时候以 p 上的两点 $\hat{p}$ 和 $\hat{p}_1$ 为基点的 $\hat{M}$ 的基本群 $\hat{F}_{\hat{p}}$ 和 $\hat{F}_{\hat{p}_1}$ 具有相同的迹群 G?

首先, 一个由 p 点出发的闭路径 γ 能提升为 $\hat{p}$ 点出发的闭路径 $\hat{\gamma}$ 的充要条件是 $c = [\gamma] \in G$. 事实上, 若 $\hat{\gamma}$ 为闭路径, 则它属于某个 $\hat{c} = [\hat{\gamma}] \in \hat{F}$. 因此迹路径 γ 属于 $\hat{F}$ 的迹群 $\sigma(\hat{F}) = G$ 的一个路径类 $c = \sigma(\hat{c}) = \sigma([\hat{\gamma}])$; 反之若 $\gamma \in c = [\gamma] \in G$, $\hat{\gamma}$ 是它从 $\hat{p}$ 点出发的提升. 因为 $\hat{F} \cong G$, 故存在一个属于 $\hat{F}$ 的由 $\hat{p}$ 出发的闭路径 $\hat{\gamma}_1$, 它的迹路径 $\gamma_1 = \sigma(\hat{\gamma}_1) \sim \gamma$. 根据定理 3.2, $\hat{\gamma}_1$ 和 $\hat{\gamma}$ 有相同的终点, 即 $\hat{\gamma}$ 是闭的. 如果 $\hat{F}_{\hat{p}}$ 和 $\hat{F}_{\hat{p}_1}$ 的迹群同为 G, 此时由 p 点出发的闭路径 γ 的同伦类 $c = [\gamma]$, 或者 $c \in G$, 或者 $c \bar{\in} G$. 若是前者, 则 γ 以 $\hat{p}$ 和 $\hat{p}_1$ 为出发点的提升 $\hat{\gamma}$ 和 $\hat{\gamma}_1$ 皆为闭路径. 如果 $c \bar{\in} G$, 则 $\hat{\gamma}$ 和 $\hat{\gamma}_1$ 同时非闭.

对于 M 的基本群 F 的任一子群 G, 恒存在一个非限的覆盖曲面 $(\hat{M},\sigma)$, 它的基本群 $\hat{F}$ 之迹群恰为 $G = \sigma(\hat{F})$. 上述覆盖曲面的存在定理的证明可以参看: Nevanlinna R. 单值化. 陆启铿, 译. 北京: 科学出版社, 1960. 特别地, 如果 $G = F$, 则相应的覆盖曲面 $(\hat{M},\sigma)$ 有 $\hat{M} = M, \sigma = IdM$. 若 G 只包含 F 的单位元, 即 $G = \{1\}$, 则相应的覆盖曲面 $(\hat{M},\sigma)$ 称为万有覆盖曲面, 它是单连通的覆盖曲面. 如果 G 是 F 的正规子群, 即对任一 $c \in F$, 有 $cGc^{-1} = G$, 则相应的覆盖曲面 $(\hat{M},\sigma)$ 称为正则覆盖曲面. 根据上面的讨论知, $(\hat{M},\sigma)$ 为 M 的正则覆盖曲面的充要条件是: M 的每一由点 p 出发的闭路径 α 与从 p 上的点 $\hat{p}_1, \hat{p}_2, \cdots$ 出发的提升 $\hat{\alpha}_1, \hat{\alpha}_2, \cdots$ 同时为非闭或同时为闭.

3.6 覆盖变换与覆盖变换群

定义 3.7 *M 的非限覆盖曲面 $(\hat{M},\sigma)$ 的覆盖变换是 $\hat{M}$ 到自身的同胚映射 $\Delta : \hat{M} \to \hat{M}$, 并且保持迹点不变者. 即对任一 $\hat{p} \leftarrow \hat{M}, \sigma \circ \Delta(\hat{p}) = \sigma(\hat{p})$, 或记为 $\sigma = \sigma \circ \Delta$. 覆盖变换的全体按映射的复合构成一群, 称为覆盖变换群, 记为 T.*

这里需要说明 T 构成一群. 事实上, 显然有 $Id\hat{M} \in T$, 其次, 如果 $\Delta \in T$, 则有 $\Delta^{-1} \in T$, 这是因为由 $\sigma \circ \Delta = \sigma$, 即导出 $\sigma = \sigma \circ \Delta^{-1}$. 最后如果 $\Delta_1, \Delta_2 \in T$, 则由

于 $(\sigma\circ\Delta_1)\circ\Delta_2=\sigma\circ\Delta_2=\sigma$, 便有 $\Delta_1\circ\Delta_2\in T$.

定理 3.3 对于具有相同迹点的两点 $\hat{p}_1,\hat{p}_2\in\hat{M}$, 至多有一个覆盖变换 Δ, 使得 $\Delta(\hat{p}_1)=\hat{p}_2$.

证 我们只须指出: 两个覆盖变换如果在一点重合, 则它们恒等. 令 Δ 和 Δ' 为两个覆盖变换, 且使得 $\Delta(\hat{p}_1)=\Delta'(\hat{p}_1)=\hat{p}_2$, 要证明 $\Delta=\Delta'$. 由于 $\sigma=\sigma\circ\Delta=\sigma\circ\Delta'$, 即有

$$\sigma\circ\Delta(\hat{p}_1)=\sigma\circ\Delta'(\hat{p}_1)=\sigma(\hat{p}_1)=\sigma(\hat{p}_2)=p.$$

现设 $\hat{q}\in\hat{M}$ 为任一点, 并以 $\hat{\alpha}_1$ 连接 $\hat{p}_1$ 和 $\hat{q}$. 继命 $\alpha=\sigma\circ\hat{\alpha}_1$ 为 $\hat{\alpha}_1$ 的迹路径, 并置 $\hat{\alpha}_2=\Delta\circ\hat{\alpha}_1$ 和 $\hat{\alpha}'_2=\Delta'\circ\hat{\alpha}_1$. 由于 $\sigma\circ\Delta=\sigma\circ\Delta'=\sigma$, 即有 $\sigma\circ\hat{\alpha}_2=\sigma\circ\hat{\alpha}'_2=\sigma\circ\hat{\alpha}_1=\alpha$, 再由 $\hat{\alpha}_2(0)=\Delta\circ\hat{\alpha}_1(0)=\Delta(\hat{p}_1)=\hat{p}_2$ 和 $\hat{\alpha}'_2(0)=\Delta'\circ\hat{\alpha}_1(0)=\Delta'(\hat{p}_1)=\hat{p}_2$, 从而 $\hat{\alpha}_2(0)=\hat{\alpha}'_2(0)=\hat{p}_2$. 这就表明路径 $\hat{\alpha}_2$ 和 $\hat{\alpha}'_2$ 具有相同的始点和相同的迹路径, 因此 $\hat{\alpha}_2=\hat{\alpha}'_2$. 特别地,

$$\hat{\alpha}_2(1)=\Delta\circ\hat{\alpha}_1(t)=\Delta(\hat{q})=\hat{\alpha}'_2(1)=\Delta'\circ\hat{\alpha}_1(1)=\Delta'(\hat{q}).$$

由于 $\hat{q}\in\hat{M}$ 是任意的, 即有 $\Delta=\Delta'$. □

对于 $\hat{M}$ 的点我们能由覆盖变换定义等价关系: 设 $\hat{p}_1,\hat{p}_2\in\hat{M}$, 如果存在 $\Delta\in T$, 使得 $\hat{p}_2=\Delta(\hat{p}_1)$, 则称 $\hat{p}_1$ 和 $\hat{p}_2$ 等价, 并记为 $\hat{p}_1\sim\hat{p}_2$. 显然这是一个等价关系, 并属于同一等价类的点具有相同的迹点. 并且能够证明①, $\hat{p}_1$ 和 $\hat{p}_2$ 等价的充要条件是: $\hat{F}_{\hat{p}_1}$ 和 $\hat{F}_{\hat{p}_2}$ 具有相同的迹群 G, 其中 $\hat{F}_{\hat{p}_1}$ 和 $\hat{F}_{\hat{p}_2}$ 是 $\hat{M}$ 的分别以 $\hat{p}_1$ 和 $\hat{p}_2$ 为基点的基本群. 上述条件还能叙述为另一形式, 即若以路径 $\hat{\gamma}$ 连接 $\hat{p}_1$ 和 $\hat{p}_2$, 它的迹路径为 $\gamma=\sigma(\hat{\gamma})$. 又设 $G=\sigma(\hat{F}_{\hat{p}_1})$, 则知 $\sigma(\hat{F}_{\hat{p}_2})=G_1=c^{-1}Gc$, 其中 $c=[\gamma]$. 因此 $\hat{p}_1$ 和 $\hat{p}_2$ 等价的充要条件是

$$G=c^{-1}Gc. \tag{3.2}$$

容易指出, 满足 (3.2) 的路径类组成 F 的一个子群, 并记为 $N(G)$. 显然 G 是 $N(G)$ 的一个正规子群, 并称群 $N(G)$ 是 G 在 F 的间群.

下面我们将指出覆盖变换群 T 与 G 的一个关系. 为此先定义商群的概念:

若 G 是群 H 的子群, 我们能对 H 的元素定义一等价关系如下: 设 $a,b\in H$, $a\sim b$ 当且仅当 $a^{-1}b\in G$. 等价类称为 G 的左旁系, 并记为 aG. 类似地, 可以定义另一等价关系: $a\sim b$ 当且仅当 $ab^{-1}\in G$, 等价类称为 G 的右旁系, 并记为 Ga. 现设 G 是 H 的正规子群, 则有 $aG=Ga, a\in H$. 反之, 如上述关系式成立, 则 G 为 H 的正规子群. 等价类的集合在下述运算下成一群, 即

$$aG\cdot bG=abG=\{ag\cdot bg':g,g'\in G\},$$

① 可参见: Nevanlinna R. 单值化. 陆启铿, 译. 北京: 科学出版社, 1960.

并称它是 H 对 G 的商群, 记为 H/G.

定理 3.4 覆盖变换群 T 同构于间群 $N(G)$ 对 G 的商群, 即 $T \cong N(G)/G$.

证 首先对每一 $\Delta \in T$ 对应一旁系 cG: 设 $\Delta(\hat{p}) = \hat{p}_1, \hat{\gamma}$ 为连接 $\hat{p}$ 和 $\hat{p}_1$ 的路径, $\gamma = \sigma \circ \hat{\gamma}$. 继命 $c = [\gamma]$, 则 $\Delta \longmapsto cG$. 这个对应是一单值映射

$$T \to \{cG : c \in N(G)\} = N(G)/G.$$

事实上, 若 $\hat{\gamma}_1$ 是另一个连接 $\hat{p}$ 和 $\hat{p}_1$ 的路径, 则 $\hat{\gamma}_1^{-1}\hat{\gamma}$ 是由 $\hat{p}$ 出发的闭路径, 由此 $c_1^{-1}c \in G$, 其中 $c_1 = [\sigma \circ \hat{\gamma}_1] = [\gamma_1]$. 因此 $cG = c_1G$.

其次, 映射是一对一的, 并且是满射的. 命 $\Delta \longmapsto cG, \Delta_1 \longmapsto cG$. 设 $\gamma \in c = [\gamma]$, $\hat{\gamma}$ 是 γ 的从 $\hat{p}$ 出发的提升. 根据定义 Δ 映 $\hat{p}$ 为 $\hat{p}_1$, 即 $\hat{p}_1 = \Delta(\hat{p}) = \hat{\gamma}(1)$. 同样地有 $\hat{p}_1 = \Delta_1(\hat{p})$. 由覆盖变换的唯一性定理, 便有 $\Delta_1 = \Delta$. 现设 $c \in N(G), \hat{\gamma}(0) = \hat{p}, \sigma \circ \hat{\gamma} = \gamma \in c = [\gamma]$, 且 $\hat{\gamma}(1) = \hat{p}_1$. 然则 $\sigma(\hat{F}_{\hat{p}}) = c^{-1}Gc = G$. 因此由 $\hat{p}$ 和 $\hat{p}_1$ 等价的充要条件 (3.2) 和定义有一 $\Delta \in T$, 使得 $\Delta(\hat{p}) = \hat{p}_1$. 由此导出 $\Delta \longmapsto cG$.

最后, 我们要指出映射是保持乘法的. 设 $\Delta_1 \longmapsto c_1G, \Delta_2 \longmapsto c_2G$, 此外,

$$\gamma_j \in c_j, \hat{\gamma}_j(0) = \hat{p}, \sigma \circ \hat{\gamma}_j = \gamma_j, \Delta_j(\hat{p}) = \hat{p}_j, \quad j = 1, 2 \text{ (图 5.3)}.$$

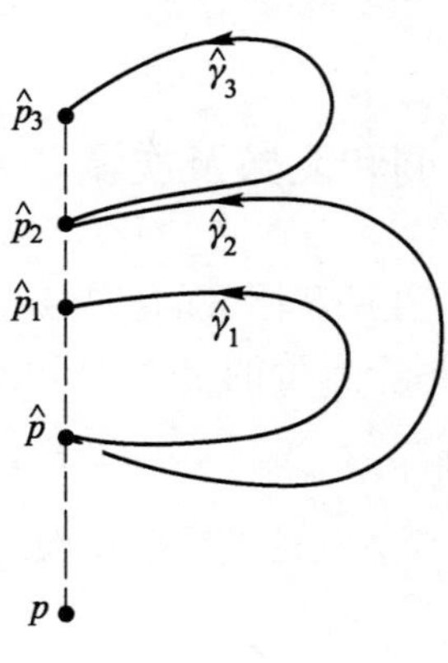

图 5.3

令

$$\Delta = \Delta_1 \circ \Delta_2. \quad \Delta(\hat{p}) = \Delta_2 \circ \Delta_1(\hat{p}) = \hat{p}_3.$$

然后 $\Delta_2 \circ \hat{\gamma}_1 = \hat{\gamma}_3$ 且 $\hat{\gamma}_3(1) = \hat{p}_3$. $\hat{\gamma}_2\hat{\gamma}_3$ 连接 $\hat{p}$ 和 $\hat{p}_3$, 迹是 $\gamma_2\gamma_1 \in c_2c_1$. 由此得 $\Delta \longmapsto c_2c_1G = c_2G \cdot c_1G$. □

推论 若 $G = \{1\}$ 为单位群, 则 $N(G) = F_p$. 由此 $T \cong F_p$, 即万有覆盖曲面的覆盖变换群同构于基曲面的基本群.

第六章 调和函数与 Dirichlet 问题

我们已经知道关于调和函数及 Dirichlet 问题的初步结果. 在本章中, 我们讲述调和函数及次调和函数的一些性质, 研究较一般的平面区域的 Dirichlet 问题, 并且引进 Green 函数和调和测度的概念.

§1 调和函数及次调和函数

1.1 调和函数及其序列 在调和函数的已知定义中, 其出发点是有一阶及二阶连续偏导数的函数. 现引进一个等价的定义, 其出发点只是连续函数. 为此, 先作出下列定义:

定义 1.1 设 $u(z)$ 是区域 G 内的连续实值函数, 如果 $\forall \overline{D(z_0,\rho)}=\{z\big||z-z_0|\leqslant \rho\}\subset G(\rho>0)$, 我们有

$$u(z_0)=\frac{1}{2\pi}\int_0^{2\pi}u(z_0+\rho e^{i\theta})d\theta, \tag{1.1}$$

那么我们说连续函数 $u(z)$ 在 G 内有平均值性质.

我们知道, 在 G 内的调和函数有平均值性质, 而关于调和函数的极值原理正是由这一性质导出的.

定理 1.1 设连续函数 u: 区域 $G\to\mathbb{R}$ 在 G 内有平均值性质, 那么 $u(z)$ 是 G 内的调和函数.

证 $\forall z_0 \in G$, 取 $\overline{D(z_0,\rho)} \subset G$, 并且作 Poisson 积分

$$v(z) = \frac{1}{2\pi}\int_0^{2\pi} u(z_0+\rho e^{i\theta})\frac{(\rho^2-r^2)d\theta}{\rho^2-2\rho r\cos(\theta-\varphi)+r^2}, \tag{1.2}$$

其中

$$z = z_0 + re^{i\varphi}, \quad r \in [0,\rho), \quad \varphi \in [0,2\pi).$$

我们知道 $v(z)$ 是在 $D(z_0,\rho) = \{z||z-z_0|<\rho\}$ 内调和、在 $\overline{D(z_0,\rho)}$ 上连续的函数, 而且在 $\partial D(z_0,\rho)$ 上, $v(z) = u(z)$. 又由假设, $u(z)-v(z)$ 在 $D(z_0,\rho)$ 内有平均值性质, 在 $\overline{D(z_0,\rho)}$ 上连续, 从而在 $\partial D(z_0,\rho)$ 上达到最大及最小值零, 因此在 $D(z_0,\rho)$ 内, $u(z) = v(z)$ 是调和函数. 由于 z_0 是 G 内任一点, 定理证完. □

有了定理 1.1, 可以作出调和函数的等价定义.

定义 1.2 在区域 G 内具有平均值性质的连续实值函数称为调和函数.

由这一定义仍可导出, 调和函数必然有任意阶连续偏导数.

为了研究调和函数的序列, 先证明下列引理:

引理 1.1 设 $u(z)$ 是在 $D(z_0,\rho)$ 内调和、在 $\overline{D(z_0,\rho)}$ 上连续的函数, 其中 $z_0 \in \mathbb{C}, \rho > 0$, 那么 $\forall r \in [0,\rho), \varphi \in \mathbb{R}$, 我们有:

1) $|u(z_0+re^{i\varphi})| \leqslant \dfrac{1}{2\pi}\dfrac{\rho+r}{\rho-r}\displaystyle\int_0^{2\pi}|u(z_0+\rho e^{i\theta})|d\theta$;

2) 当 $u(z_0+\rho e^{i\theta}) \geqslant 0 (\forall\theta \in [0,2\pi))$ 时,

$$\frac{\rho-r}{\rho+r}u(z_0) \leqslant u(z_0+re^{i\varphi}) \leqslant \frac{\rho+r}{\rho-r}u(z_0).$$

证 改写 (1.2) 中的 Poisson 积分如下:

$$u(z_0+re^{i\varphi}) = \frac{1}{2\pi}\int_0^{2\pi} u(z_0+\rho e^{i\theta})\frac{\rho^2-r^2}{|\rho e^{i\theta}-re^{i\varphi}|^2}d\theta. \tag{1.3}$$

由

$$\frac{\rho-r}{\rho+r} \leqslant \frac{\rho^2-r^2}{|\rho e^{i\theta}-re^{i\varphi}|^2} \leqslant \frac{\rho+r}{\rho-r}$$

及 (1.1), 就得到引理 1.1 的结论. □

关于调和函数序列, 有 Harnack 定理; 它与关于解析函数序列的 Weierstrass 定理相类似.

定理 1.2 (Harnack) 设 $\{u_n(z)\}$ 是区域 G 内的调和函数序列.

1) 如果 $\{u_n(z)\}$ 在 G 内任何紧集上一致收敛① 于 $u(z)$, 那么 $u(z)$ 是 G 内的调和函数.

① 即在 G 内 "内闭一致收敛".

2) 如果 $u_1(z) \leqslant z_2(z) \leqslant \cdots \leqslant u_n(z) \leqslant \cdots (\forall z \in G)$, 那么在 G 内任何紧集上, 或者 $\{u_n(z)\}$ 一致收敛, 或者一致地有 $u_n(z) \to \infty$.

证 为了证明 1), 设 $\overline{D(z_0,\rho)} \subset G(\rho > 0)$, 并且在 (1.2) 中把 u 及 v 换成 u_n. 由假设, 在 $\overline{D(z_0,\rho)}$ 上, $u_n(z)$ 一致收敛于 $u(z)$. 于是在积分号下取极限, 即得 (1.3). 因此 $u(z)$ 是在 G 内的调和函数.

为了证明 2), 可以假定 $u_1(z) \geqslant 0$, 因为否则可以用 $\{u_n(z) - u_1(z)\}$ 代替 $\{u_n(z)\}$. 令 $u(z) = \sup\{u_n(z) | n \geqslant 1\}$, 并且取

$$A = \{z | z \in G, u(z) < \infty\},$$
$$B = \{z | z \in G, u(z) = \infty\}.$$

于是 $G = A \bigcup B$, 并且 $A \bigcap B = \varnothing$.

先证 A 及 B 是开集. 设 $z_0 \in G$, 取 $\overline{D(z_0,\rho)} \subset G$, 由引理 1.1 中 2), $\forall z \in D(z_0, \rho/2)$,

$$(1/3)u_n(z_0) \leqslant u_n(z) \leqslant 3u_n(z_0). \tag{1.4}$$

因此, 如果 $z_0 \in A$, 由 (1.4) 中第二个不等式, $D(z_0, \rho/2) \subset A$; 如果 $z_0 \in B$, 由 (1.4) 中第一个不等式, $D(z_0, \rho/2) \subset B$. 于是 A 及 B 都是开集, 从而或者 $A = G$, 或者 $B = G$.

当 $A = G$ 时, 在 (1.4) 中用 $u_n - u_m$ 代替 u_n, 那么 $\forall z \in D(z_0, \rho/2), \forall_m \geqslant n$,

$$0 \leqslant u_n(z) - u_m(z) \leqslant 3(u_n(z_0) - u_m(z_0)),$$

从而 $\{u_n(z)\}$ 在 $D(z_0, \rho/2)$ 中一致收敛. 应用有限覆盖定理, 它在 G 内任何紧集上一致收敛.

当 $B = G$ 时, 由 (1.4) 中第一个不等式, 在 $D(z_0, \rho/2)$ 中 $u_n(z) \to \infty$, 从而在 G 内任何紧集上一致成立. □

1.2 次调和函数 一维 Laplace 方程的形式应当是 $\dfrac{d^2u}{dx^2} = 0$. 此单变数调和函数应当是线性函数 $u = ax + b$, 其中 a 及 b 是实常数. 如果在定义域内任一闭区间的端点处, 函数 $v(x)$ 的值等于一个线性函数的值; 而在区间内部, 它的值不超过这一线性函数的值, 那么 $v(x)$ 称为凸函数.

推广到二维情形, 线性函数、区间及区间端点分别与调和函数、区域及区域的边界相对应. 注意到定义 1.1 及 1.2, 凸函数可以推广如下:

定义 1.3 设 $u(z)$ 是区域 G 内的连续实值函数. 如果 $\forall \overline{D(z_0,\rho)} = \{z || z - z_0| \leqslant \rho\} \subset G(\rho > 0)$, 我们有

$$u(z_0) \leqslant \frac{1}{2\pi}\int_0^{2\pi} u(z_0 + \rho e^{i\theta}) d\theta, \tag{1.5}$$

那么就说 $u(z)$ 是 D 内的次调和函数.

显然, 调和函数也是次调和函数. 这里只考虑连续的次调和函数. 在一般定义中, 次调和函数是上半连续的. 所谓实值函数 $u(z)$ 在 G 内是上半连续的, 即 $\forall z_0 \in G$, $\overline{\lim\limits_{z\to z_0}}\, u(z) \leqslant u(z_0)$. 次调和函数是解 Dirichlet 问题的一种工具. 从定义 1.3 可以推测到这种作用.

次调和函数有下列基本性质:

1) 如果 u 是区域 G 内的次调和函数, 那么 $\forall$ 常数 $k \geqslant 0$, ku 也是 G 内的次调和函数.

2) 如果 u_1 及 u_2 是区域 G 内的次调和函数, 那么 u_1+u_2 及 $u=\max\{u_1,u_2\}$ 也是 G 内的次调和函数.

性质 1) 及 2) 可由定义 1.3 推出.

3) 如果区域 G 内的次调和函数在 G 内一点达到最大值, 那么 u 在 G 内恒等于常数.

证明如下. 设 $u(z)$ 在 $\alpha \in G$ 达到最大值. 令

$$A=\{z|u(z)=u(\alpha), z\in G\}.$$

由于 u 是连续的, A 是 G 内的闭集. $\forall z_0 \in A, \exists \rho > 0$, 使 $D(z_0,\rho) \subset G$. 假定 $\exists \beta \in D(z_0,\rho)$, 使 $u(\beta) \neq u(\alpha)$, 即 $u(\beta) < u(\alpha)$. 设 $\beta = z_0 + \rho_1 e^{i\theta_1}$, 其中 $\rho_1 = |z_0-\beta|, \theta_1 \in [0,2\pi]$. 由于 u 的连续性, $\exists$ 区间 $I \subset [0,2\pi)$, 使 $\theta_1 \in I$, 并且 $\forall \theta \in I$,

$$u(z_0+\rho_1 e^{i\theta}) < u(\alpha) = u(z_0).$$

于是由定义 1.3,

$$u(z_0) \leqslant \frac{1}{2\pi}\int_0^{2\pi} u(z_0+\rho_1 e^{i\theta})d\theta < u(z_0),$$

得一矛盾. 因此 $\forall z \in D(z_0,\rho), u(z)=u(\alpha)$. 因为 G 是连通的, 所以由解析开拓, $\forall z \in G, u(z) = u(\alpha)$. 证完.

我们可以得到次调和函数的一个必要与充分条件, 由此可给出这种函数的另一等价定义.

定理 1.3　设 $u(z)$ 是区域 G 内的连续实值函数, 那么 $u(z)$ 是 G 内次调和函数的充要条件是: $\forall$ 区域 $G_1 \subset G, \forall G_1$ 内调和函数 v, 则 $u-v$ 在 G_1 内满足像次调和函数性质 3) 中那样的极值原理.

证　条件是必要的. 由于 u 及 $-v$ 都是 G_1 内的次调和函数, 由性质 2), $u-v$ 是 G_1 内的次调和函数. 由性质 3), 必要性得证.

条件是充分的. $\forall z_0 \in G, \exists$ 区域 $G_1, \exists \rho > 0$, 使 $\overline{D(z_0,\rho)} \subset G_1 \subset G$. 作函数 $v(z)$, 使其在 $D(z_0,\rho)$ 内调和, 而在其边界上 $u(z)-v(z)=0$. 由假设, $u(z_0)-v(z_0) \leqslant 0$,

从而

$$u(z_0) \leqslant v(z_0) = \frac{1}{2\pi}\int_0^{2\pi} v(z_0+\rho e^{i\theta})d\theta$$
$$= \frac{1}{2\pi}\int_0^{2\pi} u(z_0+\rho e^{i\theta})d\theta.$$

由于 z_0 是 G 内任一点, 充分性得证. □

由定理 1.3 可推出次调和函数的另一性质.

4) 设 u 是在区域 G 内的次调和函数, $\overline{D(z_0,\rho)} \subset G$. 令

$$v(z) = \begin{cases} \dfrac{1}{2\pi}\displaystyle\int_0^{2\pi} \dfrac{u(z_0+\rho e^{i\varphi})d\varphi}{r^2+\rho^2-2\rho r\cos(\varphi-\theta)}, & z = z_0 + re^{i\theta} \in D(z_0,\rho), \\ u(z), & z \in G - D(z_0,\rho), \end{cases}$$

那么 $v(z)$ 也是 G 内的次调和函数.

现证明如下: 我们知道, $v(z)$ 在 G 内连续, $u(z) \leqslant v(z)$, 并且在 $G_1 = D(z_0,\rho)$ 及 $G_2 = G - \bar{G}_1$ 内, $v(z)$ 是次调和函数. 现需证明, 在包含 G_1 的边界的区域 G 内, $v(z)$ 是次调和函数, 我们要应用定理 1.3 证明. $\forall$ 区域 $\widetilde{G} \subset G$, $\forall \widetilde{G}$ 内调和函数 $u_1(z)$. 现讨论两种可能情况:

(a) $\widetilde{G} \subset G_1$ 或 $\widetilde{G} \subset G_2$. 由定理 1.3, 如果 $v-u_1$ 在 $\widetilde{G}$ 内一点达到最大值, 那么 $v-u_1$ 在 $\widetilde{G}$ 内恒等于常数.

(b) $\widetilde{G}\bigcap G_1$ 及 $\widetilde{G}\bigcap G_2 \neq \varnothing$. 如果 $v-u_1$ 在 $\widetilde{G}$ 内达到最大值, 那么它一定在 G_1 的边界上一点 z_1 达到最大值. 这是因为如果 $v-u_1$ 在 $\widetilde{G}\bigcap G_1$ 或 $\widetilde{G}_2\bigcap G_2$ 内达到最大值, 那么由定理 1.3, 它在有关区域内恒等于常数, 从而它一定在 G_1 的边界上一点 z_1 等于这一常数. 这时显然 $u-u_1$ 也在 z_1 达到最大值, 而它在 $\widetilde{G}$ 内恒等于常数. 因此 $\forall z \in \widetilde{G}$,

$$u(z_1) - u_1(z_1) = v(z_1) - u_1(z_1)$$
$$\geqslant v(z) - u_1(z) \geqslant u(z) - u_1(z).$$

由此可见, $v(z) - u_1(z)$ 在 $\widetilde{G}$ 内恒等于常数.

应用定理 1.3, 证完.

§2 Dirichlet 问题与调和测度

2.1 Dirichlet 问题 我们已经知道圆盘及半平面的 Dirichlet 问题的解. 现在研究比较一般区域的 Dirichlet 问题.

设已给区域 G 及其边界 $\partial G=\Gamma$, 并且设 $f:\Gamma_\infty\to\mathbb{R}$ 连续[①]. 所谓 Dirichlet 问题, 就是要求 $u:\bar{G}=G\bigcup\Gamma_\infty\to\mathbb{R}$, 使其在 G 内调和、在 $\bar{G}$ 上连续, 并且 $\forall\zeta\in\Gamma_\infty, u(\zeta)=f(\zeta)$. u 称为有关 Dirichlet 问题的解.

解较一般区域的 Dirichlet 问题比较困难. 应用次调和函数, O. Perron 给出了简单一些的理论, 为了阐述这一理论, 先证明下列引理:

引理 2.1 设 G,Γ 及 f 同上, 并且设上述 Dirichlet 问题有解 $u(z)$. 如果 $v(z)$ 在 G 内次调和, 并且 $\forall\zeta\in\Gamma_\infty$,

$$\varlimsup_{z\to\zeta} v(z)\leqslant f(\zeta)=u(\zeta), \tag{2.1}$$

那么 $\forall z\in G, v(z)\leqslant u(z)$.

证 由 (2.1), $\forall\zeta\in\Gamma_\infty$,

$$\varlimsup_{z\to\zeta}[v(z)-u(z)]\leqslant 0.$$

显然, $v(z)-u(z)$ 也是 G 内的次调和函数. 因此只须在 $f(\zeta)\equiv 0$ 这一特殊情形下证明引理.

由 (2.1) ($f(\zeta)\equiv 0$), $\forall\varepsilon>0,\forall\zeta\in\Gamma_\infty,\exists\zeta$ 的一个邻域 V_ζ, 使得 $\forall z\in G\bigcap V_\zeta, v(z)<\varepsilon$. 于是由最大模原理, $\forall z\in G-\left(\bigcup\limits_{\zeta\in\Gamma}V_\zeta\right), v(z)\leqslant\varepsilon$. 由 ε 的任意性, 可推出 $\forall z\in G, v(z)\leqslant 0$. □

在引理 2.1 中, $u(z)$ 是 G 内的调和函数, 因而也是次调和函数. 于是显然有

$u(z)=\sup\{v(z)|v(z)$ 在 G 内次调和, 并且 $\forall\zeta\in\Gamma_\infty$,

$$\varlimsup_{z\to\zeta} v(z)\leqslant f(\zeta)\xi\}.$$

这就是说, 如果有关 Dirichlet 问题有解 $u(z)$, 那么 $u(z)$ 可以用一些次调和函数的上确界表示出来. 这一结果给出了解一般 Dirichlet 问题的线索, 现引进下列定义:

定义 2.1 设 G,Γ 及 f 同上. 函数族 $\{v(z)|v(z)$ 在 G 内次调和, 并且 $\forall\zeta\in\Gamma_\infty,\varlimsup\limits_{z\to\zeta}v(z)\leqslant f(\zeta)\}$ 称为关于 G 及 f 的 Perron 族, 记作 $\mathscr{P}(f,G)$.

我们有下列引理:

① 这就是说, 如果 Γ 无界, 那么

$$f(\zeta)=\begin{cases} f(\zeta), & \zeta\in\Gamma,\\ \lim\limits_{\zeta_1\to\infty} f(\zeta_1), & \zeta=\infty,\zeta_1\in\Gamma\end{cases}$$

在 $\Gamma_\infty=\Gamma\bigcup\{\infty\}$ 上连续. 关于连续性的假设可以放宽; 例如可以设 f 在 Γ_∞ 上有有限个间断点.

引理 2.2 设 G, Γ 及 f 同上, 那么

$$u(z)=\sup\{v(z)|v\in\mathscr{P}(f,G)\}$$

在 G 内调和.

证 由假设, $\exists$ 有限正数 M, 使得 $\forall\zeta\in\Gamma_\infty, |f(\zeta)|\leqslant M$. 于是由引理 2.1, $\forall z\in G, \forall v(z)\in\mathscr{P}(f,G), v(z)\leqslant M$.

我们只须证明: 在 G 中任何圆盘内, $u(z)$ 是调和函数.

考虑任一圆盘 $D\subset G$ 以及 $z_0\in D$. 于是 $\exists\{v_n\}\subset\mathscr{P}(f,G)$, 使得 $\lim\limits_{n\to\infty}v_n(z_0)=u(z_0)$. 令

$$\varphi_n=\max(v_1,v_2,\cdots,v_n),$$

那么不减函数序列 $\{\varphi_n\}\subset\mathscr{P}(f,G)$, 作 G 内的连续函数 $\varphi_n^*(z)$, 使得它在 D 内调和, 在 $G-D$ 内等于 $\varphi_n(z)(n=1,2,\cdots)$. 由次调和函数的性质 4), 不减函数序列 $\{\varphi_n^*\}\subset\mathscr{P}(f,G)$. 我们显然有

$$v_n(z_0)\leqslant\varphi_n(z_0)\leqslant\varphi_n^*(z_0)\leqslant u(z_0).$$

因此

$$\lim_{n\to\infty}\varphi_n^*(z_0)=u(z_0). \tag{2.2}$$

由定理 1.2, $\{\varphi_n^*\}$ 在 D 内收敛于一调和函数 $u^*(z)$. 由 (2.2), $u^*(z_0)=u(z_0)$.

现在证明: $\forall z_1(\neq z_0)\in D, u(z_1)=u^*(z_1)$. 选取 $\{w_n\}\subset\mathscr{P}(f,G)$, 使得 $\lim\limits_{n\to\infty}w_n(z_1)=u(z_1)$. 令

$$\psi_n=\max\{v_1,w_1,v_2,w_2,\cdots,v_n,w_n\},$$

那么不减序列 $\{\varphi_n\}\subset\mathscr{P}(f,G)$. 作 G 内的连续函数 $\psi_n^*(z)$, 使它在 D 内调和、在 $G-D$ 内等于 $\psi_n(z)$. 于是不减序列 $\{\psi_n^*\}\subset\mathscr{P}(f,G)$. 我们有

$$w_n(z_1)\leqslant\psi_n(z_1)\leqslant\psi_n^*(z_1)\leqslant u(z_1),$$

从而

$$\lim_{n\to\infty}\psi_n^*(z_1)=u(z_1).$$

由定理 2.1, $\{\psi_n^*\}$ 在 D 内收敛于一调和函数 $u_1^*(z)$. 由于 $\varphi_n^*\leqslant\psi_n^*\leqslant u$, 我们有 $u^*\leqslant u_1^*\leqslant u$. 在 D 内的调和函数 $u^*-u_1^*(\leqslant 0)$ 在 z_0 达到最大值零. 于是 $\forall z\in D, u^*(z)=u_1^*(z)$; 特别地, $u^*(z_1)=u_1^*(z_1)=u(z_1)$. □

在引理 2.2 中, 如果已给 Dirichlet 问题有解 $U(z)$, 那么必然有: $\forall z\in G, u(z)=U(z)$. 这是因为由 $U\in\mathscr{P}(f,G)$ 可推出 $U\leqslant u$; 反之, 由极值原理, $\forall v\in\mathscr{P}(f,G), v\leqslant U$, 从而 $u\leqslant U$.

但是一般说来, 已给 Dirichlet 问题不一定有解. 现举例如下:

例 2.1 设 $G=\{z|0<|z|<1\}, T=\{z||z|=1\}$; 于是 $\partial G=T\bigcup\{0\}$. 令

$$f(\zeta)=\begin{cases}0, & \zeta\in T,\\ 1, & \zeta=0.\end{cases}$$

下段中证明: 如果 $v\in\mathscr{P}(f,G)$, 那么 $\forall z\in G, v(z)\leqslant 0$. 有了这一结果, 于是 $\forall z\in G$, 引理 2.2 中所定义的 $u(z)=0$. 因此 $u(z)$ 不是有关 Dirichlet 问题的解. 如上所述, 如果这问题有解, 它的解必然就是 $u(z)$, 从而这问题无解.

$\forall\varepsilon\in(0,1)$, 令

$$\varphi_\varepsilon(z)=\ln|z|/\ln\varepsilon,$$

那么 $\varphi_\varepsilon(z)$ 在 G 内调和, 大于零, 而且

$$\varphi_\varepsilon(z)=\begin{cases}1, & |z|=\varepsilon,\\ 0, & z\in T.\end{cases}$$

如果 $v\in\mathscr{P}(f,G)$, 那么由于 $|f|\leqslant 1$, 我们有: $\forall z\in G, |v(z)|\leqslant 1$.

考虑区域 $G_\varepsilon=\{z|\varepsilon<|z|<1\}$. 显然, $\forall\zeta\in\partial G_\varepsilon, \varlimsup\limits_{z\to\zeta}v(z)\leqslant\varphi_\varepsilon(\zeta)$. 于是由引理 2.1, $\forall z\in G_\varepsilon, v(z)\leqslant\varphi_\varepsilon(z)$.

$\forall z_0\in G, \forall\varepsilon\in(0,|z_0|)$, 我们有 $v(z_0)\leqslant\varphi_\varepsilon(z_0)$, 从而

$$v(z_0)\leqslant\lim_{\varepsilon\to 0}\varphi_\varepsilon(z_0)=0.$$

证完.

为了研究对于怎样的区域 Dirichlet 问题有解, 先证明下列引理:

引理 2.3 设 $G, \varGamma$ 及 f 同上. 设 $\omega:\bar{G}\to\mathbb{R}$ 在 G 内调和, 在 $\bar{G}$ 上连续, 而且

$$\omega(\zeta)\begin{cases}=0, & \zeta=\zeta_0\in\varGamma_\infty,\\ >0, & \zeta\in\varGamma_\infty\backslash\{\zeta_0\},\end{cases}$$

那么

$$\lim_{z\to\zeta_0}u(z)=f(\zeta_0),$$

其中

$$u=\sup\{v|v\in\mathscr{P}(f,G)\}.$$

证 只须证明: $\forall\varepsilon>0$,

$$f(\zeta_0)-\varepsilon\leqslant\varliminf_{z\to\zeta_0}u(z)\leqslant\varlimsup_{z\to\zeta_0}u(z)\leqslant f(\zeta_0)+\varepsilon.$$

$\forall \varepsilon > 0$, $\exists \zeta_0$ 的一个邻域 $V(\varepsilon)$, 使得 $\forall \zeta \in \Gamma_\infty \bigcap V(\varepsilon), |f(\zeta) - f(\zeta_0)| < \varepsilon$. $V(\varepsilon)$ 可取得充分小, 使得 $\forall z \in G \bigcap \partial V(\varepsilon), \omega(z) > 0$. 于是在 $G \backslash V(\varepsilon)$ 中, $\omega(z)$ 有下确界 $\omega_0 > 0$. 令

$$M = \sup\{|f(\zeta)| | \zeta \in \Gamma_\infty\}.$$

考虑在 G 内调和、在 $\bar{G}$ 上连续的函数

$$\varphi(z) = f(\zeta_0) + \varepsilon + \frac{\omega(z)}{\omega_0}(M - f(\zeta_0)).$$

$\forall \zeta \in \Gamma_\infty \bigcap V(\varepsilon)$,

$$\varphi(\zeta) \geqslant f(\zeta_0) + \varepsilon > f(\zeta);$$

$\forall \zeta \in \Gamma_\infty \backslash V(\varepsilon)$,

$$\varphi(\zeta) \geqslant f(\zeta_0) + \varepsilon + M - f(\zeta_0) = M + \varepsilon > f(\zeta).$$

因此 $\forall v \in \mathscr{P}(f, G), \forall \zeta \in \Gamma_\infty$,

$$\overline{\lim_{z \to \zeta}} v(z) \leqslant \varphi(\zeta),$$

从而由引理 2.1, $\forall z \in G, v(z) \leqslant \varphi(z)$, 于是 $u(z) \leqslant \varphi(z)$. 由此得

$$\overline{\lim_{z \to \zeta_0}} u(z) \leqslant \varphi(\zeta_0) = f(\zeta_0) + \varepsilon. \tag{2.3}$$

其次, 考虑 G 内调和、$\bar{G}$ 上连续的函数

$$\psi(z) = f(\zeta_0) - \varepsilon - \frac{\omega(z)}{\omega_0}(M + f(\zeta_0)).$$

$\forall \zeta \in \Gamma_\infty \bigcap V(\varepsilon)$,

$$\psi(\zeta) \leqslant f(\zeta_0) - \varepsilon < f(\zeta);$$

$\forall \zeta \in \Gamma_\infty \backslash V(\varepsilon)$,

$$\psi(\zeta) \leqslant f(\zeta_0) - \varepsilon - M - f(\zeta_0) = -M - \varepsilon < f(\zeta).$$

因此 $\psi \in \mathscr{P}(f, G)$. 于是由引理 2.1, $\forall z \in G, u(z) \geqslant \psi(z)$, 从而

$$\underline{\lim_{z \to \zeta_0}} u(z) \geqslant \psi(\zeta_0) = f(\zeta_0) - \varepsilon. \tag{2.4}$$

结合 (2.3) 及 (2.4), 证完. □

引理 2.3 中的函数 $\omega(z)$ 称为在点 ζ_0 的闸. 显然, 如果在某一区域的每个边界点有闸, 那么有关 Dirichlet 问题有解. 我们可以给出 Dirichlet 问题有解的充要条件. 然而这种条件不便检验, 因此在这里只给出可以广泛应用的一个充分条件.

定理 2.1 设 G,Γ 及 f 同上. 如果 $\forall\zeta_0\in\Gamma_\infty$, $\exists G$ 的一个外点 $\zeta_1\neq\infty$, 使得除去 ζ_0 外, ζ_0 及 ζ_1 的联线上所有点都是 G 的外点, 那么关于区域 G 及 f 的 Dirichlet 问题有解.

证 设 $\zeta_0\neq\infty$, 适当选取 $\alpha\in\mathbb{R}$,

$$w=e^{-i\alpha}\sqrt{\frac{z-\zeta_0}{z-\zeta_1}}$$

的一个分支把 ζ_0 及 ζ_1 的联线所割成的区域映射成上半平面. 于是与该分支相对应的函数

$$\omega(z)=\operatorname{Im}\left(e^{-i\alpha}\sqrt{\frac{z-\zeta_0}{z-\zeta_1}}\right)$$

在 G 内调和, 在 $\bar{G}$ 上连续, 而且

$$\omega(\zeta)\begin{cases}=0, & \zeta=\zeta_0,\\ >0, & \zeta\in\Gamma_\infty\backslash\{\zeta_0\}.\end{cases}$$

因而 $\omega(\zeta)$ 是在 ζ_0 的闸.

当 $\zeta_0=\infty\in\Gamma_\infty$ 时, 适当选取 $\alpha\in\mathbb{R}$ 及有关多值函数的分支, 那么

$$\omega(z)=\operatorname{Im}\left(e^{-i\alpha}\frac{1}{\sqrt{z-\zeta_1}}\right)$$

是在 $\zeta_0=\infty$ 的闸.

由引理 2.3, 证完. □

推论 2.1 设 G 及其余集有相同的边界 Γ, 而 Γ 是由有限条分段光滑简单闭曲线组成, 那么区域 G 的 Dirichlet 问题有解.

2.2 Green 函数 在本段中, 我们引进对复分析及微分方程都有重要应用的 Green 函数.

定义 2.2 设已给区域 G 及其边界 $\Gamma, z_0\in G$, 并且设区域 G 的 Dirichlet 问题有解. 设 $g_1(z,z_0)$ 是在 G 内调和、在 $\bar{G}$ 上连续的函数, 并且 $\forall\zeta\in\Gamma, g_1(\zeta,z_0)=\ln|\zeta-z_0|$, 那么 $g(z,z_0)=g_1(z,z_0)-\ln|z-z_0|$ 称为区域 G 内奇点在 z_0 的 Green 函数.

Green 函数 $g(z,z_0)$ 有下列性质:

1) $g(z,z_0)$ 在 $G\backslash\{z_0\}$ 内调和.

2) $g(z,z_0)+\ln|z-z_0|$ 在 z_0 的一个邻域内调和.

3) $\forall\zeta\in\Gamma, g(\zeta,z_0)=0$.

4) $\forall z_0\in G, g(z,z_0)$ 是唯一的.

5) $\forall z\in G\backslash\{z_0\}, g(z,z_0)>0$.

1), 2) 及 3) 是明显的. 为了证明 4), 假定 $h(z,z_0)$ 是 G 内奇点在 z_0 的 Green 函数. 于是由 2), $h(z,z_0)-g(z,z_0)$ 在 G 内调和; 由 3), 它在 Γ 上为零. 由极值原理, $\forall z\in\bar{G}\backslash\{z_0\}, h(z,z_0)=g(z,z_0)$.

现在证明 5). 注意 $g(z,z_0)$ 满足 1) 及 3), 并且由 2),

$$\lim_{z\to z_0} g(z,z_0)=+\infty.$$

$\forall z^*\in G\backslash\{z_0\}, \exists\varepsilon>0$, 使得 $D(z_0,\varepsilon)$ 的边界及其内部都在 G 内, $z^*\in\Gamma$ 及 $D(z_0,\varepsilon)$ 间所围成的区域, 而且 $\forall z\in D(z_0,\varepsilon), g(z,z_0)>0$; 而 $\forall\zeta\in\Gamma, g(\zeta,z_0)=0$. 于是由极值原理, $g(z^*,z_0)>0$.

现在就比较简单的情况进一步探讨 Green 函数的性质. 先证明下列引理:

引理 2.4 设有界区域 G, 其边界 Γ 由有限条分段光滑简单闭曲线所组成. 设函数 u 及 v 在 G 内调和、在 $\bar{G}$ 上有连续的二阶偏导数, 那么

$$\int_\Gamma\left(u\frac{dv}{dn}-v\frac{du}{dn}\right)ds=0, \tag{2.5}$$

这里 $\dfrac{d}{dn}$ 表示沿 Γ 的内法线 (即指向 G 的内部的法线) 所取的导数, ds 表示 Γ 上的弧长元素, 线积分是沿 Γ 关于 G 的正向取的.

证 由 Green 公式,

$$\begin{aligned}&\iint\limits_D\left(\frac{\partial}{\partial x}\left(v\frac{\partial u}{\partial x}-u\frac{\partial v}{\partial x}\right)-\frac{\partial}{\partial y}\left(u\frac{\partial v}{\partial y}-v\frac{\partial u}{\partial y}\right)\right)dxdy\\ =&\int_\Gamma\left(u\frac{\partial v}{\partial y}-v\frac{\partial u}{\partial y}\right)dx+\left(v\frac{\partial u}{\partial x}-u\frac{\partial v}{\partial x}\right)dy,\end{aligned}$$

这里线积分的取向同上. 于是

$$\begin{aligned}0&=\iint\limits_G\left(v\left(\frac{\partial^2 u}{\partial x^2}+\frac{\partial^2 u}{\partial y^2}\right)-u\left(\frac{\partial^2 v}{\partial x^2}+\frac{\partial^2 v}{\partial y^2}\right)\right)dxdy\\ &=\int_\Gamma\left(u\left(\frac{\partial v}{\partial y}\frac{dx}{ds}-\frac{\partial v}{\partial x}\frac{dy}{ds}\right)+v\left(\frac{\partial u}{\partial x}\frac{dy}{ds}-\frac{\partial u}{\partial y}\frac{dx}{ds}\right)\right)ds.\end{aligned} \tag{2.6}$$

设在 Γ 上一点 $z=x+iy$ 沿其正向的切线的倾角是 θ, 那么在这点的内法线的倾角是 $\theta+\dfrac{\pi}{2}$. 因此

$$\frac{dx}{ds}=\cos\theta,\quad \frac{dy}{ds}=\sin\theta,$$

$$\frac{dx}{dn}=\cos\left(\theta+\frac{\pi}{2}\right)=-\frac{dy}{ds},\quad \frac{dy}{dn}=\sin\left(\theta+\frac{\pi}{2}\right)=\frac{dx}{ds}.$$

于是

$$\frac{du}{dn}=-\frac{\partial u}{\partial x}\frac{dy}{ds}+\frac{\partial u}{\partial y}\frac{dx}{ds},\quad \frac{dv}{dn}=-\frac{\partial v}{\partial x}\frac{dy}{ds}+\frac{\partial v}{\partial y}\frac{dx}{ds}.$$

代入 (2.6), 我们就得到 (2.5). □

引理 2.5 设 G, Γ 及 u 与引理 2.4 中相同. 设 $z_0 \in G, g(z,z_0)$ 是 G 内奇点在 z_0 的 Green 函数, 并且它在 $\bar{G}$ 上有连续二阶偏导数, 那么

$$u(z_0) = \frac{1}{2\pi}\int_\Gamma u(z)\frac{dg(z,z_0)}{dn}ds, \tag{2.7}$$

其中 $\dfrac{d}{dn}$ 的意义及沿 Γ 的线积分的方向与引理 2.4 中相同.

证 取 $\varepsilon(>0)$ 充分小, 使得 $C_\varepsilon = \partial D(z_0,\varepsilon) = \{z||z-z_0|=\varepsilon\}$ 及其内部在 G 内. 由引理 2.4, 我们有

$$\int_\Gamma \left(u\frac{dg}{dn} - g\frac{du}{dn}\right)ds = \int_{C_\varepsilon}\left(u\frac{dg}{dn} - g\frac{du}{dn}\right)ds, \tag{2.8}$$

这里的线积分分别是沿 Γ 关于 G 的正向及沿 C_ε 按反时针方向取的; 相应地, 左边的 $\dfrac{d}{dn}$ 表示沿 Γ 的内法线所取的导数, 而右边的 $\dfrac{d}{dn}$ 表示沿 C_ε 的指向 z_0 的法线取的导数.

显然, (2.8) 的左边是

$$\int_\Gamma u\frac{dg}{dn}ds. \tag{2.9}$$

设 $g(z,z_0) = -\ln|z-z_0| + g_1(z,z_0)$. 于是 (2.8) 的右边是

$$\begin{aligned}
&\int_{C_\varepsilon}\left(u\left(\frac{1}{\varepsilon}+\frac{dg_1}{dn}\right) - (-\ln\varepsilon + g_1)\frac{du}{dn}\right)ds \\
&= \int_0^{2\pi} u(z_0+\varepsilon e^{i\theta})d\theta + \varepsilon\ln\varepsilon\int_0^{2\pi}\left.\frac{du}{dn}\right|_{z=z_0+\varepsilon e^{i\theta}}d\theta \\
&\quad + \int_{C_\varepsilon}\left(u\frac{dg_1}{dn} - g_1\frac{du}{dn}\right)ds \\
&= 2\pi u(\zeta_0) + \varepsilon\ln\varepsilon\int_0^{2\pi}\left.\frac{du}{dn}\right|_{z=z_0+\varepsilon e^{i\theta}}d\theta.
\end{aligned}$$

当 ε 变动时, $\left.\dfrac{du}{dn}\right|_{z=z_0+\varepsilon e^{i\theta}}$ 有界. 把 (2.9) 及上式分别代入 (2.8) 的左边和右边. 然后令 $\varepsilon \to 0$, 我们就得到 (2.7). □

(2.7) 表明, 区域 G 内的调和函数可以用函数的边界值以及 G 内的 Green 函数表示出来. 解圆盘的 Dirichlet 问题的 Poisson 积分就是 (2.7) 型的积分. (2.7) 可推广到比较一般的区域 G 及边界 Γ.

现在证明上述区域 G 中 Green 函数的另一重要性质. 对于比较一般的区域, 这性质仍然成立:

6) 设 $g(z,z_0)$ 及 $g(z,z_1)$ 分别是区域 G 内奇点在任意不同两点 z_0 及 z_1 的 Green 函数, 那么

$$g(z_1,z_0) = g(z_0,z_1). \tag{2.10}$$

证 取 $\varepsilon(>0)$ 充分小, 使 $C_k(\varepsilon)=\partial D(z_k,\varepsilon)=\{z\big||z-z_k|=\varepsilon\}(k=0,1)$ 及其内部都在 G 内, 并且使以 $C_k(\varepsilon)$ 为边界的两闭圆盘无公共点. 由引理 2.4,

$$\left(\int_{\Gamma}-\int_{C_0(\varepsilon)}-\int_{C_1(\varepsilon)}\right)\left(g(z,z_0)\frac{dg(z,z_1)}{dn}-g(z,z_1)\frac{dg(z,z_0)}{dn}\right)ds=0, \tag{2.11}$$

在这里线积分分别是按边界 Γ 关于 G 的正向及沿 $C_k(\varepsilon)$ 按反时针方向取的; 相应地, $\dfrac{d}{dn}$ 分别表示沿 Γ 的内法线及沿 $C_k(\varepsilon)$ 指向 z_k 的法线所取导数. 在 (2.11) 中, 沿 Γ 的积分为零. 现在求

$$\left(\int_{C_0(\varepsilon)}+\int_{C_1(\varepsilon)}\right)g(z,z_0)\frac{dg(z,z_1)}{dn}ds. \tag{2.12}$$

设

$$g(z,z_k)=-\ln|z-z_k|+g_1(z,z_k),\quad k=0,1.$$

显然, 当 ε 充分小时, $g_1(z,z_0)$ 及 $\dfrac{dg(z,z_1)}{dn}$ 在 $C_0(\varepsilon)$ 上有界; $g(z,z_0)$ 及 $\dfrac{dg_1(z,z_1)}{dn}$ 在 $C_1(\varepsilon)$ 上有界. 于是 (2.12) 中第一个积分是

$$\begin{aligned}\int_{C_0(\varepsilon)}&=\varepsilon\int_0^{2\pi}(-\ln\varepsilon+g_1(z,z_0))\frac{dg(z,z_1)}{dn}\Big|_{z=z_0+\varepsilon e^{i\theta}}d\theta\\&\to 0\quad(\varepsilon\to 0);\end{aligned}\tag{2.13}$$

第二个积分是

$$\begin{aligned}\int_{C_1(\varepsilon)}&=\varepsilon\int_0^{2\pi}g(z,z_0)\left(\frac{1}{\varepsilon}+\frac{dg_1(z,z_1)}{dn}\right)\Big|_{z=z_0+\varepsilon e^{i\theta}}d\theta\\&\to 2\pi g(z_1,z_0)\quad(\varepsilon\to 0).\end{aligned}\tag{2.14}$$

关于 (2.11) 中 $g(z,z_1)\dfrac{dg(z,z_0)}{dn}$ 的积分, 也有类似结果. 把 (2.13), (2.14) 以及类似结果代入 (2.11), 并且令 $\varepsilon\to 0$, 我们就得到 $-2\pi g(z_1,z_0)+2\pi g(z_0,g_1)=0$. □

2.3 调和测度 现在引进在复分析中有重要应用的调和测度.

定义 2.3 设已给区域 G 及边界 Γ, 并且设 G 的 Dirichlet 问题有解. 设 Γ 的子集 E 由有限条弧段组成①, 设 $\omega(z,E,G)$ 是以函数

$$f(\zeta)=\begin{cases}1, & \zeta\in E,\\0, & \zeta\in\Gamma\backslash E\end{cases}$$

为边值的 G 中 Dirichlet 问题的解, 即 $\omega(z,E,G)$ 在 G 内调和, 并且 $\forall f$ 的连续点 ζ,

$$\lim_{z\to\zeta}\omega(z,E,G)=f(\zeta).$$

① 这条件可以放宽.

那么 $\omega(z,E,G)$ 称为集 E 对于区域 G 在点 z 的调和测度①.

根据这一定义, 调和测度有下列性质:

1) $\forall z\in G, 0\leqslant\omega(z,E,G)\leqslant 1$.

2) 设 E_1 及 E_2 都是由 Γ 上有限条弧组成, 并且 $E_1\bigcap E_2=\varnothing$. 那么

$$\omega(z,E_1\bigcup E_2,G)=\omega(z,E_1,G)+\omega(z,E_2,G).$$

3) 设 $w(z)$ 把区域 G 单叶保形映射成区域 G',G 及 G' 的边界 Γ 及 Γ' 相对应, 而且 Γ 上的集 E (有限条弧组成) 映射成 Γ' 上的集 E'. 那么

$$\omega(z,E,G)=\omega(w(z),E',G'),$$

只要这两调和测度存在.

4) 设区域 G 及 G' 的边界上分别有由有限条弧组成的集 E 及 E'. 如果 $G\subset G', E\subset E'$, 那么 $\forall z\in G$,

$$\omega(z,E,G)\leqslant\omega(z,E',G'),$$

只要这两调和测度存在.

由调和函数的极值原理可推出 1). 由调和测度的定义可推出 2). 由函数的调和性在保形映射下不变可推出 3). 4) 也可由调和函数的极值原理推出. 设 Γ 是 G 的边界. G 内调和函数 $\omega(z,E',G')-\omega(z,E,G)$ 满足

$$\omega(\zeta,E',G')-\omega(\zeta,E,G)\begin{cases}=0, & \zeta\in E,\\ \geqslant 0, & \zeta\in\Gamma\backslash E.\end{cases}$$

由此可得 4) 中结论.

现举出调和测度函数的两个实例.

例 2.2 设 $G=\{z|\operatorname{Im}z>0\},\Gamma=\{z|\operatorname{Im}z=0\},E=(\alpha,\beta)$, 其中 α 及 $\beta\in\mathbb{R}$. 那么

$$\omega(z,E,G)=\frac{1}{\pi}\left(\arctan\frac{\beta-x}{y}-\arctan\frac{\alpha-x}{y}\right)^{②},$$

其中 $z=x+iy, y>0$.

例 2.3 设 $G=\{z|\operatorname{Re}z,|z|<1\},E=(-1,1)$. 求 $\omega(z,E,G)$.

映射

$$w=\frac{1+z}{1-z}$$

① 参阅 §2 的底注. 事实上, 定理 2.1 对 f 有有限个间断点情形仍成立.

② 参见: 余家荣. 复变函数. 北京: 人民教育出版社, 1979: 198.

把 G 映射成 w 平面上的第一象限

$$G' = \left\{ w | 0 < \arg w < \frac{\pi}{2} \right\},$$

把 $(-1,1)$ 映射成正半实轴 E'. 显然

$$\omega(w, E', G') = 1 - \frac{\pi}{2} \arg w.$$

由 3),

$$\omega(z, E, G) = 1 - \frac{2}{\pi} \arg \frac{1+z}{1-z},$$

其中辐角应当取 $z \in (-1,1)$ 时为零的一支.

调和测度是具有特殊边值的 Dirichlet 问题的解. 然而利用它可写出具有较一般边值的 Dirichlet 问题的解.

设 G 是以分段光滑简单闭曲线 Γ 为边界的有界闭区域. 设 $f : \Gamma \to \mathbb{R}$ 连续, 并且 $u(z)$ 是有关 Dirichlet 问题的解.

$\forall \varepsilon > 0, \exists \delta > 0$, 只要 $\zeta, \zeta' \in \Gamma$, 并且 $|\zeta - \zeta'| < \delta$, 就有 $|f(\zeta) - f(\zeta')| < \varepsilon$.

在 Γ 上按反时针方向依序取有限个点 $\zeta_1, \zeta_2, \cdots, \zeta_n$, 使 $|\zeta_{k+1} - \zeta_k| < \delta$; 把 ζ_k 及 ζ_{k+1} 之间 Γ 上的弧依序记作 $\Gamma_k (k = 1, 2, \cdots, n; \zeta_{n+1} = \zeta_1)$.

因为 $\forall \zeta \in \Gamma, \sum_{k=1}^{n} \omega(\zeta, \Gamma_k, G) = 1$, 所以 $\forall z \in G \bigcup \Gamma, \sum_{k=1}^{n} \omega(z, \Gamma_k, G) = 1$, 从而 $u(z) = \sum_{k=1}^{n} u(z) \omega(\zeta, \Gamma_k, G)$.

$\forall \xi_k \in \Gamma_k$, 作和式

$$u^*(z) = \sum_{k=1}^{n} f(\xi_k) \omega(z, \Gamma_k, G).$$

我们有: $\forall \zeta \in \Gamma$,

$$u(\zeta) - u^*(\zeta) = \sum_{k=1}^{n} (f(\zeta) - f(\xi_k)) \omega(\zeta, \Gamma_k, G),$$

于是

$$|u(\zeta) - u^*(\zeta)| < \varepsilon.$$

由调和函数的极值原理, $\forall z \in G \bigcup \Gamma$,

$$|u(z) - u^*(z)| < \varepsilon,$$

这就是说,

$$\lim_{\max |\zeta_{k+1} - \zeta_k| \to 0} u^*(z) = u(z).$$

因此 $u(z)$ 可写成下列形式:

$$u(z)=\int_{\Gamma} f(\zeta)\omega(z,d\zeta,G). \tag{2.15}$$

特别地, 当 E 是由 Γ 上有限条弧组成, 并且取

$$f(\zeta)=\begin{cases}1, & \zeta\in E,\\ 0, & \zeta\in\Gamma\backslash E\end{cases}$$

时, 由 (2.15)

$$\omega(z,E,G)=\int_{E}\omega(z,d\zeta,G).$$

最后举出调和测度的一个应用.

定理 2.2 设有界区域 G, 其边界 Γ 及 Γ 的子集 E 同上. 设 $f(z)$ 在 $\bar{G}$ 上解析, 并且

$$|f(z)|\begin{cases}\leqslant M_1, & z\in E,\\ \leqslant M_2, & z\in\Gamma\backslash E,\end{cases}$$

其中 M_1 及 M_2 是有限正数, 那么 $\forall z\in\bar{G}$,

$$\ln|f(z)|\leqslant\omega(z,E,G)\ln M_1+(1-\omega(z,E,G))\ln M_2. \tag{2.16}$$

证 $\forall\zeta\in\Gamma,\omega(\zeta,E,G)+\omega(\zeta,\Gamma\backslash E,G)=1$, 因此 $\forall z\in\bar{G}$,

$$\omega(z,\Gamma\backslash E,G)=1-\omega(z,E,G).$$

令 $A=\{z|f(z)=0,z\in G\}$, 那么函数

$$u(z)=\ln|f(z)|-\omega(z,E,G)\ln M_1-\omega(z,\Gamma\backslash E,G)\ln M_2$$

在 $G\backslash A$ 内调和. $\forall\zeta\in\Gamma,\overline{\lim\limits_{z\to\zeta}}\,u(z)\leqslant 0;\forall\zeta\in A,\lim\limits_{z\to\zeta}u(z)=-\infty$. 因此, 由调和函数的极值原理, $\forall z\in\bar{G},u(z)\leqslant 0$. □

由定理 2.2 可导出 Hadamard 三圆定理, 设 $f(z)$ 在 $\{z|r_1\leqslant|z|\leqslant r_2\}(r_1,r_2\in\mathbb{R})$ 上解析. $\forall r\in[r_1,r_2]$, 令

$$M(r)=\max_{|z|=r}|f(z)|.$$

令 $G=\{z|r_1<|z|<r_2\},\Gamma=E_1\bigcup E_2$, 其中 $E_k=\{z||z|=r_k\}(k=1,2)$. 我们有: $\forall z\in\bar{G}$,

$$\omega(z,E_1,G)=\frac{\ln|z|-\ln r_2}{\ln r_1-\ln r_2}.$$

由定理 2.2, $\forall z \in \bar{G}$,

$$\ln|f(z)| \leqslant \frac{\ln r_2 - \ln|z|}{\ln r_2 - \ln r_1}\ln M(r_1) + \frac{\ln|z| - \ln r_1}{\ln r_2 - \ln r_1}\ln M(r_2),$$

从而 $\forall r \in [r_1, r_2]$,

$$\ln M(r) \leqslant \frac{\ln r_2 - \ln r}{\ln r_2 - \ln r_1}\ln M(r_1) + \frac{\ln r - \ln r_1}{\ln r_2 - \ln r_1}\ln M(r_2).$$

第七章 Γ 函数和 B 函数

§1 Γ 函数

1.1 Γ(z) 的积分定义 在数学分析中, 我们早已定义过

$$\Gamma(x)=\int_0^{+\infty}e^{-t}t^{x-1}dt,\quad x>0,\tag{1.1}$$

它称作 Γ (Gamma) 函数. 它对一切 $x>0$ 连续, 且任意阶可微, 并可在积分号下求导数. 它有递推公式

$$\Gamma(x+1)=x\Gamma(x),\quad x>0,\tag{1.2}$$

因而是阶乘 $n!$ 的推广:

$$\Gamma(n+1)=n!,\quad n=0,1,2,\cdots\tag{1.3}$$

在本章中, 我们将把 Γ 函数的自变量推广到复数 z, 使它成为 z 的亚纯函数, 并讨论它的一些性质.

首先, 在 (1.1) 中, 把 x 改为复变量 z, 而定义

$$\Gamma(z)=\int_0^{+\infty}e^{-t}t^{z-1}dt,\quad \operatorname{Re}z>0,\tag{1.4}$$

这里 t^{z-1} 理解为 $\exp\{(z-1)\ln t\}$(以后恒用 $\ln t$ 表示对数取实值). 在右半平面 $D:x=\operatorname{Re}z>0$ 中, 由于

$$|e^{-t}t^{z-1}|=e^{-t}t^{x-1},$$

所以 (1.4) 右端的积分在 D 中绝对、内闭一致收敛, 因而 $\Gamma(z)$ 在 D 中连续. 此外, 它还可以在积分号下求导数:

$$\Gamma'(z) = \int_0^{+\infty} \ln t \cdot e^{-t} t^{z-1} dt, \quad \mathrm{Re}\, z > 0,$$

这是因为

$$|\ln t \cdot e^{-t} t^{z-1}| = |\ln t| e^{-t} t^{x-1}, \quad x > 0,$$

而易证

$$\int_0^{+\infty} |\ln t| e^{-t} t^{x-1} dt$$

在 $0 < x < +\infty$ 中也是内闭一致收敛的. 于是, $\Gamma(z)$ 就是右半平面 D 中的全纯函数. 此外, 不难证实, $\Gamma(z)$ 的各阶导数可在 (1.4) 中积分号下求导而得.

我们将进一步证明: $\Gamma(z)$ 还可解析延拓到整个复平面而成为一个亚纯函数, 且以 $z = 0, -1, -2, \cdots$ 为单极点.

为此, 将 (1.4) 改写成

$$\begin{aligned} \Gamma(z) &= \int_0^1 e^{-t} t^{z-1} dt + \int_1^{+\infty} e^{-t} t^{z-1} dt \\ &= \varphi_1(z) + \varphi_2(z). \end{aligned} \tag{1.5}$$

$\varphi_1(z)$ 也是 D 中的全纯函数. 将 e^{-t} 展开成 t 的幂级数, 则当 $\mathrm{Re}\, z > 0$ 时, $\varphi_1(z)$ 可写成

$$\begin{aligned} \varphi_1(z) &= \int_0^1 e^{-t} t^{z-1} dt = \sum_{n=0}^{+\infty} \frac{(-1)^n}{n!} \int_0^1 t^{n+z-1} dt \\ &= \sum_{n=0}^{+\infty} \frac{(-1)^n}{n!(n+z)}. \end{aligned} \tag{1.6}$$

但上式右端中的级数当 $z \neq 0, -1, -2, \cdots$ 时是绝对收敛的, 且在这些点的充分小邻域内一致收敛, 故它表示一个在全平面中的亚纯函数, 显然以 $z = 0, -1, -2, \cdots$ 为单极点. 我们已证 (1.6) 式当 $\mathrm{Re}\, z > 0$ 时成立, 因此 $\varphi_1(z)$ 经解析延拓后就是这样的函数. 另一方面, 显然 $\varphi_2(z) = \displaystyle\int_1^{+\infty} e^{-t} t^{z-1} dt$ 对任何复数 z 绝对收敛, 且可在积分号下求导数 (证法与前类似), 因此它是一整函数. 这样, $\Gamma(z)$ 已解析延拓为全平面中的亚纯函数, 以 $z = 0, -1, -2, \cdots$ 为单极点, 且可表示成

$$\Gamma(z) = \sum_{n=0}^{+\infty} \frac{(-1)^n}{n!(n+z)} + \int_1^{+\infty} e^{-t} t^{z-1} dt; \tag{1.7}$$

此外, $\Gamma(z)$ 在 $z = -n$ 处的留数显然为 $\dfrac{(-1)^n}{n!}$.

顺便看出, 恒等式 (1.2) 也可解析延拓成

$$\Gamma(z+1) = z\Gamma(z), \quad z \neq 0, -1, -2, \cdots \tag{1.8}$$

1.2 $\Gamma(z)$ 的无穷乘积表示 本段中将给出 $\Gamma(z)$ 的另一种有用的表示法, 即无穷乘积表示.

考虑一整函数

$$F(z)=e^{Cz}z\prod_{m=1}^{+\infty}\left(1+\frac{z}{m}\right)e^{-\frac{z}{m}}, \tag{1.9}$$

其中 C 为一常数, 其值下面再确定. 这里用了因子 $e^{-\frac{z}{m}}$, 以保证无穷乘积收敛 (见第三章, 1.4 例 1). $F(z)$ 显然以 $z=0,-1,-2,\cdots$ 为单零点. 这样,

$$\begin{aligned}f(z)=\frac{1}{F(z)}&=\frac{e^{-Cz}}{z\prod\limits_{m=1}^{+\infty}\left(1+\frac{z}{m}\right)e^{-\frac{z}{m}}}=\lim_{n\to+\infty}\frac{e^{-Cz}}{z\prod\limits_{m=1}^{n}\left(1+\frac{z}{m}\right)e^{-\frac{z}{m}}}\\&=\lim_{n\to+\infty}\frac{n!\exp\left\{\left(\sum\limits_{m=1}^{n}\frac{1}{m}-C\right)z\right\}}{z(z+1)\cdots(z+n)}\end{aligned} \tag{1.10}$$

就是一亚纯函数, 以 $z=0,-1,-2,\cdots$ 为单极点. 我们如果把 C 取为 Euler 常数:

$$C=\lim_{n\to+\infty}\left(\sum_{m=1}^{n}\frac{1}{m}-\ln n\right)=0.5772157\cdots,$$

则 (1.10) 又可写为

$$f(z)=\lim_{n\to+\infty}\frac{n!n^z}{z(z+1)\cdots(z+n)}, \tag{1.11}$$

其中 $n^z=\exp\{z\ln n\}$, 因为

$$\lim_{n\to+\infty}\left(\sum_{m=1}^{n}\frac{1}{m}-C-\ln n\right)=0,$$

且对固定的 $z\neq 0,-1,-2,\cdots$, 分式

$$\frac{n!}{z(z+1)\cdots(z+n)}$$

有界.

另一方面, 我们来考虑函数

$$F_n(z)=\int_0^n\left(1-\frac{t}{n}\right)^n t^{z-1}dt,\quad \operatorname{Re}z>0. \tag{1.12}$$

和 $\Gamma(z)$ 一样, 易证 $F_n(z)$ 也是 D 中的全纯函数. 在 (1.12) 中令 $t=n\tau$, 则可写

$$F_n(z)=n^z\int_0^1(1-\tau)^n\tau^{z-1}d\tau,\quad \operatorname{Re}z>0;$$

经 n 次分部积分, 又可得

$$F_n(z) = \frac{n!n^z}{z(z+1)\cdots(z+n-1)}\int_0^1 \tau^{z+n-1}d\tau$$
$$= \frac{n!n^z}{z(z+1)\cdots(z+n)}. \tag{1.13}$$

现在我们来证明:

$$\Gamma(z) = \lim_{n\to+\infty} F_n(z), \quad \mathrm{Re}\, z > 0, \tag{1.14}$$

或即,

$$\lim_{n\to+\infty}\int_0^n \left(e^{-t} - \left(1-\frac{t}{n}\right)^n\right) t^{z-1}dt = 0, \quad \mathrm{Re}\, z > 0. \tag{1.14$'$}$$

当 $0 \leqslant t \leqslant n$ 时,

$$1+\frac{t}{n} \leqslant e^{\frac{t}{n}} \leqslant \frac{1}{1-\dfrac{t}{n}},$$

从而

$$\left(1+\frac{t}{n}\right)^n \leqslant e^t, \quad \left(1-\frac{t}{n}\right)^n \leqslant e^{-t}.$$

因此,

$$0 \leqslant e^{-t} - \left(1-\frac{t}{n}\right)^n = e^{-t}\left(1-e^t\left(1-\frac{t}{n}\right)^n\right)$$
$$\leqslant e^{-t}\left(1-\left(1-\frac{t^2}{n^2}\right)^n\right)$$
$$= e^{-t}\frac{t^2}{n^2}\left(1+\left(1-\frac{t^2}{n^2}\right)+\cdots+\left(1-\frac{t^2}{n^2}\right)^{n-1}\right) \leqslant e^{-t}\frac{t^2}{n}.$$

所以, 当 $z = x+iy, x > 0$ 时,

$$\left|\int_0^n \left(e^{-t} - \left(1-\frac{t}{n}\right)^n\right) t^{z-1}dt\right|$$
$$\leqslant \frac{1}{n}\int_0^n e^{-t}t^{x+1}dt < \frac{1}{n}\Gamma(x).$$

令 $n \to +\infty$, 便证得 (1.14)′ 或即 (1.14), 也就是

$$\Gamma(z) = \lim_{n\to+\infty} \frac{n!n^z}{z(z+1)\cdots(z+n)}, \tag{1.15}$$

其中 $n^z = \exp\{z\ln n\}$.

与 (1.11) 比较, 可见 $f(z) = \Gamma(z)$. 亦即, 我们得到了 $\Gamma(z)$ 的无穷乘积表示式:

$$\Gamma(z) = \frac{e^{-Cz}}{z\prod\limits_{m=1}^{+\infty}\left(1+\dfrac{z}{m}\right)e^{-\frac{z}{m}}}. \tag{1.16}$$

顺便我们还得到了 $\Gamma(z)$ 的极限表示式 (1.15).

从 (1.16) 也立刻可以看出 $\Gamma(z)$ 以 $z=0,-1,-2,\cdots$ 为单极点; 此外, 还可看出, $\Gamma(z)$ 根本没有零点. 于是,

$$\frac{1}{\Gamma(z)}=e^{Cz}z\prod_{m=1}^{+\infty}\left(1+\frac{z}{m}\right)e^{-\frac{z}{m}} \tag{1.17}$$

是一整函数, 以 $z=0,-1,-2,\cdots$ 为单零点.

从 (1.16) 还可看出, 恒有

$$\Gamma(\bar{z})=\overline{\Gamma(z)}\ ; \tag{1.18}$$

而当 z 取实值时, $\Gamma(z)$ 也取实值.

作为 (1.16) 式的一个重要应用, 我们来导出 $\Gamma(z)$ 和 $\sin\pi z$ 之间的一个重要关系式. 因为我们熟知

$$\sin z=z\prod_{m=1}^{+\infty}\left(1-\frac{z^2}{m^2\pi^2}\right),^{①}$$

所以,

$$\begin{aligned}\Gamma(z)\Gamma(-z)&=-\frac{1}{z^2\prod\limits_{m=1}^{+\infty}\left(1-\dfrac{z^2}{m^2}\right)}=-\frac{\pi}{z}\cdot\frac{1}{\pi z\prod\limits_{m=1}^{+\infty}\left(1-\dfrac{\pi^2z^2}{m^2\pi^2}\right)}\\&=-\frac{\pi}{z\sin\pi z}.\end{aligned} \tag{1.19}$$

再由 (1.8) 知, $-z\Gamma(-z)=\Gamma(1-z)$, 故上式又可写为

$$\Gamma(z)\Gamma(1-z)=\frac{\pi}{\sin\pi z}. \tag{1.19$'$}$$

特别地, 如果令 $z=\dfrac{1}{2}$, 则有

$$\left(\Gamma\left(\frac{1}{2}\right)\right)^2=\pi.$$

但由 (1.1) 知, 当 $x>0$ 时 $\Gamma(x)>0$, 故知

$$\Gamma\left(\frac{1}{2}\right)=\sqrt{\pi}. \tag{1.20}$$

此式在数学分析中用别的方法也曾证明过.

---

① 此式容易证明: 右端的无穷乘积对任何 z 绝对收敛, 且在任何有界域中一致收敛, 故为一整函数, 且它与 $\sin z$ 有相同的零点, 因此它们至多相差一个常数因子 k, 再由 $\dfrac{\sin z}{z}\to 1$(当 $z\to 0$), 立即可证 $k=1$.

1.3 $\Gamma(z)$ 的线积分表示 在本段中, 我们还将给出 $\Gamma(z)$ 的另一种用线积分的表示方法.

将复平面沿负实轴剖开, 所得区域记作 G. 作一有向曲线 $\gamma_n^{(\varepsilon)}$: 沿负实轴下岸从 $-n$ 到 $-\varepsilon$ (n 为充分大的正整数, ε 为充分小的正数), 再沿以 $z=0$ 为圆心、ε 为半径的圆周 C_ε 反时针方向环行一周, 最后沿负实轴上岸从 $-\varepsilon$ 到 $-n$ 为止. 考虑函数

$$\psi_n(z)=\int_{\gamma_n^{(\varepsilon)}} e^t t^{-z}dt, \tag{1.21}$$

其中 t^{-z} 理解为 $\exp\{-z\mathrm{Ln}\,t\}$, 且在剖线下岸 t 处, 取

$$\mathrm{Ln}\,t=\ln|t|-i\pi,$$

于是 $t^{-z}=\exp\{-z\ln|t|+i\pi z\}$, 而在上岸 t 处, $t^{-z}=\exp\{-z\ln|t|-i\pi z\}$.

我们注意到, (1.21) 右端的积分和 ε 的选取无关, 因为任意固定 z 后, 被积函数 $e^t t^{-z}$ 作为 t 的函数, 在 G 中全纯. 正因为如此, 故把它记作 $\psi_n(z)$, 而不必标出 ε.

当 $n\to+\infty$ 时, $\psi_n(z)$ 的极限一定存在. 这是因为, 当 $|z|=|x+iy|\leqslant R$ 时, 我们有

$$\begin{aligned}|\psi_{n+p}(z)-\psi_n(z)|&\leqslant\left|\int_{-(n+p)}^{-n}\exp\{t-z\ln|t|-i\pi z\}dt\right|\\&\quad+\left|\int_{-(n+p)}^{-n}\exp\{t-z\ln|t|+i\pi z\}dt\right|\\&\leqslant 2\int_{-(n+p)}^{-n}\exp\{t-x\ln|t|+\pi|y|\}dt\\&=2\int_n^{n+p}e^{-t}t^{-x}e^{\pi|y|}dt\\&<2e^{\pi R}\int_n^{n+p}e^{-t}t^{R}dt,\end{aligned}$$

而 $\displaystyle\int_0^{+\infty}e^{-t}t^R dt$ 已知是收敛的, 故由 Cauchy 准则便得所要结论. 而且还可看出, 这个收敛性对于 $|z|\leqslant R$ 还是一致的. 但因 $\psi_n(z)$ 是一整函数, 故由 R 的任意性知, 当 $n\to+\infty$ 时, $\psi_n(z)$ 将在全平面中内闭一致收敛于一整函数 $\psi(z)$, 并且

$$\psi(z)=\lim_{n\to+\infty}\psi_n(z)=\int_{\gamma^{(\varepsilon)}}e^t t^{-z}dt, \tag{1.22}$$

其中 $\gamma^{(\varepsilon)}$ 是沿负实轴下岸从 $-\infty$ 到 $-\varepsilon$、再沿 C_ε 反时针方向环行一周、最后沿负实轴上岸从 $-\varepsilon$ 到 $-\infty$ 的曲线.

此外, 如果 $\operatorname{Re} z<1$, 则在以上诸积分中, 可以取 $\varepsilon=0$ (即不必作圆周 C_ε). 这是因为, 在 C_ε 上, 令 $t=\varepsilon e^{i\theta}$(并设 $\varepsilon<1$), $z=x+iy, x<1$, 则

$$|e^t t^{-z}|=\exp\left\{\varepsilon\cos\theta+x\ln\frac{1}{\varepsilon}+\theta y\right\}<\varepsilon^{-x}e^{1+\pi|y|},$$

故

$$\left|\int_{C_\varepsilon}e^t t^{-z}dt\right|<2\pi\varepsilon^{1-x}e^{1+\pi|y|},$$

由此可见, 当 $\varepsilon\to 0$ 时, 上式左端中的积分也趋于零. 这样, (1.22) 可改写为

$$\psi(z)=\int_{\gamma^{(0)}}e^t t^{-z}dt,\quad \operatorname{Re} z<1, \tag{1.22$'$}$$

其中 $\gamma^{(0)}$ 是沿负实轴下岸从 $-\infty$ 到 0、再从 0 沿负实轴上岸到 $-\infty$ 的曲线. 将此式详细写出,

$$\begin{aligned}\psi(z)&=\int_{-\infty}^{0}\exp\{t-z\ln|t|+i\pi z\}dt\\&\quad-\int_{-\infty}^{0}\exp\{t-z\ln|t|-i\pi z\}dt\\&=e^{i\pi z}\int_0^{+\infty}e^{-t}t^{-z}dt-e^{-i\pi z}\int_0^{+\infty}e^{-t}t^{-z}dt\\&=2i\sin\pi z\int_0^{+\infty}e^{-t}t^{-z}dt.\end{aligned}$$

但因 $\operatorname{Re}(1-z)>0$, 故由 (1.4) 知,

$$\int_0^{+\infty}e^{-t}t^{-z}dt=\int_0^{+\infty}e^{-t}t^{(1-z)-1}dt=\Gamma(1-z),$$

因此,

$$\psi(z)=\int_{\gamma^{(0)}}e^t t^{-z}dt=2i\sin\pi z\Gamma(1-z),\quad \operatorname{Re} z<1. \tag{1.23}$$

$\Gamma(1-z)$ 以 $z=1,2,\cdots$ 为单极点, 这些点正好是 $\sin\pi z$ 的零点, 故 (1.23) 的右端是 z 的整函数. 由于已知 $\psi(z)$ 也是整函数, 故在全平面中, 应有

$$\psi(z)=\int_{\gamma^{(\varepsilon)}}e^t t^{-z}dt=2i\sin\pi z\Gamma(1-z). \tag{1.24}$$

当然, 如果 $\operatorname{Re} z\geqslant 1$, (1.24) 中的 $\gamma^{(\varepsilon)}$ 是不能换作 $\gamma^{(0)}$ 的. (1.24) 还可改写为

$$\Gamma(1-z)=\frac{1}{2i\sin\pi z}\int_{\gamma^{(\varepsilon)}}e^t t^{-z}dt. \tag{1.25}$$

如果把 z 改为 $1-z$, 则得我们所需要的表示式

$$\Gamma(z)=\frac{1}{2i\sin\pi z}\int_{\gamma^{(\varepsilon)}}e^t t^{z-1}dt. \tag{1.26}$$

此外, 利用 (1.19)′ 式, (1.25) 还可改写为

$$\frac{1}{\Gamma(z)}=\frac{1}{2\pi i}\int_{\gamma^{(\varepsilon)}}e^t t^{-z}dt, \tag{1.27}$$

这是整函数 $1/\Gamma(z)$ 的线积分表示式.

1.4 Stirling 公式 本段将讨论 $\Gamma(z)$ 当 $z\to\infty$ 时的渐近性态. 但要先导出一个下面要用到的有关积分的初等等式.

设 t 是实数. 像通常那样, 记 $[t]$ 为 t 的整数部分, 而记 $\{t\}=t-[t]$ 为 t 的小数部分. $[t]$ 和 $\{t\}$ 当 t 不是整数时连续, 且 $\{t\}$ 以 1 为周期. 当 $k-1\leqslant t<k$ (k 为整数) 时, $k=[t]+1, t-k+\frac{1}{2}=\{t\}-\frac{1}{2}$ 也以 1 为周期, 且 $-\frac{1}{2}\leqslant\{t\}-\frac{1}{2}<\frac{1}{2}$.

今设 $f(t)$ 为 $t\geqslant 0$ 时的 (复值) 函数, 且 $f'(t)$ 连续. 因此, 对任何正整数 k, 有

$$\begin{aligned}f(k)-\int_{k-1}^{k}f(t)dt&=f(k)-\int_{k-1}^{k}f(t)d\left(t-k+\frac{1}{2}\right)\\&=\frac{f(k)-f(k-1)}{2}-\int_{k-1}^{k}f'(t)\left(\{t\}-\frac{1}{2}\right)dt.\end{aligned}$$

令 $k=1,2,\cdots,n$ 代入, 并相加, 则得

$$\sum_{k=1}^{n}f(k)-\int_0^n f(t)dt=\frac{f(n)-f(0)}{2}+\int_0^{+\infty}f'(t)\left(\{t\}-\frac{1}{2}\right)dt,$$

或即

$$\sum_{k=0}^{n}f(k)-\int_0^n f(t)dt=\frac{f(0)+f(n)}{2}+\int_0^{n}f'(t)\left(\{t\}-\frac{1}{2}\right)dt. \tag{1.28}$$

这就是我们下面要用到的等式.

今考虑 $\Gamma(z)$ 的表示式 (1.15). 仍设 $z\in G$ (沿负实轴剖开的复平面). 在其两端取倒数再取对数, 得

$$\mathrm{Ln}\,\frac{1}{\Gamma(z)}=\lim_{n\to+\infty}\left(\sum_{k=0}^{n}(\mathrm{Ln}\,(z+k)-\ln(1+k))-(z-1)\ln n\right),$$

其中 $\mathrm{Ln}\,(z+k)(k=0,1,\cdots,n)$ 已取定一连续分支, 使 $z=1$ 时

$$\mathrm{Ln}\,(1+k)=\ln(1+k).$$

在 (1.28) 中, 令 $f(t)=\mathrm{Ln}\,(z+t)$ (视 $z\in G$, 固定), 则有

$$\sum_{k=0}^{n}\mathrm{Ln}\,(z+k)-\int_0^n\mathrm{Ln}\,(z+t)dt=\frac{\mathrm{Ln}\,z+\mathrm{Ln}\,(z+n)}{2}+I_n(z),$$

这里已令

$$I_n(z) = \int_0^n \frac{\{t\} - \frac{1}{2}}{z+t} dt. \tag{1.29}$$

但因

$$\int_0^n \mathrm{Ln}\,(z+t)dt = (z+n)\mathrm{Ln}\,(z+n) - z\mathrm{Ln}\,z - n,$$

所以

$$\sum_{k=0}^{n} \mathrm{Ln}\,(z+k) = \left(z+n+\frac{1}{2}\right)\mathrm{Ln}\,(z+n) - \left(z-\frac{1}{2}\right)\mathrm{Ln}\,z - n + I_n(z).$$

在此式中令 $z=1$, 并将原式减去它, 得

$$\sum_{k=0}^{n}(\mathrm{Ln}\,(z+k) - \ln(1+k)) = \left(z+n+\frac{1}{2}\right)\mathrm{Ln}\,(z+n) - \left(n+\frac{3}{2}\right)\ln(1+n) - \left(z-\frac{1}{2}\right)\mathrm{Ln}\,z + I_n(z) - I_n(1).$$

于是,

$$\mathrm{Ln}\,\frac{1}{\Gamma(z)} = \lim_{n\to+\infty}\left(\left(z+\frac{1}{2}\right)\mathrm{Ln}\,(z+n) - \left(n+\frac{3}{2}\right)\mathrm{Ln}\,(1+n) - \left(z-\frac{1}{2}\right)\mathrm{Ln}\,z - (z-1)\mathrm{Ln}\,n + I_n(z) - I_n(1)\right). \tag{1.30}$$

将此式中含对数的诸项改写一下:

$$\begin{aligned}
&(z-1)(\mathrm{Ln}\,(z+n) - \ln n) \\
&\quad + \left(n+\frac{3}{2}\right)(\mathrm{Ln}\,(z+n) - \mathrm{Ln}\,(1+n)) - \left(z-\frac{1}{2}\right)\mathrm{Ln}\,z \\
&= (z-1)\int_n^{z+n}\frac{dz}{z} + \left(n+\frac{3}{2}\right)\int_{1+n}^{z+n}\frac{dz}{z} - \left(z-\frac{1}{2}\right)\mathrm{Ln}\,z \\
&= (z-1)\int_1^{1+z}\frac{d\zeta}{\zeta+n-1} + \left(n+\frac{1}{2}\right)\int_1^{z}\frac{d\zeta}{\zeta+n} - \left(z-\frac{1}{2}\right)\mathrm{Ln}\,z,
\end{aligned} \tag{1.31}$$

其中所有积分当然要沿 G 中的路径例如直线段进行.

再将 $I_n(z)$ 进行变换如下. 令

$$\varphi(t) = \int_0^t \left(\{t\} - \frac{1}{2}\right) dt.$$

注意到 $\{t\}-\dfrac{1}{2}$ 以 1 为周期, 故

$$\int_{k-1}^{k}\left(\{t\}-\frac{1}{2}\right)dt=\int_{0}^{1}\left(\{t\}-\frac{1}{2}\right)dt=\int_{0}^{1}\left(t-\frac{1}{2}\right)dt=0,$$

因此

$$\varphi(t)=\int_{[t]}^{t}\left(\{t\}-\frac{1}{2}\right)dt=\int_{0}^{\{t\}}\left(\tau-\frac{1}{2}\right)d\tau,$$

这里已作代换 $\tau=t-[t]$. 所以,

$$\varphi(t)=\frac{1}{2}\{t\}(\{t\}-1).$$

由此可见, $\varphi(t)$ 也以 1 为周期, 连续 (包括 t 为整数的点), 且当 k 为整数时 $\varphi(k)=0$, 又有

$$-\frac{1}{8}\leqslant\varphi(t)\leqslant 0.$$

在 (1.29) 中进行分部积分, 则得

$$I_n(z)=\frac{\varphi(t)}{z+t}\Big|_0^n+\int_0^n\frac{\varphi(t)}{(z+t)^2}dt=\int_0^n\frac{\varphi(t)}{(z+t)^2}dt.$$

因此,

$$\lim_{n\to+\infty}I_n(z)=\int_0^{+\infty}\frac{\varphi(t)}{(z+t)^2}dt;\tag{1.32}$$

因为 $\varphi(t)$ 有界, 故右端积分收敛 (注意 $z\in G$).

这样, 将 (1.31), (1.32) 代入 (1.30), 便得

$$\begin{aligned}\operatorname{Ln}\frac{1}{\Gamma(z)}=(z-1)-\left(z-\frac{1}{2}\right)\operatorname{Ln}z+\int_0^{+\infty}\frac{\varphi(t)}{(z+t)^2}dt\\-\int_0^{+\infty}\frac{\varphi(t)}{(1+t)^2}dt.\end{aligned}\tag{1.33}$$

我们来估计 (1.32) 中的积分. 设 $\Delta>0$. 作一半带形域 $G_\Delta=\{z=x+iy|x<\Delta,|y|<\Delta\}$. 当 $z\bar{\in}G_\Delta$ 时,

$$\left|\int_0^{+\infty}\frac{\varphi(t)}{(z+t)^2}dt\right|\leqslant\frac{1}{8}\int_0^{+\infty}\frac{dt}{|z+t|^2}=\frac{1}{8}\int_0^{+\infty}\frac{dt}{(x+t)^2+y^2}.$$

$z\bar{\in}G_\Delta$ 有两种情况: 或者 $x\geqslant\Delta$, 或者 $x<\Delta$ 而 $|y|\geqslant\Delta$. 当 $x\geqslant\Delta$ 时,

$$\int_0^{+\infty}\frac{dt}{(x+t)^2+y^2}\leqslant\int_0^{+\infty}\frac{dt}{(x+t)^2}=\frac{1}{x}\leqslant\frac{1}{\Delta};$$

当 $x<\Delta,|y|\geqslant\Delta$ 时,

$$\int_0^{+\infty}\frac{dt}{(x+t)^2+y^2}=\frac{1}{|y|}\left(\frac{\pi}{2}-\arctan\frac{x}{|y|}\right)<\frac{\pi}{|\Delta|}.$$

所以不论如何, 恒有

$$\left|\int_0^{+\infty} \frac{\varphi(t)}{(z+t)^2}dt\right| \leqslant \frac{\pi}{8\Delta}, \quad z \bar{\in} G_\Delta. \tag{1.34}$$

现在再考虑一角形区域 $D_\varepsilon = \{z||\arg z| < \pi - \varepsilon\}$ (ε 为小于 $\frac{\pi}{2}$ 的任意正数). 我们要在这一角形区域内渐近估计 $\Gamma(z)$. 首先我们来证明,

$$\lim_{z\to\infty}\int_0^{+\infty} \frac{\varphi(t)}{(z+t)^2}dt = 0, \quad z \in D_\varepsilon. \tag{1.35}$$

任给 $\Delta > 0$, 则必存在充分大的 $R = R(\Delta, \varepsilon)$, 使 $z \in D_\varepsilon$ 且 $|z| > R$ 时必致 $z \bar{\in} G_\Delta$ (见图 7.1). 因此, 对于这种 z, (1.34) 式成立, 亦即 (1.35) 式成立.

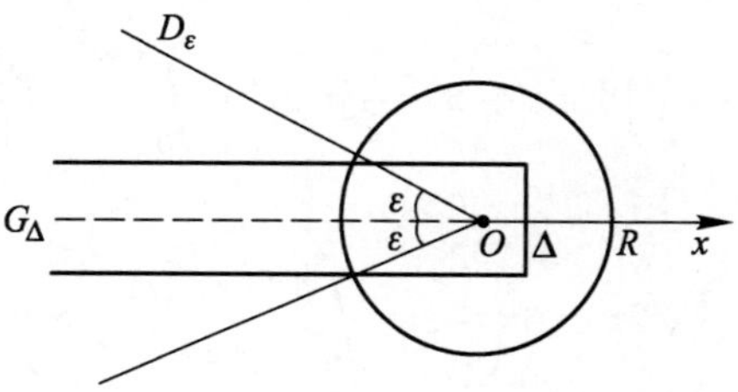

图 7.1

注意, $\varepsilon > 0$ 可任意小, 故 (1.35) 实际上在除掉以负实轴为平分线的任意小角域之外应成立, 且一致地成立.

我们还要计算出下列实数

$$c_0 = \int_0^{+\infty} \frac{\varphi(t)}{1+t^2}dt.$$

在 (1.33) 中, 令 $z = iy(y > 0)$, 并取出实部, 得

$$\ln\frac{1}{|\Gamma(iy)|} = -1 + \frac{1}{2}\ln y + \frac{\pi y}{2} + \mathrm{Re}\int_0^{+\infty} \frac{\varphi(t)}{(t+iy)^2}dt - c_0.$$

但由 (1.19),

$$\frac{1}{\Gamma(iy)\Gamma(-iy)} = -\frac{iy\sin i\pi y}{\pi} = \frac{y\mathrm{sh}\,\pi y}{\pi},$$

而 $\Gamma(-iy) = \overline{\Gamma(iy)}$, 故

$$\frac{1}{|\Gamma(iy)|^2} = \frac{y\mathrm{sh}\,\pi y}{\pi}.$$

代入前式, 故有

$$\frac{1}{2}\ln\frac{y\mathrm{sh}\,\pi y}{\pi} = -1 + \frac{1}{2}\ln y + \frac{\pi y}{2} + \mathrm{Re}\int_0^{+\infty} \frac{\varphi(t)}{(t+iy)^2}dt - c_0,$$

亦即

$$\frac{1}{2}(\ln \operatorname{sh} \pi y - \pi y) = -1 + \frac{1}{2}\ln \pi + \operatorname{Re}\int_0^{+\infty} \frac{\varphi(t)}{(t+iy)^2}dt - c_0.$$

在此式中令 $y \to +\infty$, 易证

$$\lim_{y\to+\infty}(\ln \operatorname{sh} y - \pi y) = \lim_{y\to+\infty} \ln \frac{e^{\pi y} - e^{-\pi y}}{2e^{\pi y}} = -\ln 2,$$

又由 (1.35) (注意到 y 充分大后, $iy \in D_\varepsilon$), 最后可得

$$c_0 = \frac{1}{2}\ln 2\pi - 1.$$

这样, (1.33) 成为

$$\operatorname{Ln}\frac{1}{\Gamma(z)} = -\left(z - \frac{1}{2}\right)\operatorname{Ln} z + z - \frac{1}{2}\ln 2\pi + \int_0^{+\infty} \frac{\varphi(t)}{(z+t)^2}dt, \quad z \in G,$$

或即

$$\Gamma(z) = z^{z-\frac{1}{2}}\sqrt{2\pi}\exp\left\{-z - \int_0^{+\infty} \frac{\varphi(t)}{(z+t)^2}dt\right\}, \quad z \in G, \tag{1.36}$$

其中 $z^{z-\frac{1}{2}} = \exp\left\{\left(z - \frac{1}{2}\right)\operatorname{Ln} z\right\}$, 且 $\operatorname{Ln} z$ 为当 z 取正实数时取实值的那一支.

当 $z \in D_\varepsilon$ 而令 $z \to \infty$ 时, 由于 (1.36) 中的积分以 0 为极限, 故知

$$\lim_{z\to\infty} \frac{\Gamma(z)}{z^{z-\frac{1}{2}}\sqrt{2\pi}e^{-z}} = 1, \quad z \in D_\varepsilon,$$

或者, 写成渐近式子,

$$\Gamma(z) \sim \sqrt{2\pi}z^{z-\frac{1}{2}}e^{-z}, \quad z \in D_\varepsilon \quad (z \to \infty). \tag{1.37}$$

(1.36) 和 (1.37) 都称为 Stirling 公式.

当 $z = n+1$ 为正整数时, (1.37) 成为

$$n! \sim \sqrt{2\pi}(n+1)^{n+\frac{1}{2}}e^{-n-1}.$$

但易见

$$(n+1)^{n+\frac{1}{2}} = n^{n+\frac{1}{2}}\left(1 + \frac{1}{n}\right)^n \left(1 + \frac{1}{n}\right)^{\frac{1}{2}} \sim en^{n+\frac{1}{2}},$$

故又有

$$n! \sim \sqrt{2\pi n}\left(\frac{n}{e}\right)^n. \tag{1.38}$$

这便是我们所熟知的 $n!$ 的渐进公式, 也称为 Stirling 公式.

§2 函数 $\mathrm{B}(z,\zeta)$

2.1 复变量 B 函数的定义 现在我们将对实变元的 B (Beta) 函数 $\mathrm{B}(p,q)$ 也作复变量的推广. 我们熟知, 它和 Γ 函数间有着密切的关系. 我们将看到, 这种关系对复变量情况也仍保持着.

我们定义

$$\mathrm{B}(z,\zeta)=\int_0^1 t^{z-1}(1-t)^{\zeta-1}dt,\quad \mathrm{Re}\, z>0,\quad \mathrm{Re}\,\zeta>0, \tag{2.1}$$

其中 $t^{z-1}=\exp\{(z-1)\ln t\}, (1-t)^{\zeta-1}=\exp\{(\zeta-1)\ln(1-t)\}$. 和 §1.1 中一样, 易证 (2.1) 右端的积分绝对收敛, 且是 $\mathrm{Re}\, z>0, \mathrm{Re}\,\zeta>0$ 中的二元全纯函数. 显然还有

$$\mathrm{B}(z,\zeta)=\mathrm{B}(\zeta,z). \tag{2.2}$$

如果令 $t=\cos^2\theta$, 则可得 B 函数的三角积分表示式

$$\mathrm{B}(z,\zeta)=2\int_0^{\frac{\pi}{2}}\cos^{2z-1}\theta\sin^{2\zeta-1}\theta d\theta,\quad \mathrm{Re}\, z>0, \mathrm{Re}\,\zeta>0, \tag{2.1$'$}$$

其中

$$\begin{aligned}\cos^{2z-1}\theta&=\exp\{(2z-1)\ln\cos\theta\},\\ \sin^{2\zeta-1}\theta&=\exp\{(2\zeta-1)\ln\sin\theta\}.\end{aligned}$$

2.2 B 函数和 Γ 函数的关系 就实变量而言, B 函数和 Γ 函数间有关系式

$$\mathrm{B}(p,q)=\frac{\Gamma(p)\Gamma(q)}{\Gamma(p+q)}.$$

我们将证明, 此关系式对复变量也成立:

$$\mathrm{B}(z,\zeta)=\frac{\Gamma(z)\Gamma(\zeta)}{\Gamma(z+\zeta)}. \tag{2.3}$$

先设 $\mathrm{Re}\, z>\dfrac{1}{2}, \mathrm{Re}\,\zeta>\dfrac{1}{2}$. 于是, 由 (1.4),

$$\begin{aligned}\Gamma(z)\Gamma(\zeta)&=\int_0^{+\infty}e^{-t}t^{z-1}dt\cdot\int_0^{+\infty}e^{-s}s^{\zeta-1}ds\\ &=4\int_0^{+\infty}e^{-t^2}t^{2z-1}dt\cdot\int_0^{+\infty}e^{-s^2}s^{2\zeta-1}ds\\ &=4\lim_{R\to+\infty}\iint\limits_{D_R}e^{-(t^2+s^2)}t^{2z-1}s^{2\zeta-1}dtds,\end{aligned}$$

其中 D_R 是正方形 $0 \leqslant t \leqslant R, 0 \leqslant s \leqslant R$. 它又可写为

$$\Gamma(z)\Gamma(\zeta) = 4 \iint_D e^{-(t^2+s^2)} t^{2z-1} s^{2\zeta-1} dt ds,$$

这里 D 是第一象限这个无穷区域 (因为上式中右端积分在 D 中绝对收敛). 作极坐标变换 $t = \rho\cos\theta, t = \rho\sin\theta$, 则得

$$\begin{aligned}\Gamma(z)\Gamma(\zeta) &= 4\int_0^{+\infty}\int_0^{\frac{\pi}{2}} e^{-\rho^2}(\rho\cos\theta)^{2z-1}(\rho\sin\theta)^{2\zeta-1}\rho d\rho d\theta \\ &= 4\int_0^{+\infty} e^{-\rho^2}\rho^{2(z+\zeta)-1}d\rho \cdot \int_0^{\frac{\pi}{2}} \cos^{2z-1}\theta \sin^{2\zeta-1}\theta d\theta,\end{aligned}$$

但因 $\mathrm{Re}\,(z+\zeta) > 1$, 故再由 (1.4),

$$\Gamma(z+\zeta) = \int_0^{+\infty} e^{-t} t^{(z+\zeta-1)} dt = 2\int_0^{+\infty} e^{-\rho^2}\rho^{2(z+\zeta)-1} d\rho.$$

这样, 由 (2.1)′, 前式就是

$$\Gamma(z)\Gamma(\zeta) = \Gamma(z+\zeta)\cdot \mathrm{B}(z,\zeta),$$

于是 (2.3) 成立.

我们虽然是在 $\mathrm{Re}\, z > \dfrac{1}{2}, \mathrm{Re}\,\zeta > \dfrac{1}{2}$ 的限制下证明了 (2.3) 式, 但由于其两端都是 $\mathrm{Re}\, z > 0, \mathrm{Re}\,\zeta > 0$ 中的全纯函数, 故它对 $\mathrm{Re}\, z > 0, \mathrm{Re}\,\zeta > 0$ 也成立.

更进一步, 因为 $\Gamma(z)$ 是全平面中的亚纯函数, 以 $z = 0, -1, -2, \cdots$ 为单极点, 而 $1/\Gamma(z)$ 为整函数, 所以如果利用 (2.3) 式, 可将 $\mathrm{B}(z,\zeta)$ 作解析延拓, 使其定义域扩充到一切 $z, \zeta \neq 0, -1, -2, \cdots$ 而成为二元亚纯函数. 因此, 可以认为, (2.3) 式对所有这种 z, ζ 恒成立.

从 (2.3) 以及 $\Gamma(z)$ 的递推公式 (1.8), 也可得到 $\mathrm{B}(z,\zeta)$ 的递推公式. 例如,

$$\mathrm{B}(z,\zeta+1) = \frac{\zeta}{z+\zeta}\mathrm{B}(z,\zeta), \quad z,\zeta = 0,-1,-2,\cdots \tag{2.4}$$

注意, 即使 $z+\zeta = 0$, 此式仍成立. 因为这时 $\mathrm{B}(z,\zeta)$ 的表达式 (2.3) 中, $z+\zeta = 0$ 是 $1/\Gamma(z+\zeta)$ 的零点.

关于 $\Gamma(z)$ 和 $\mathrm{B}(z,\zeta)$ 的进一步性质, 可参看更专门的书籍.

第八章　椭圆函数

§1　定义及一般性质

1.1　椭圆函数的定义　我们都已熟悉一些在全平面中的周期解析函数, 如 e^z (以 $2\pi i$ 为周期), $\sin z$ (以 2π 为周期), $\cot z$ (以 π 为周期, 但具有单极点 $z = 0, \pm\pi, \pm 2\pi, \cdots$) 等. 它们都是单周期的. 亦即, 它们各只具一个独立周期, 而其他周期都是这个周期的整数倍. 本章将讨论在全平面中双周期的解析函数. 这种函数具有两个独立的周期, 即其他周期一定是这两个周期的整系数线性组合, 但函数本身又不退化为单周期 (或常数) 者. 像 $\cot z$ 那样, 我们允许函数有极点, 但不允许有本性奇点 (∞ 点除外). 详细说明如下.

设 ω', ω'' 是两个复数, 均不为 0, 且 $\operatorname{Im}\dfrac{\omega''}{\omega'} \neq 0$.

定义 1.1　一亚纯函数 $f(z)$, 如果以 $2\omega', 2\omega''$ 为周期, 亦即, 对复平面中任何点 z, 恒有

$$f(z+2\omega') = f(z), \quad f(z+2\omega'') = f(z), \tag{1.1}$$

则称 $f(z)$ 为一椭圆函数.

我们限定 $\operatorname{Im}\dfrac{\omega''}{\omega'} \neq 0$ 是必要的, 因为否则的话, $f(z)$ 将退化为单周期的 (如果 ω''/ω' 为有理数) 或常数 (如果 ω''/ω' 为无理数).

我们不考虑退化为常数的椭圆函数. 以后讲的椭圆函数都是指非退化的. 非退化的椭圆函数的确存在, 这将在以后证明. 这里先作一些一般性说明.

以 $0, 2\omega', 2\omega'+2\omega'', 2\omega''$ 为顶点的平行四边形称为 $f(z)$ 的周期平行四边形. 如

果在其内或边上 (除顶点外) 不存在点 ω 能使

$$f(z+\omega)=f(z)$$

对一切 z 成立时, 则称此四边形为基本周期四边形或基本胞腔 (这时不可能出现 "更小" 的平行四边形也是周期四边形), 记作 P_0, 而 $2\omega', 2\omega''$ 称为 $f(z)$ 的基本周期. 如把 P_0 作 $2m\omega'+2n\omega''$ (m, n 为整数) 的平移, 则可得许多周期四边形, 整个铺满全平面而形成一个网络. 取定 z 后, 点 $z'=z+2m\omega'+2n\omega''$ 称作与 z (周期) 合同, 记作

$$z'\equiv z(\mathrm{mod}\ 2\omega', 2\omega'').$$

显然 $f(z')=f(z)$. 如果记 T_{mn} 为把 z 映成 z' 的线性变换, 则 $\{T_{mn}\}(m, n=0, \pm 1, \pm 2, \cdots)$ 构成一变换群, $f(z)$ 的值当 z 在这个群中元素变换下不变.

以后我们不妨这样规定 ω' 和 ω'' 的次序, 使 $0, 2\omega', 2\omega'+2\omega'', 2\omega''$,0 形成 P_0 顶点的一个反时针向排列 (图 8.1). 这就等价于要求

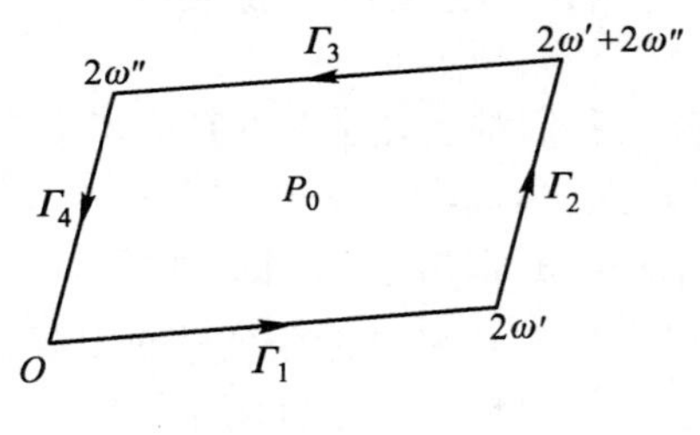

图 8.1

$$\mathrm{Im}\,\frac{\omega''}{\omega'}>0. \tag{1.2}$$

以后恒作此假定. P_0 的反时针向边界记作 Γ, 而其四个有向边分别记作 $\Gamma_1, \Gamma_2, \Gamma_3, \Gamma_4$, 如图 8.1 所示.

还可注意, 如果不用 $2\omega', 2\omega''$, 例如改用 $2\omega', 2\omega'+2\omega''$, 也可作为 $f(z)$ 的基本周期, 这从几何上容易看出.

我们常常假定在 Γ 上既没有 $f(z)$ 的零点, 也没有极点; 否则的话, 只要将复平面作一微小平移就可达到目的, 因为在这些零点、极点附近不会再有这种点.

在本章中讲的椭圆函数, 都是指的有相同周期者, 亦即 $2\omega', 2\omega''$ 始终不变. 以后不再一一声明.

1.2　椭圆函数的性质　下面讲椭圆函数的一些简单性质.

性质 1　椭圆函数的和、差、积、商仍是椭圆函数 (包括常数); 椭圆函数的各阶导数也是椭圆函数.

这由 (1.1) 显然.

性质 2 椭圆函数在基本胞腔 P_0 中零点和极点的个数均有限.

这由亚纯函数的定义可知.

性质 3 椭圆函数 $f(z)$ 在基本胞腔 P_0 中诸极点留数之和为零.

这一和数可由下式给出:

$$N=\frac{1}{2\pi i}\int_{\Gamma}f(z)dz=\sum_{j=1}^{4}\frac{1}{2\pi i}\int_{\Gamma_j}f(z)dz.$$

但由 $f(z)$ 的双周期性, 显然 $\int_{\Gamma_3}=-\int_{\Gamma_1},\int_{\Gamma_4}=-\int_{\Gamma_2}$, 故 $N=0$.

性质 4 椭圆函数 $f(z)$ 在基本胞腔 P_0 的闭包上取 c 值的点的个数 n (计及重数) 与 c 无关, 但在 Γ 上, 周期合同的点只能算同一点.

如前, 不失一般性, 仍可设 Γ 上 $f(z)-c$ 无零点也无极点. 设 $f(z)$ 在 P_0 中有 m 个极点 (计及重数), 则由辐角原理,

$$n-m=\frac{1}{2\pi i}\int_{\Gamma}\frac{f'(z)}{f(z)-c}dz.$$

但由性质 1, 上式中被积函数也是椭圆函数. 故由性质 3, 知 $n=m$. 这就证明了我们的论断.

这个共同数 n 称作椭圆函数 $f(z)$ 的阶数, 它也是 $f(z)$ 在 P_0 中极点或零点的个数.

性质 5 不存在 0 阶和 1 阶的椭圆函数.

椭圆函数 $f(z)$ 不能是 0 阶, 因为它总要取一切值; 也不可能是 1 阶, 因为否则的话, 它将在 P_0 内只有一个单极点, 其留数 $\neq 0$, 与性质 3 相违.

这样, 椭圆函数至少为 2 阶. 以后将证实确有 2 阶 (因而取导数后更高阶) 椭圆函数.

性质 6 设 n 阶椭圆函数 $f(z)$ 在基本胞腔 P_0 内有零点 $a_1,\cdots,a_n$ (可重复), 极点 $b_1,\cdots,b_n$ (可重复), 则必有

$$a_1+\cdots+a_n\equiv b_1+\cdots+b_n(\bmod 2\omega',2\omega'').$$

由推广的辐角原理知,

$$\frac{1}{2\pi i}\int_{\Gamma}z\frac{f'(z)}{f(z)}dz=\sum_{j=1}^{n}a_j-\sum_{j=1}^{n}b_j.$$

但另一方面,

$$\begin{aligned}\frac{1}{2\pi i}\int_{\Gamma} z\frac{f'(z)}{f(z)}dz &= \frac{1}{2\pi i}\sum_{k=1}^{4}\int_{\Gamma_k} z\frac{f'(z)}{f(z)}dz \\ &= \frac{1}{2\pi i}\int_{\Gamma_1}\left(z\frac{f'(z)}{f(z)} - (z+2\omega'')\frac{f'(z+2\omega'')}{f(z+2\omega'')}\right)dz \\ &\quad + \frac{1}{2\pi i}\int_{\Gamma_4}\left(z\frac{f'(z)}{f(z)} - (z+2\omega')\frac{f'(z+2\omega')}{f(z+2\omega')}\right)dz \\ &= -\frac{1}{2\pi i}\left(2\omega''\int_{\Gamma_1}\frac{f'(z)}{f(z)}dz + 2\omega'\int_{\Gamma_4}\frac{f'(z)}{f(z)}dz\right) \\ &= -\frac{1}{2\pi i}(2\omega''[\mathrm{Ln}\, f(z)]_{\Gamma_1} + 2\omega'[\mathrm{Ln}\, f(z)]_{\Gamma_4}),\end{aligned}$$

其中两个方括号表示的分别是 $\mathrm{Ln}\, f(z)$ 当 z 沿 Γ_1 或 Γ_4 正向跑遍一次时的改变量. 由 $f(z)$ 的双周期性, 它们只可能是 $2\pi i$ 的整数倍. 结论得证.

此外, 我们还指出, 一个解析函数不可能有三个独立周期 (这一点我们不去证明了), 因此, 就带周期的解析函数而言, 只要考虑单周期和双周期两种情况就够了.

1.3 有关二重级数的引理 为了以后的需要, 我们还要给出一个有关二重级数的引理. 以后恒记

$$\Omega_{mn} = 2m\omega' + 2n\omega'' \ (m, n \text{ 为整数, 但不同时为零}).$$

引理 1.1 二重级数

$$\sum_{m,n}{}' \frac{1}{\Omega_{mn}^{\lambda}}, \quad \lambda > 0 \tag{1.3}$$

当 $\lambda > 2$ 时绝对收敛.

这里 (和以后) $\sum\limits_{m,n}{}'$ 表示对一切 $m, n = 0, \pm 1, \pm 2, \cdots$ 求和, 但 $m = n = 0$ 除外.

证 前已看到, 全平面被所有基本周期四边形划分成一网络. 以原点 O 为顶点的四个胞腔拼成一平行四边形 D_1, 其边界上有 8 个 Ω_{mn} 点 $(m, n = 0, \pm 1, \max(|m|, |n|) = 1)$. 将 D_1 以原点为中心放大两倍, 扩大成一个更大的平行四边形 $D_2 = \{z | z/2 \in D_1\}$, 它由 16 个胞腔拼成, 其边界上有 16 个 Ω_{mn} 点 $(m, n = 0, \pm 1, \pm 2, \max(|m|, |n|) = 2)$. 如此继续下去, 一般地, 可得平行四边形 D_k, 其边界上有 $8k$ 个 Ω_{mn} 点 $(m, n = 0, \pm 1, \cdots, \pm k, \max(|m|, |n|) = k)$. 所有 $D_k (k = 1, 2, \cdots)$ 边界上的 Ω_{mn} 点将遍历一切 Ω_{mn} 点, 且无重复.

记 $d = \min(|\omega'|, |\omega''|)$, 则

$$|\Omega_{mn}| \geqslant d, \quad \Omega_{mn} \in \partial D_1.$$

类似地, 有

$$|\Omega_{mn}| \geqslant kd, \quad \Omega_{mn} \in \partial D_k.$$

因此,

$$\frac{1}{|\Omega_{mn}|^\lambda} \leqslant \frac{1}{k^\lambda d^\lambda}, \quad \Omega_{mn} \in \partial D_k.$$

这样,

$$\sum_{\Omega_{mn} \in \partial D_k} \frac{1}{|\Omega_{mn}|^\lambda} \leqslant \frac{8}{k^{\lambda-1} d^\lambda}.$$

由此可见, $\sum\limits_{m,n}{}' \dfrac{1}{|\Omega_{mn}|^\lambda}$ 的任何部分和都不超过

$$\frac{8}{d^\lambda} \sum_{k=1}^{+\infty} \frac{1}{k^{\lambda-1}},$$

但当 $\lambda > 2$ 时这是一有限数, 因为上式中的级数收敛, 于是二重级数 (1.3) 当 $\lambda > 2$ 时绝对收敛. 引理得证. □

容易证明, 当 $\lambda \leqslant 2$ 时, (1.3) 不绝对收敛. 因为, 如记 $d' = \max(|\omega'|, |\omega''|)$, 则有

$$|\Omega_{mn}| \leqslant kd', \quad \Omega_{mn} \in \partial D_k.$$

因此可知 (1.3) 的某些部分和都不小于

$$\frac{8}{d'^\lambda} \sum_{k=1}^{+\infty} \frac{1}{k^{\lambda-1}}$$

的某个相应部分和; 但熟知 $\lambda \leqslant 2$ 时上面级数发散, 因此 (1.3) 中各项取绝对值后当 $\lambda \leqslant 2$ 时也发散.

当 $\lambda \leqslant 2$ 时, (1.3) 本身也发散. 我们不再证明, 只举一例说明. 设 $2\omega' = 1, 2\omega'' = i$. 取 $\lambda = 2$, 则级数 (1.3) 成为

$$\sum_{m,n}{}' \frac{1}{(m+ni)^2} = \sum_{m,n}{}' \frac{(m-ni)^2}{(m^2+n^2)^2}. \tag{1.4}$$

取出其实部所成的级数

$$\sum_{m,n}{}' \frac{m^2-n^2}{(m^2+n^2)^2}. \tag{1.5}$$

考察其部分和 $\sum\limits_{0\leqslant|m|,|n|\leqslant N}{}'$, 则由对称性, 它等于 0; 令 $N \to +\infty$, 其极限也是 0. 再看另一部分和 $\sum\limits_{\substack{0\leqslant|m|\leqslant 2N \\ 0\leqslant|n|\leqslant N}}{}'$, 由上面结果知, 它实际上是 $\sum\limits_{\substack{N<|m|\leqslant 2N \\ 0\leqslant|n|\leqslant N}}$, 其中各项皆有 $m^2 > n^2$, 故这一部分和为正数, 随着 N 增大它也增大而不会趋于零. 可见 (1.5) 发散, 从而 (1.4) 也发散.

§2 一些重要的函数

2.1 函数 $\wp(z)$ 最简单的椭圆函数是二阶的. 本段中将构造出一个二阶椭圆函数 $\wp(z)$, 从而说明非退化的椭圆函数的确存在. 这个函数又是椭圆函数论的重要基础之一.

我们希望作一个椭圆函数, 在基本胞腔 P_0 中有唯一的二阶极点 $z=0$. 当然 Ω_{mn} 也是它的二阶极点. 因此容易想到, 由下式就可定义这样的函数:

$$\frac{1}{z^2}+\sum_{m,n}{}'\frac{1}{(z-\Omega_{mn})^2}.$$

但这是不行的, 因为当 z 固定后, 上面这个级数不收敛. 为了克服这一缺点, 我们定义

$$\wp(z)=\frac{1}{z^2}+\sum_{m,n}{}'\left(\frac{1}{(z-\Omega_{mn})^2}-\frac{1}{\Omega_{mn}^2}\right). \tag{2.1}$$

由于

$$\frac{1}{(z-\Omega_{mn})^2}-\frac{1}{\Omega_{mn}^2}=\frac{-z^2-2z\Omega_{mn}}{\Omega_{mn}^2(z-\Omega_{mn})^2}=\frac{1}{\Omega_{mn}^3}\cdot\left(\frac{-2z-\dfrac{z^2}{\Omega_{mn}}}{\left(1-\dfrac{z}{\Omega_{mn}}\right)^2}\right)$$

在 $z\neq\Omega_{mn}$ 附近, 大括号中的函数对一切 m,n 一致有界, 而由引理 1.1, $\sum\limits_{m,n}{}'\dfrac{1}{\Omega_{mn}^3}$ 绝对收敛, 所以 (2.1) 中的级数在这种点附近, 绝对、一致收敛. 故由它定义的函数 $\wp(z)$ 当 $z\neq 0$ 和 Ω_{mn} 时有意义, 且解析. $\wp(z)$ 显然以 $z=0$ 和 Ω_{mn} 为二阶极点而无别的极点. $\wp(z)$ 也显然是双周期的, 因为, 当把 z 改为 $z+2\omega'$ 或 $z+2\omega''$ 时, (2.1) 右端无非是各项的一个重新排列. 这样, $\wp(z)$ 确实是一个二阶椭圆函数, 以 $z=0$ 及其合同点为仅有的二阶极点. $\wp(z)$ 称为 Weierstrass $\wp$ 函数.

由 (2.1) 还可看出, $\wp(z)$ 是一个偶函数:

$$\wp(-z)=\wp(z); \tag{2.2}$$

显然 $\wp(z)$ 在各极点处的留数为 0.

在 (2.1) 中逐项取导数 (这是允许的), 得

$$\wp'(z)=-2\sum_{m,n}\frac{1}{(z-\Omega_{mn})^3}, \tag{2.3}$$

它是一个三阶椭圆函数, 以 $z=0$ 及其合同点为三阶极点, 且是一奇函数:

$$\wp'(-z)=-\wp'(z). \tag{2.4}$$

我们还可继续逐次求导, 而得出任何阶的椭圆函数.

2.2 函数 $\zeta(z)$ 将一个椭圆函数 $f(z)$ 求导数, 仍得椭圆函数 $f'(z)$. 但对 $f(z)$ 求不定积分, 一般就不再是椭圆函数了.

我们来考虑 $\wp(z)$ 的不定积分. 在 (2.1) 中右端逐项取不定积分 (不计常数), 得

$$-\frac{1}{z}+\sum_{m,n}{}'\left(-\frac{1}{z-\Omega_{mn}}-\frac{z}{\Omega_{mn}^2}\right).$$

但出现的二重级数易证又不收敛. 为了促使其收敛, 应在括号中再添加一项 $-\dfrac{1}{\Omega_{mn}}$ (这相当于在 (2.1) 的大括号中相应的项自 0 积分到 z), 而称

$$\zeta(z)=\frac{1}{z}+\sum_{m,n}{}'\left(\frac{1}{z-\Omega_{mn}}+\frac{1}{\Omega_{mn}}+\frac{z}{\Omega_{mn}^2}\right) \tag{2.5}$$

为 Weierstrass ζ 函数; 换个写法, 也就是

$$\begin{aligned}\zeta(z)&=\frac{1}{z}-\int_0^z\sum_{m,n}{}'\left(\frac{1}{(z-\Omega_{mn})^2}-\frac{1}{\Omega_{mn}^2}\right)dz\\&=\frac{1}{z}-\int_0^z\left(\wp(z)-\frac{1}{z^2}\right)dz,\end{aligned} \tag{2.5$'$}$$

其中积分路径可任意地取, 但不能经过诸 Ω_{mn} 点. 且很清楚,

$$\zeta'(z)=-\wp(z), \tag{2.6}$$

而 $\zeta(z)$ 是奇函数:

$$\zeta(-z)=-\zeta(z). \tag{2.7}$$

由 (2.5) 看出, $\zeta(z)$ 是一亚纯函数, 以 $z=0,\Omega_{mn}$ 为单极点, 且留数都等于 1. 故由 §1.2 性质 3, $\zeta(z)$ 不可能是椭圆函数.

由 (2.6) 知,

$$\zeta'(z+2\omega')=\zeta'(z),\quad \zeta'(z+2\omega'')=\zeta'(z).$$

因此, 积分后, 知

$$\zeta(z+2\omega')=\zeta(z)+2\eta',\quad \zeta(z+2\omega'')=\zeta(z)+\eta'', \tag{2.8}$$

其中 η',η'' 为两个常数. 在上式中分别令 $z=-\omega'$ 和 $-\omega''$, 并由 (2.7), 立刻可知

$$\eta'=\zeta(\omega'),\quad \eta''=\zeta(\omega''), \tag{2.9}$$

所以 η',η'' 完全由周期 $2\omega',2\omega''$ 所确定, 它们不能同时为零. 我们要进一步证明, 它们之间存在着下列关系:

$$\eta'\omega''-\eta''\omega'=\frac{1}{2}\pi i. \tag{2.10}$$

为此, 考虑$\int_\Gamma \zeta(z)dz$. 由于 $\zeta(z)$ 在 p_0 内只有唯一单极点 $z=0$, 且留数为 1, 故

$$\int_\Gamma \zeta(z)dz = 2\pi i.$$

另一方面, 由 (2.8),

$$\begin{aligned}\int_\Gamma \zeta(z)dz &= \sum_{k=1}^{4}\int_{\Gamma_k}\zeta(z)dz\\ &= \int_{\Gamma_1}(\zeta(z)-\zeta(z+2\omega''))dz + \int_{\Gamma_2}(\zeta(z)-\zeta(z-2\omega'))dz\\ &= -2\eta''\int_{\Gamma_1}dz + 2\eta'\int_{\Gamma_2}dz = -4\eta''\omega' + 4\eta'\omega''.\end{aligned}$$

比较以上二式, 便得 (2.10).

注意, (2.10) 是在 (1.2) 的条件下获得的. 如果 $\operatorname{Im}\dfrac{\omega''}{\omega'} < 0$, 则 Γ 的环行方向为顺时针方向, 这时 (2.10) 的右端要改为 $-\dfrac{1}{2}\pi i$. 我们已恒设 (1.2) 成立, 所以 (2.10) 也恒成立; 但这一事实却不可忽视.

$\zeta(z)$ 虽非椭圆函数, 但在椭圆函数论中却也很重要. 利用 $\zeta(z)$ 我们可以构造一切椭圆函数.

设 $f(z)$ 是一个 n 阶 $(n \geqslant 2)$ 椭圆函数, 它在基本胞腔 P_0 中有 k 个不同极点 $a_1, \cdots, a_k$, 其阶数分别为 $r_1, \cdots, r_k$, 故 $\sum\limits_{j=1}^{k} r_j = n$. 又设已知 $f(z)$ 在极点 a_j 处的主部为

$$\frac{c_{j1}}{z-a_j} + \frac{c_{j2}}{(z-a_j)^2} + \cdots + \frac{c_{jr_j}}{(z-a_j)^{r_j}}, \quad j=1,\cdots,k; \tag{2.11}$$

由 §1.1 性质 3 知,

$$\sum_{j=1}^{k} c_{j1} = 0. \tag{2.12}$$

考虑函数

$$\begin{aligned}\varphi(z) = \sum_{j=1}^{k}\Bigg(&c_{j1}\zeta(z-a_j) - c_{j2}\zeta'(z-a_j)\\ &+\cdots+(-1)^{r_j-1}\frac{c_{jr_j}}{(r_j-1)!}\zeta^{(r_j-1)}(z-a_j)\Bigg).\end{aligned} \tag{2.13}$$

由于 $\zeta^{(s)}(z-a_j) = -\wp^{(s-1)}(z-a_j)(s \geqslant 1)$ 为双周期的, 故由 (2.12),

$$\varphi(z+2\omega') - \varphi(z) = \eta'\sum_{j=1}^{k} c_{j1} = 0,$$

$$\varphi(z+2\omega'') - \varphi(z) = \eta''\sum_{j=1}^{k} c_{j1} = 0.$$

因此 $\varphi(z)$ 是双周期的, 且在 P_0 内仅以 a_j 为 r_j 阶极点 $(j=1,\cdots,k)$, 所以也是 n 阶椭圆函数. 注意到在 a_j 处 $\zeta(z-a_j)$ 的主部为 $\dfrac{1}{z-a_j}$, $\zeta'(z-a_j)$ 的主部为 $-\dfrac{1}{(z-a_j)^2}$; 一般地, $\zeta^{(s)}(z-a_j)$ 的主部为

$$(-1)^s/(z-a_j)^{s+1}.$$

因此, $\varphi(z)$ 在 a_j 处的主部也是 (2.11). 这样, $f(z)-\varphi(z)$ 既是双周期的, 在 P_0 中又不再有极点, 故由 §1.2 性质 5, 它是一常数, 记作 A. 因此

$$f(z)=A+\sum_{j=1}^{k}\sum_{s=1}^{r_j}(-1)^{s-1}\frac{c_{js}}{(s-1)!}\zeta^{(s-1)}(z-a_j), \tag{2.14}$$

其中 $\zeta^{(0)}(z-a_j)$ 应理解为 $\zeta(z-a_j)$. 这就是已知椭圆函数极点位置及其主部时的一般表达式.

(2.8) 式不妨称为 $\zeta(z)$ 的加法双准周期性.

2.3 函数 $\sigma(z)$ 在本段中, 我们将从 $\zeta(z)$ 出发, 构造一个亚纯函数, 它具某种 "乘法" 双准周期性, 即所谓 Weierstrass σ 函数. 其定义如下:

$$\frac{d}{dz}\mathrm{Ln}\,\sigma(z)=\zeta(z),\quad \lim_{z\to 0}\frac{\sigma(z)}{z}=1, \tag{2.15}$$

其中对数可任意取定, 并不影响 $\sigma(z)$ 的定义. 由此定义和 (2.5), 可得

$$\begin{aligned}\mathrm{Ln}\,\frac{\sigma(z)}{z}&=\int_0^z\left(\zeta(z)-\frac{1}{z}\right)dz\\&=\sum_{m,n}{}'\left(\mathrm{Ln}\left(1-\frac{z}{\Omega_{mn}}\right)+\frac{z}{\Omega_{mn}}+\frac{z^2}{2\Omega_{mn}^2}\right).\end{aligned}$$

因此,

$$\sigma(z)=z\prod_{m,n}{}'\left(1-\frac{z}{\Omega_{mn}}\right)\exp\left\{\frac{z}{\Omega_{mn}}+\frac{z^2}{2\Omega_{mn}^2}\right\}, \tag{2.16}$$

其中 $\prod\limits_{m,n}{}'$ 表示对一切整数 m,n 求积, 但 $m=n=0$ 除外. 此式中的无穷乘积 (绝对) 收敛无问题, 因而前面出现的无穷级数 (绝对) 收敛也无问题.

从 (2.16) 可以看出, $\sigma(z)$ 是一整函数 (因此不是椭圆函数), 以 $z=0$ 和 Ω_{mn} 为单零点. 还可看出, 它是一奇函数:

$$\sigma(-z)=-\sigma(z), \tag{2.17}$$

因为集合 $\{\Omega_{mn}\}$ 和 $\{-\Omega_{mn}\}$ 是相同的.

(2.15) 还告诉我们,

$$\frac{\sigma'(z)}{\sigma(z)}=\zeta(z). \tag{2.18}$$

由此以及 $\zeta(z)$ 的准周期性得知,

$$\frac{\sigma'(z+2\omega')}{\sigma(z+2\omega')}-\frac{\sigma'(z)}{\sigma(z)}=2\eta'.$$

将此式两端积分, 得

$$\operatorname{Ln}\frac{\sigma(z+2\omega')}{\sigma(z)}=2\eta'z+C',$$

或即

$$\sigma(z+2\omega')=\sigma(z)e^{2\eta'z+C'}=C_1\sigma(z)e^{2\eta'z}.$$

令 $z=-\omega'$ 代入, 并记住 $\sigma(z)$ 是奇函数, 故知

$$\sigma(\omega')=-C_1\sigma(\omega')e^{-2\eta'\omega'}.$$

但由 (2.16) 知, $\sigma(\omega')\neq 0$, 故知 $C_1=-e^{2\eta'\omega'}$. 于是, 连同另一类似式子, 我们有

$$\begin{cases}\sigma(z+2\omega')=-\sigma(z)e^{2\eta'(z+\omega')},\\ \sigma(z+2\omega'')=-\sigma(z)e^{2\eta''(z+\omega'')}.\end{cases} \tag{2.19}$$

此二式表明, $\sigma(z)$ 具有某种 "乘法" 双准周期性, 但 "乘数" 不是常数.

今任取两个不互相周期合同的点 a,b, 考虑函数

$$\tau(z)=\frac{\sigma(z-a)}{\sigma(z-b)}. \tag{2.20}$$

由 (2.19) 易证,

$$\begin{cases}\tau(z+2\omega')=e^{2\eta'(b-a)}\tau(z),\\ \tau(z+2\omega'')=e^{2\eta''(b-a)}\tau(z).\end{cases} \tag{2.21}$$

因此, $\tau(z)$ 是具有常数 "乘数" 的双准周期亚纯函数. 由此性质, 又可运用 $\sigma(z)$ 来构造任意的椭圆函数, 从而显示其重要性.

设 $f(z)$ 是一个 n 阶椭圆函数, 在基本胞腔 P_0 中有零点 $a_1,\cdots,a_{n-1},a_n$ (可以重复), 有极点 $b_1,\cdots,b_{n-1},b_n'$ (也可重复). 我们要写出 $f(z)$ 用 $\sigma(z)$ 表达的式子. 由 §1.2 中性质 6 知,

$$a_1+\cdots+a_{n-1}+a_n\equiv b_1+\cdots+b_{n-1}+b_n' \pmod{2\omega',2\omega''}.$$

因此, 我们可以选取一点 $b_n\equiv b_n'$ (一般 b_n 不在 P_0 内), 使得

$$\sum_{j=1}^{n}a_j=\sum_{j=1}^{n}b_j. \tag{2.22}$$

作函数

$$\varphi(z)=\prod_{j=1}^{n}\frac{\sigma(z-a_j)}{\sigma(z-b_j)}. \tag{2.23}$$

由 (2.21),

$$\frac{\sigma(z-a_j+2\omega')}{\sigma(z-b_j+2\omega')}=e^{2\eta'(b_j-a_j)}\frac{\sigma(z-a_j)}{\sigma(z-b_j)}.$$

故由 (2.22), 立即知道 $\varphi(z)$ 以 $2\omega'$ 为周期. 同理它也以 $2\omega''$ 为周期. 所以 $\varphi(z)$ 也是 n 阶椭圆函数, 且和 $f(z)$ 有相同的零点和极点. 这样, $f(z)/\varphi(z)$ 就不再有零点和极点, 且仍为双周期的; 但这不可能, 除非它是一常数 $B(\neq 0)$. 因此, 最后得到 $f(z)$ 的表示式:

$$f(z)=B\prod_{j=1}^{n}\frac{\sigma(z-a_j)}{\sigma(z-b_j)},\quad B\neq 0. \tag{2.24}$$

这便是已知椭圆函数的零点和极点时的一般表达式.

§3 椭圆函数所满足的方程

3.1 $\wp(z)$ 所满足的微分方程 二阶椭圆函数 $\wp(z)$ 满足某个微分方程, 我们来导出它.

由 (2.1),

$$\wp(z)-\frac{1}{z^2}=\sum_{m,n}{}'\left(\frac{1}{(z-\Omega_{mn})^2}-\frac{1}{\Omega_{mn}^2}\right).$$

左端函数已在 $z=0$ 处正则, 故可展开为 Taylor 级数. 按右端展开, 易证可得

$$\wp(z)=\frac{1}{z^2}+a_2z^2+a_4z^4+O(|z|^6)\quad(z\to 0),$$

其中

$$a_2=3\sum_{m,n}{}'\frac{1}{\Omega_{mn}^4},\quad a_4=5\sum_{m,n}{}'\frac{1}{\Omega_{mn}^6}.$$

因此,

$$\wp'(z)=-\frac{2}{z^3}+2a_2z+4a_4z^3+O(|z|^5).$$

为了在 $\wp(z),\wp'(z)$ 的展开式中消去最高阶奇异性, 我们求出

$$\wp^3(z)=\frac{1}{z^6}+\frac{3a_2}{z^2}+3a_4+O(|z|^2),$$

$$\wp'^2(z)=\frac{4}{z^6}-\frac{8a_2}{z^2}-16a_4+O(|z|^2).$$

于是

$$\wp'^2(z)-4\wp^3(z)=-\frac{20a_2}{z^2}-28a_4+O(|z|^2).$$

注意到 $\wp(z)=\dfrac{1}{z^2}+O(|z|^2)$, 故又有

$$\wp'^2(z)-4\wp^3(z)+20a_2\wp(z)+28a_4=O(|z|^2).$$

上式左端是双周期的, 且只可能在 $z=0$ (及其合同点) 处有极点; 但从右端看, $z=0$ 不可能是极点, 可见它是一常数, 且必须为 0. 这样, 便得 $\wp(z)$ 所应满足的微分方程

$$\wp'^2(z)=4\wp^3(z)-g_2\wp(z)-g_3, \tag{3.1}$$

这里已改写

$$g_2=20a_2=60\sum_{m,n}{}'\frac{1}{\Omega_{mn}^4},\quad g_3=28a_4=140\sum_{m,n}{}'\frac{1}{\Omega_{mn}^6}. \tag{3.2}$$

今后我们要将半周期的记号略加改变: 记 $\omega'=\omega_1,\omega'+\omega''=\omega_2,\omega''=\omega_3$, 并记

$$\wp(\omega_j)=e_j,\quad j=1,2,3. \tag{3.3}$$

由于 $\wp'(z)$ 是奇函数, 且 $2\omega_j$ 都是它的周期, 因此,

$$\wp'(\omega_j)=\wp'(\omega_j-2\omega_j)=\wp'(-\omega_j)=-\wp'(\omega_j),$$

亦即 $\wp'(\omega_j)=0(j=1,2,3)$. 又因 $\wp'(z)$ 是三阶椭圆函数, 它在基本胞腔 P_0 内除单零点 $\omega_1,\omega_2,\omega_3$ 外不可能再有零点. 亦即, 由 (3.1) 知, 三次多项式

$$4t^3-g_2t-g_3$$

以 $t=\wp(\omega_j)=e_j(j=1,2,3)$ 为零点. 但可证明, e_1,e_2,e_3 互不相等. 因为, 例如, 考虑 $\wp(z)-e_1$, 它是一个二阶椭圆函数, 当 $z=\omega_1$ 时它等于 0, 又因 $\wp'(\omega_1)=0$, 故 $z=\omega_1$ 是 $\wp(z)-e_1$ 的二阶零点, 且在 P_0 内不可能有别的零点. 如果例如 $e_1=e_2$, 则它在 $z=\omega_2$ 处也将有零点, 矛盾. 因此 $e_1\neq e_2$. 类似地可证明 e_3 和 e_1,e_2 均不相等. 这样, 就可写

$$4t^3-g_2t-g_3=4(t-e_1)(t-e_2)(t-e_3),$$

亦即

$$\wp'^2(z)=4(\wp(z)-e_1)(\wp(z)-e_2)(\wp(z)-e_3). \tag{3.4}$$

由此还可知道

$$\begin{cases} e_1+e_2+e_3=0,\\ e_1e_2+e_2e_3+e_3e_1=-\dfrac{1}{4}g_2,\\ e_1e_2e_3=\dfrac{1}{4}g_3. \end{cases} \tag{3.5}$$

下面我们来讨论 $w = \wp(z)$ 的反函数. 它当然是多值的, 因为对于一个 w 值, 可有 z 和 $z + \Omega_{mn}$ 与之相应.

把 (3.1) 改写为

$$\wp'(z) = \sqrt{4\wp^3(z) - g_2\wp(z) - g_3}. \tag{3.6}$$

由于 $\wp'(z)$ 是单值的, 所以此式右端根式应是两个独立的分支. 由 (2.3) 知, 我们应取这样一支, 使得

$$\lim_{z\to 0} z^3\sqrt{4\wp^3(z) - g_2\wp(z) - g_3} = -2. \tag{3.7}$$

令 $t = \wp(z)$ 时, 我们也将相应地取 $\sqrt{4t^3 - g_2t - g_3}$ 的分支. 以后就这样理解.

将 (3.6) 改写为

$$dz = \frac{d\wp(z)}{\sqrt{4\wp^3(z) - g_2\wp(z) - g_3}}.$$

在平面中任取两点 $z_0, z(\neq \omega_j)$ 及它们的合同点, 并联结一条 (可求长) 曲线 γ (也不经过这些点), 则有

$$z - z_0 = \int_\gamma d\zeta = \int_\gamma \frac{d\wp(\zeta)}{\sqrt{4\wp^3(\zeta) - g_2\wp(\zeta) - g_3}}.$$

作代换 $t = \wp(\zeta)$, 并记 $w_0 = \wp(z_0), w = \wp(z)$, 则上式可写成

$$z - z_0 = \int_{w_0}^{w} \frac{dt}{\sqrt{4t^3 - g_2t - g_3}},$$

其中积分路径是 $L = \wp(\gamma)$. 如令 $z_0 \to 0$, 则 $w_0 \to \infty$, 故有

$$z = \int_\infty^w \frac{dt}{\sqrt{4t^3 - g_2t - g_3}} = \int_\infty^{\wp(z)} \frac{dt}{\sqrt{4t^3 - g_2t - g_3}}, \tag{3.8}$$

其中积分路径是沿当 $w_0 \to \infty$ 时曲线 L 延伸到 ∞ 处的曲线 L_∞. 此式右端积分是多值的, 它随着积分路径不同而不同. 例如, 如果 γ' 是从 z_0 沿原路径 γ 到 z 再以某种方式延伸到 $z + \Omega_{mn}$ (当然仍不经过 ω_j 及其合同点), 则由于 $\wp(z)$ 以 Ω_{mn} 为周期, 故 (3.8) 右端的形式不变, 但积分是沿 $L' = \wp(\gamma')$ 延伸成 L'_∞ 进行的, 而这时左端是 $z + \Omega_{mn}$.

这样, (3.8) 看作 z 是 w 的 (多值) 函数时, 它便是 $w = \wp(z)$ 的反函数.

积分

$$\int_{w_0}^{w} R(t, \sqrt{P(t)})dt \tag{3.9}$$

称为椭圆积分, 其中 $P(t)$ 是三次或四次多项式 (没有重根), R 为其变元的有理函数. 在求椭圆的弧长时就会遇到这种积分, 因此这样称呼.

(3.8) 中的积分是一椭圆积分 (因 e_1, e_2, e_3 互不相等), 而 $w = \wp(z)$ 是这一椭圆积分的反函数. 利用 $\wp(z)$ 还可以在相当普遍的情形下表示积分 (3.9), 包括求椭圆弧长的积分 (这里从略). 椭圆函数的名称正是由此而来.

3.2 椭圆函数间的有理关系 任意两个椭圆函数间存在代数关系. 首先我们证明一个重要事实: 任何椭圆函数 $f(z)$ 一定可以写成 $\wp(z)$ 与 $\wp'(z)$ 的有理函数.

先设 $f(z)$ 为一个偶椭圆函数: $f(-z)=f(z)$, 且它不以 0 及其合同点为零点和极点. 因此, 在基本胞腔 P_0 中, $f(z)$ 的零点和极点必成对出现, 且阶数相同, 设它们分别为 $\pm a_1,\cdots,\pm a_r$ 和 $\pm b_1,\cdots,\pm b_r$ (计及阶数, 可以重复), 而 $2r$ 为 $f(z)$ 的阶数. 令

$$\varphi(z)=\prod_{j=1}^{r}\frac{\wp(z)-\wp(a_j)}{\wp(z)-\wp(b_j)}.$$

它显然也是偶椭圆函数, 也以 $\pm a_j$ 为零点, 以 $\pm b_j$ 为极点, 且易见它们的阶数一如 $\wp(z)$ 的. 于是 $\varphi(z)$ 和 $f(z)$ 只能相差一个常数因子 C. 因此,

$$f(z)=C\prod_{j=1}^{r}\frac{\wp(z)-\wp(a_j)}{\wp(z)-\wp(b_j)},$$

$f(z)$ 已表为 $\wp(z)$ 的有理函数.

如果 $f(z)$ 是偶椭圆函数, 还以 $z=0$ 及其合同点为 $2k$ 阶零点 (或极点), 则 $f(z)\wp^k(z)$(或 $f(z)/\wp^k(z)$) 就是上面所考虑过的情况, 因此 $f(z)$ 仍可写为 $\wp(z)$ 的有理函数.

如果 $f(z)$ 是一奇椭圆函数, 则 $f(z)/\wp'(z)$ 就是一偶椭圆函数. 由上所述, $f(z)/\wp'(z)$ 可写成 $R(\wp(z))$, 其中 R 为有理函数. 因此 $f(z)=R(\wp(z))\cdot\wp'(z)$.

一般地, 任何椭圆函数 $f(z)$ 可写成

$$f(z)=\frac{1}{2}\left(f(z)+f(-z)\right)+\frac{1}{2}(f(z)-f(-z)),$$

即一偶、一奇椭圆函数之和. 由前已证明的, 便知 $f(z)$ 可写为 $\wp(z)$ 和 $\wp'(z)$ 的有理函数.

甚至还可知道, 上面结论中的有理函数, 对于 $\wp'(z)$ 来说, 是一次多项式①. 如果在此式中将 $\wp'(z)$ 解出, 平方后再利用 (3.1) 式, 则此式成为 $f(z)$ 和 $\wp(z)$ 之间的有理式.

以上事实还可进一步推广. 不难证明, 任何两个椭圆函数 $f(z),\varphi(z)$ 之间必有一有理式关系 (因而也是一多项式关系). 这是因为, 上面已看到, $f(z),\varphi(z)$ 都和 $\wp(z)$ 之间存在有理关系, 因而有多项式关系, 亦即, 存在二元多项式 P_1,P_2, 使对一切 z, 有

$$P_1(f(z),\wp(z))=0,\quad P_2(\varphi(z),\wp(z))=0.$$

在此两式中, 消去 $\wp(z)$, 就可得到一多项式 P_3, 使对一切 z, 有

$$P_3(f(z),\varphi(z))=0$$

(例如, P_3 是 P_1 和 P_2 的 Sylvester 结式). 因此结论得证.

① 任何 $\wp(z),\wp'(z)$ 的有理函数, 利用 (3.1) 式, 都可化为对 $\wp(z)$ 来说只是一次多项式.

§4　一些重要的函数 (续)

4.1　函数 $\sigma_j(z)$　前已看到, $\wp'(z)$ 有表达式 (3.6), 其中含有根号, 使用极不方便; 但 $\wp'(z)$ 是全平面中的亚纯函数, 不存在支点, 因而给出其不含根号的表达式 (写成两整函数的商) 是完全可能的. 我们将引进一些新的函数使达到这一目的.

首先, 我们注意到, $2\omega_2$ 也是 $\wp(z)=\zeta'(z)$ 的周期:

$$\zeta'(z+2\omega_2)=\zeta'(z).$$

积分后, 得

$$\zeta(z+2\omega_2)=\zeta(z)+2\eta_2,$$

其中 η_2 也是一常数. 将 $z=-\omega_2$ 代入, 并利用 $\zeta(z)$ 是奇函数, 可知 $\eta_2=\zeta(\omega_2)$. 连同 (2.8), 可以写

$$\zeta(z+2\omega_j)=\zeta(z)+2\eta_j,\quad \eta_j=\zeta(\omega_j),\quad j=1,2,3 \tag{4.1}$$

(这里已改写 $\eta'=\eta_1,\eta''=\eta_3$). 又因 $\omega_2=\omega_1+\omega_3$, 故

$$\begin{aligned}\zeta(z+2\omega_2)&=\zeta(z+2\omega_1+2\omega_3)=\zeta(z+2\omega_1)+2\eta_3\\&=\zeta(z)+2\eta_1+2\eta_3.\end{aligned}$$

故知

$$\eta_2=\eta_1+\eta_3. \tag{4.2}$$

现在 (2.10) 可改写为

$$\eta_1\omega_3-\eta_3\omega_1=\frac{1}{2}\pi i, \tag{4.3}$$

则利用 (4.2), 可得

$$\eta_2\omega_1-\eta_1\omega_2=-\frac{1}{2}\pi i,\quad \eta_3\omega_2-\eta_2\omega_3=-\frac{1}{2}\pi i. \tag{4.3$'$}$$

现在我们要证明,

$$\sigma(z+2\omega_j)=-\sigma(z)e^{2\eta_j(z+\omega_j)} \tag{4.4}$$

($j=1,2,3$; 本段中所有下标都取 1 至 3). 当 $j=1,3$ 时, 这就是 (2.19) 式. 下面只考虑 $j=2$ 的情况:

$$\begin{aligned}\sigma(z+2\omega_2)&=\sigma(z+2\omega_1+2\omega_3)\\&=-\sigma(z+2\omega_1)e^{2\eta_3(z+2\omega_1+\omega_3)}\\&=\sigma(z)e^{2\eta_1(z+\omega_1)}\cdot e^{2\eta_3(z+2\omega_1+\omega_3)}\\&=\sigma(z)e^{2(\eta_1+\eta_3)(z+\omega_1+\omega_3)}\cdot e^{2\eta_3\omega_1-2\eta_1\omega_3},\end{aligned}$$

由 (4.3) 和 (4.2), 便得所要等式.

其次, 我们来考虑 $\wp(z)$ 和 $\sigma(z)$ 之间的一个关系式. 取定例如 P_0 中一定点 $u \neq 0$, 则 $\wp(z)-\wp(u)$ 仍是一个二阶椭圆函数. 在 P_0 中以 $\pm u$ 为单零点, 仍以 $z=0$ 为二阶极点. 但由 §2.3 中所论, 可知

$$\wp(z)-\wp(u)=C\frac{\sigma(z+u)\sigma(z-u)}{\sigma^2(z)},$$

其中 C 为某常数. 为了确定它, 可在上式两端乘以 $\sigma^2(z)$, 然后令 $z\to 0$. 由 (2.16) 和 (2.1) 以及 $\sigma(z)$ 为奇函数这一事实, 立即可知,

$$C=-\frac{1}{\sigma^2(u)}.$$

因此, 我们有,

$$\wp(z)-\wp(u)=-\frac{\sigma(z+u)\sigma(z-u)}{\sigma^2(u)\sigma^2(z)}. \tag{4.5}$$

在此式中令 $u=\omega_j$, 便得

$$\wp(z)-e_j=-\frac{\sigma(z+\omega_j)\sigma(z-\omega_j)}{\sigma^2(\omega_j)\sigma^2(z)}.$$

但由 (4.4)(在其中将 z 改为 $z-\omega_j$),

$$\sigma(z+\omega_j)=-e^{2\eta_j z}\sigma(z-\omega_j), \tag{4.6}$$

因此上式又可写为

$$\wp(z)-e_j=\left(\frac{e^{\eta_j z}\sigma(z-\omega_j)}{\sigma(\omega_j)\sigma(z)}\right)^2.$$

为简单起见, 我们记

$$\sigma_j(z)=-e^{\eta_j z}\frac{\sigma(z-\omega_j)}{\sigma(\omega_j)} \tag{4.7}$$

(它们都是整函数), 则可写

$$\wp(z)-e_j=\left(\frac{\sigma_j(z)}{\sigma(z)}\right)^2 \tag{4.8}$$

或即

$$\sqrt{\wp(z)-e_j}=\frac{\sigma_j(z)}{\sigma(z)}. \tag*{(4.8)$'$}$$

由于 $\sigma_j(0)=1$, 而 $1/\sigma(z)$ 在 $z=0$ 处的主部为 $1/z$, 所以上式中的根式应选取这样一支, 使得

$$\lim_{z\to 0} z\sqrt{\wp(z)-e_j}=1.$$

由 (4.7) 和 (4.6), 易证 $\sigma_j(z)$ 都是偶函数:

$$\sigma_j(-z) = \sigma_j(z). \tag{4.9}$$

将 (4.8) 与 (3.4) 相对照, 立得

$$\wp'(z) = \pm 2\frac{\sigma_1(z)\sigma_2(z)\sigma_3(z)}{\sigma^3(z)}.$$

由于在 $z=0$ 附近, $\wp'(z)$ 的主部为 $-2/z^3, 1/\sigma(z)$ 的主部为 $1/z$, 而 $\sigma_j(0)=1$, 故上式中应取负号. 于是, 便有

$$\wp'(z) = -2\frac{\sigma_1(z)\sigma_2(z)\sigma_3(z)}{\sigma^3(z)}. \tag{4.10}$$

这样, $\wp'(z)$ 已表为整函数的商, 目的已达到.

和 $\sigma(z)$ 相像, $\sigma_j(z)$ 也有 "乘法" 准周期性. 我们将证明:

$$\begin{cases} \sigma_j(z+2\omega_j) = -e^{2\eta_j(z+\omega_j)}\sigma_j(z), \\ \sigma_j(z+2\omega_k) = e^{2\eta_k(z+\omega_k)}\sigma_j(z), k \neq j. \end{cases} \tag{4.11}$$

先证前一式. 由 (4.7) 和 (4.6) 知,

$$\begin{aligned} \sigma_j(z+2\omega_j) &= -e^{\eta_j(z+2\omega_j)}\frac{\sigma(z+\omega_j)}{\sigma(\omega_j)} \\ &= e^{\eta_j(z+2\omega_j)}\frac{\sigma(z-\omega_j)e^{2\eta_j z}}{\sigma(\omega_j)} \\ &= -e^{2\eta_j(z+\omega_j)}\sigma_j(z). \end{aligned}$$

当 $k \neq j$ 时, 还要利用 (4.3) 和 (4.3)′, 得

$$\begin{aligned} \sigma_j(z+2\omega_k) &= -e^{\eta_j(z+2\omega_k)}\frac{\sigma(z+2\omega_k-\omega_j)}{\sigma(\omega_j)} \\ &= e^{\eta_j(z+2\omega_k)}\frac{\sigma(z-\omega_j)e^{2\eta_k(z-\omega_j+\omega_k)}}{\sigma(\omega_j)} \\ &= e^{\eta_j z}\frac{\sigma(z-\omega_j)}{\sigma(\omega_j)}e^{2\eta_k(z+\omega_k)} \cdot e^{2\eta_j\omega_k-2\eta_k\omega_j} \\ &= \sigma_j(z)e^{2\eta_k(z+\omega_k)}. \end{aligned}$$

由于 $\sigma_j(z)$ 与 $\sigma(z)$ 有此类似性质, 我们也称它们为副 σ 函数.

4.2 Jacobi 椭圆函数 椭圆函数是双周期的, 三角函数是单周期的, 它们之间有不少相似的性质. 本段中引进的 Jacobi 椭圆函数, 将使这些相似性较为明显.

我们记

$$\operatorname{sn} u = \sqrt{e_1-e_3}\frac{\sigma(z)}{\sigma_3(z)}, \quad \operatorname{cn} u = \frac{\sigma_1(z)}{\sigma_3(z)}, \quad \operatorname{dn} u = \frac{\sigma_2(z)}{\sigma_3(z)}, \tag{4.12}$$

其中 $u=\sqrt{e_1-e_3}z$. 这里 $\sqrt{e_1-e_3}$ 取哪个值都一样, 因为如果另取 $-\sqrt{e_1-e_3}$, 而将 z 改为 $-z$, 由于 $\sigma(z)$ 是奇函数, $\sigma_3(z)$ 是偶函数, 因此仍得同样等式.

(4.12) 中的函数易证都是椭圆函数. 例如, 可以证明, $2\tau'=4\omega_1\sqrt{e_1-e_3}$ 就是 $\operatorname{sn}u$ 的周期. 因为, 由定义,

$$\operatorname{sn}(u+2\tau')=\sqrt{e_1-e_3}\frac{\sigma(z+4\omega_1)}{\sigma_3(z+4\omega_1)},$$

而由 (4.5), (4.11),

$$\begin{aligned}\sigma(z+4\omega_1)&=-\sigma(z+2\omega_1)e^{2\eta_1(z+3\omega_1)}\\&=\sigma(z)e^{2\eta_1(z+\omega_1)}\cdot e^{2\eta_1(z+3\omega_1)}\\&=\sigma(z)e^{4\eta_1(z+2\omega_1)},\\\sigma_3(z+4\omega_1)&=\sigma_3(z+2\omega_1)e^{2\eta_1(z+2\omega_1)}\\&=\sigma_3(z)e^{4\eta_1(z+2\omega_1)},\end{aligned}$$

故

$$\operatorname{sn}(u+2\tau')=\sqrt{e_1-e_3}\frac{\sigma(z)}{\sigma_3(z)}=\operatorname{sn}u.$$

同样可证明 $2\tau''=2\omega_3\sqrt{e_1-e_3}$ 也是 $\operatorname{sn}u$ 的周期. 此二周期之比不是实数, 所以 $\operatorname{sn}u$ 是椭圆函数. 它的零点和 $\sigma(z)$ 的零点呈一一对应, 即 $u=m\tau'+2n\tau''(m,n=0,\pm1,\pm2,\cdots)$, 且都是单零点. 如果以 $0,2\tau',2\tau'+2\tau'',2\tau''$ 为顶点作一周期四边形 π_0, 则在其内 $\operatorname{sn}u$ 无零点, 而在其边界上非合同的零点恰有两个: 0 和 τ', 因此 $\operatorname{sn}u$ 是二阶椭圆函数; 且 π_0 是其基本周期四边形, 因为在 “更小” 的平行四边形上 $\operatorname{sn}u$ 的零点就只有一个或者没有, 于是这种四边形就不可能是周期四边形了. $\operatorname{sn}u$ 的极点和 $\sigma_3(z)$ 的极点也一一对应, 而可证明 $u=m\tau'+(2n+1)\tau''(m,n=0,\pm1,\pm2,\cdots)$ 就是它的所有单极点, 在 π_0 内及其边界上有 (非合同) 单极点 τ'' 和 $\tau'+\tau''$.

对于 $\operatorname{cn}u$ 和 $\operatorname{dn}u$, 也可同样证明是二阶椭圆函数. 这些函数的基本周期、零点、极点见下表, 不再一一证明.

函数	基本周期	零点	极点
$\operatorname{sn}u$	$2\tau',2\tau''$	$m\tau'+2n\tau''$	$m\tau'+(2n+1)\tau''$
$\operatorname{cn}u$	$2\tau',\tau'+2\tau''$	$\left(m+\frac{1}{2}\right)\tau'+2n\tau''$	$m\tau'+(2n+1)\tau''$
$\operatorname{dn}u$	$\tau',4\tau''$	$\left(m+\frac{1}{2}\right)\tau'+(2n+1)\tau''$	$m\tau'+(2n+1)\tau''$

$(\tau'=2\omega'\sqrt{e_1-e_3},\tau''=2\omega''\sqrt{e_1-e_3})$

$\operatorname{sn}u,\operatorname{cn}u,\operatorname{dn}u$ 统称为 Jacobi 椭圆函数, 其中 $\operatorname{sn}u$ 为奇函数, $\operatorname{cn}u$ 和 $\operatorname{dn}u$ 为偶函数, 且

$$\operatorname{sn}0=0,\quad\operatorname{cn}0=1,\quad\operatorname{dn}0=1.\tag{4.13}$$

$\mathrm{sn}\,u$ 和 $\mathrm{cn}\,u$ 分别与 $\sin\theta$ 和 $\cos\theta$ 有相似性质. 由

$$\wp(z)-e_1=\left(\frac{\sigma_1(z)}{\sigma(z)}\right)^2,\quad \wp(z)-e_3=\left(\frac{\sigma_3(z)}{\sigma(z)}\right)^2, \tag{4.14}$$

所以

$$e_1-e_3=\frac{\sigma_3^2(z)-\sigma_1^2(z)}{\sigma^2(z)}=\frac{\sigma_3^2(z)}{\sigma^2(z)}\left(1-\frac{\sigma_1^2(z)}{\sigma_3^2(z)}\right),$$

或即

$$(e_1-e_3)\frac{\sigma^2(z)}{\sigma_3^2(z)}+\frac{\sigma_1^2(z)}{\sigma_3^2(z)}=1,$$

这就是

$$\mathrm{sn}^2u+\mathrm{cn}^2u=1. \tag{4.15}$$

同理, 如果在 (4.14) 的前一式中, 将下标 1 改为 2, 进行类似运算, 又可得另一恒等式

$$\frac{e_2-e_3}{e_1-e_3}\mathrm{sn}^2u+\mathrm{dn}^2u=1.$$

如果记

$$k^2=\frac{e_2-e_3}{e_1-e_3}, \tag{4.16}$$

则上式又可写为

$$\mathrm{dn}^2u=1-k^2\mathrm{sn}^2u. \tag{4.17}$$

k 或 $-k$ 称为 Jacobi 椭圆函数的模数. 特别地, 当 k^2 为正实数时, 常取 $k>0$ 为模数.

利用 Jacobi 椭圆函数, (4.10) 可改写为

$$\wp'(z)=-2(e_1-e_3)^{3/2}\frac{\mathrm{cn}\,u\mathrm{dn}\,u}{\mathrm{sn}^3u}. \tag{4.18}$$

另一方面,

$$\wp(z)-e_3=\left(\frac{\sigma_3(z)}{\sigma(z)}\right)^2=\frac{e_1-e_3}{\mathrm{sn}^2u},$$

求导数后, 则得 (注意 $du/dz=\sqrt{e_1-e_3}$)

$$\wp'(z)=-2(e_1-e_3)^{3/2}\frac{(\mathrm{sn}\,u)'}{\mathrm{sn}^3u}.$$

与 (4.18) 比较, 得知

$$(\mathrm{sn}\,u)'=\mathrm{cn}\,u\mathrm{dn}\,u. \tag{4.19}$$

如果对 (4.15) 和 (4.17) 求导数, 并利用上式, 则又可得

$$(\mathrm{cn}\,u)'=-\mathrm{sn}\,u\mathrm{dn}\,u,\quad (\mathrm{dn}\,u)'=-k^2\mathrm{sn}\,u\mathrm{cn}\,u. \tag{4.20}$$

我们还可看到 $\mathrm{sn}\,u$ 和椭圆积分的关系. 先来求出 $\mathrm{sn}\,u$ 所满足的微分方程: 将 (4.19) 两端平方, 利用 (4.17) 消去 $\mathrm{dn}\,u$, 则得

$$\left(\frac{d\mathrm{sn}\,u}{du}\right)^2=(1-\mathrm{sn}^2u)(1-k^2\mathrm{sn}^2u).$$

这就是 $t=\mathrm{sn}\,u$ 所满足的微分方程

$$\left(\frac{dt}{du}\right)^2=(1-t^2)(1-k^2t^2). \tag{4.21}$$

两端开方, 得

$$\frac{dt}{du}=\sqrt{(1-t^2)(1-k^2t^2)}.$$

因为 $u=0$ 时 $t=0$, 且由 (4.19), 这时 $dt/du=1$, 故上式中根式的值要这样选取, 使当 $t=0$ 时取值 1. 上式又可改写为

$$u=\int_0^t\frac{d\tau}{\sqrt{(1-\tau^2)(1-k^2\tau^2)}},\quad t=\mathrm{sn}\,u. \tag{4.22}$$

可见, 椭圆积分 (4.22) 定义的函数 $u=u(t)$ 是 Jacobi 椭圆函数 $t=\mathrm{sn}\,u$ 的反函数. 它和 (3.8) 一样, 也是多值函数.

4.3　准椭圆函数　一个亚纯函数 $F(z)$, 如果具有下列性质, 则称为加法准椭圆函数:

$$F(z+2\omega')=F(z)+2a',\quad F(z+2\omega'')=F(z)+2a'', \tag{4.23}$$

这里 $2a',2a''$ 是两个不完全为 0 的常数, 而 ω',ω'' 仍如本章开始所述, $\mathrm{Im}\,\dfrac{\omega'}{\omega}>0$. $2a',2a''$ 称为 $F(z)$ 的加数.

函数 z 就是一个最简单的这种函数, 它的加数就是 $2\omega',2\omega''$. $\zeta(z-z_0)$ 也是加法准椭圆函数 (z_0 为任意定点), 以 $2\eta',2\eta''$ 为加数.

我们要给出加法准椭圆函数的一般表达式.

设 $F(z)$ 是一加法准椭圆函数, 以 $2a',2a''$ 为加数.

先设 $F(z)$ 为一整函数. 任取 z_0, 作函数

$$\varphi(z)=A\zeta(z-z_0)+Bz, \tag{4.24}$$

其中 A,B 为待定常数, 使 $\varphi(z)$ 也有加数 $2a',2a''$. 这是办得到的, 只要取 A,B 满足方程组

$$\eta'A+\omega'B=a',\quad \eta''A+\omega''B=a'', \tag{4.25}$$

或即, 由 (2.10),

$$A=\frac{2}{\pi i}(a'\omega''-a''\omega'),\quad B=-\frac{2}{\pi i}(a'\eta''-a''\eta'). \tag{4.25$'$}$$

于是, 函数

$$f(z)=F(z)-A\zeta(z-z_0)-Bz \tag{4.26}$$

就是双周期的, 至多以 $z=z_0$ 及其合同点为单极点, 因而必定是常数 C, 且必有 $A=0$, 从而

$$F(z)=Bz+C, \tag{4.27}$$

而且当且仅当 $2a', 2a''$ 满足条件

$$\frac{a''}{a'}=\frac{\omega''}{\omega'} \tag{4.28}$$

时才能如此. 这就是无极点的加法准椭圆函数的一般形式.

如果 $F(z)$ 在 P_0 中只有一个单极点 z_0, 则可完全同上地推理, 它有一般形式

$$F(z)=A\zeta(z-z_0)+Bz+C. \tag{4.29}$$

一般说来, 如果 $F(z)$ 在 P_0 中有 n 个极点, $n\geqslant 2$, 不妨称为 n 阶的, 则仍令 $\varphi(z)$ 为 (4.24), 其中 z_0 为 $F(z)$ 的极点之一时, $F(z)-\varphi(z)$ 就是双周期的. 结合 (2.11) 以下的讨论, 可知 $F(z)$ 的一般形式为: 设 $F(z)$ 的不同极点为 $a_1,\cdots,a_k$, 阶数分别为 $r_1,\cdots,r_k$, 而 $\sum\limits_{j=1}^{k}r_j=n$, 则

$$F(z)=Bz+C+\sum_{j=1}^{k}\sum_{s=1}^{r_j}c_{js}\zeta(z-a_j), \tag{4.30}$$

但这时

$$A=\sum_{j=1}^{k}c_{j1} \tag{4.31}$$

一般不必为 0; A, B 与 $F(z)$ 的加数 $2a', 2a''$ 之间仍满足关系式 (4.25) 或即 (4.25)$'$.

现在考虑具有乘法双准周期性的亚纯函数 $F(z)$, 即满足条件

$$F(z+2\omega')=b'F(z), \quad F(z+2\omega'')=b''F(z) \tag{4.32}$$

者, 其中 b', b'' 是不同时为 1 的非零常数. $F(z)$ 称为乘法准椭圆函数, b', b'' 称为其乘数.

最简单, e^z 就是这种函数, 以 $b'=e^{2\omega'}, b''=e^{2\omega''}$ 为乘数, 它们不会同时为 1, 因为否则的话, $\omega'=m\pi i, \omega''=n\pi i(m,n$ 为整数) 而 $\omega''/\omega'=n/m$ 就是实数了. 非整函数的乘法准椭圆函数也确实存在. 例如 $\sigma(z-z_1)/\sigma(z-z_0)$ 就是, 其中 $z_0\not\equiv z_1(\text{mod } 2\omega', 2\omega'')$. 由 (2.20), (2.21) 可看到, 其乘数为

$$b'=e^{2\eta'(z_0-z_1)}, \quad b''=e^{2\eta''(z_0-z_1)}. \tag{4.33}$$

它们也不会同时为 1. 因为, 设若如此, 则

$$\eta'(z_0 - z_1) = m\pi i, \quad \eta''(z_0 - z_1) = n\pi i,$$

其中 m, n 为整数, 且不同时为 0, 因此

$$\frac{\eta'}{m} = \frac{\eta''}{n} = \frac{\pi i}{z_0 - z_1},$$

由 (2.10) 立刻可知

$$z_0 - z_1 = 2(m\omega'' - n\omega'),$$

这和 $z_0 \not\equiv z_1$ 矛盾.

现在讨论 $F(z)$ 的一般形式, 设其乘数为 b', b''.

先设 $F(z)$ 是整函数, 任取 z_0, 作函数

$$\psi(z) = \frac{\sigma(z - z_1)}{\sigma(z - z_0)} e^{Bz}, \tag{4.34}$$

其中 z_1 和 B 待定; 选择它们使 $\psi(z)$ 也有乘数 b', b'', 亦即, 要求 z_1, B 满足条件

$$\begin{cases} \exp\{2\eta'(z_0 - z_1) + 2B\omega'\} = b', \\ \exp\{2\eta''(z_0 - z_1) + 2B\omega''\} = b'', \end{cases} \tag{4.35}$$

也就是, 要求

$$\begin{cases} -2\eta' z_1 + 2\omega' B = \mathrm{Ln}\, b' - 2\eta' z_0, \\ -2\eta'' z_1 + 2\omega'' B = \mathrm{Ln}\, b'' - 2\eta'' z_0, \end{cases} \tag{4.36}$$

这里对数可任意取值. 和前面同样理由, 此方程组一定有解. 这样, $F(z)$ 和 $\psi(z)$ 就有相同的乘数, 于是 $F(z)/\psi(z)$ 就是双周期的, 以 z_1 及其合同点为仅有的可能单极点, 这不可能, 除非它是一常数 C', 即 $F(z) = C'\psi(z)$. 但 $F(z)$ 无极点, 故必 $z_1 \equiv z_0$. 这样, 无极点的乘法准椭圆函数的一般形式为

$$F(z) = Ce^{Bz}, \tag{4.37}$$

这当且仅当 $\omega''/\omega' = \mathrm{Ln}\, b''/\mathrm{Ln}\, b'$ 时才可能 (其中对数要适当选取), 而这时 $B = \mathrm{Ln}\, b'/2\omega' = \mathrm{Ln}\, b''/2\omega''$.

如果 $F(z)$ 只以 z_0 及其合同点为仅有的单极点, 则由上所论, 其一般形式为

$$F(z) = Ce^{Bz} \frac{\sigma(z - z_1)}{\sigma(z - z_0)}, \tag{4.38}$$

而 B, z_1 与其乘数 b', b'' 之间要满足关系 (4.36).

一般地, 如果 $F(z)$ 在 P_0 中有极点 $b_1, \cdots, b_n$ (可以重复), 称为 n 阶的, 则结合和上面相似的讨论以及 §2 末的说明, 得知其一般形式为

$$F(z) = Ce^{Bz} \frac{\sigma(z - a_1) \cdots \sigma(z - a_n)}{\sigma(z - b_1) \cdots \sigma(z - b_n)}, \tag{4.39}$$

但现在并不要求

$$A = \sum_{j=1}^{n} b_j - \sum_{j=1}^{n} a_j \tag{4.40}$$

等于 0, 其乘数易见为

$$b' = \exp\{2\eta' A + 2\omega' B\}, \quad b'' = \exp\{2\eta'' A + 2\omega'' B\}. \tag{4.41}$$

所以, 如果事先给定极点, $F(z)$ 的零点 $a_1, \cdots, a_n$ (可以重复) 要受 (4.41) 的约束. 但可肯定, $n(\geqslant 0)$ 阶乘法准椭圆函数在 P_0 中的零点和极点的个数必相等.

第九章 Cauchy 型积分

§1 Cauchy 型积分和 Cauchy 主值积分

1.1 Cauchy 型积分概念 设 L 是复平面中的一条光滑封闭曲线 (除非特别声明, 本章中的 L 恒指这种曲线), 已取定反时针方向为正向. L 所围内域记为 $G = G^+$, 外域则记为 G^-. $L = \partial G^{\pm}$ 为它们的共同边界.

如果 $f(z)$ 在 G 内解析, 在 $\bar{G} = G + L$ 上连续, 则有熟知的 Cauchy 积分公式

$$f(z) = \frac{1}{2\pi i}\int_L \frac{f(t)}{t-z}dt, \quad z \in G; \tag{1.1}$$

而若 $z \in G^-$, 则显然上式右端为 0.

今设 $f(t)$ 仅定义在 L 上. 我们给出

定义 1.1 设 $f(t)$ 是 L 上的连续函数, 则称

$$F(z) = \frac{1}{2\pi i}\int_L \frac{f(t)}{t-z}dt, \quad z \,\bar{\in}\, L, \tag{1.2}$$

为 Cauchy 型积分, 而 $f(t)$ 称为其核密度[①].

注意, 我们限定了 $z \,\bar{\in}\, L$. 当 $z \in G^+$ 或 G^- 时, (1.2) 式分别定义为其中的全纯函数, 记作 $F^{\pm}(z)$. 亦即

$$F(z) = F^{\pm}(z) = \frac{1}{2\pi i}\int_L \frac{f(t)}{t-z}dt, \quad z \in G^{\pm}. \tag{1.3}$$

① 这里以及本章内容均可推广到 $f(t)$ 属于更广泛的函数类的情况, 但本书从略.

这是容易证明的. 因为, 如同证明 Cauchy 积分公式那样, 可以在积分号下求导. 也可证明,

$$F'(z)=\frac{1}{2\pi i}\int_L \frac{f(t)}{(t-z)^2}dt, \quad z \bar{\in} L. \tag{1.4}$$

而且, 如果 $f'(t)$ 也连续, 利用分部积分法, 立得

$$F'(z)=\frac{1}{2\pi i}\int_L \frac{f'(t)}{t-z}dt, \quad z \bar{\in} L. \tag{1.4$'$}$$

一般地, 对任何 n, 还可写出

$$F^{(n)}(z)=\frac{1}{n!}\frac{1}{2\pi i}\int_L \frac{f(t)}{(t-z)^{n+1}}dt, \quad z \bar{\in} L; \tag{1.5}$$

或者,

$$F^{(n)}(z)=\frac{1}{2\pi i}\int_L \frac{f^{(n)}(t)}{t-z}dt, \quad z \bar{\in} L, \tag{1.5$'$}$$

如果 $f^{(n)}(t)$ 在 L 上连续的话.

Cauchy 积分 (1.1) 实际上是 Cauchy 型积分的一个特例, 不过 $F^+(z)=f(z)$, $F^-(z)=0$ 而已.

此外, 令 $f(t)=1$, 则有

$$F(z)=\frac{1}{2\pi i}\int_L \frac{dt}{t-z}=\begin{cases} F^+(z)=1, \ z\in G^+, \\ F^-(z)=0, \ z\in G^-. \end{cases} \tag{1.6}$$

1.2 Cauchy 主值积分 在 Cauchy 型积分的定义 (1.2) 中, 总限定 $z \bar{\in} L$. 现在我们问: 当 $z=t_0\in L$ 时, 情况将如何? 一般说来, 积分

$$\int_L \frac{f(t)}{t-t_0}dt, \quad t_0\in L$$

是发散的, 因为被积函数在 $t=t_0$ 处有一阶奇异性. 详细说来, 设在 L 上 t_0 的前后邻近 (按 L 正向) 各任取一点 t', t'' (图 9.1), 按定义,

$$\int_L \frac{f(t)}{t-t_0}dt=\lim_{t',t''\to t_0}\int_{L-\widehat{t''t'}} \frac{f(t)}{t-t_0}dt,$$

其中 $\widehat{t''t'}$ 是 L 上包含 t_0 的那段小弧. 但右端这个极限一般并不存在. 例如, 当 $f(t)=1$ 时, 则

$$\int_{L-\widehat{t''t'}} \frac{dt}{t-t_0}=\mathrm{Ln}\,(t''-t_0)-\mathrm{Ln}\,(t'-t_0), \tag{1.7}$$

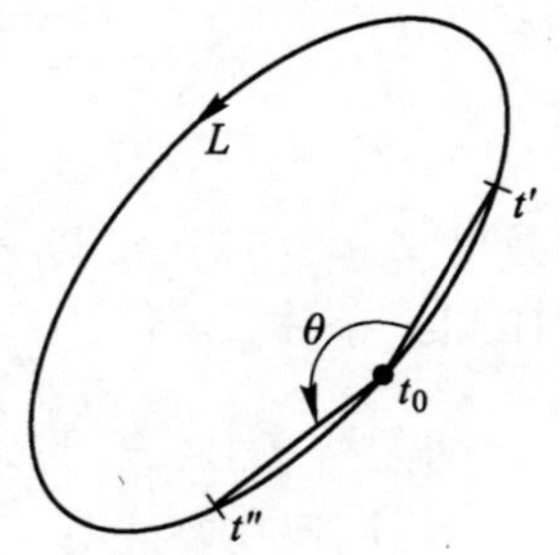

图 9.1

其中对数 $\mathrm{Ln}\,(t-t_0)$ 已在 $L-\widehat{t''t'}$ 上任意取定一连续分支. 当 $t', t''\to t_0$ 时, (1.7)

右端的极限不存在, 因为其实部 $\ln\left|\dfrac{t''-t_0}{t'-t_0}\right|$ 的极限就不存在, 这是由于两个弦长 $|t''-t_0|$ 与 $|t'-t_0|$ 之比的极限不存在 (不要忘记 t', t'' 是彼此独立地任意取的).

如果我们限定 t', t'' 使得 $|t''-t_0|=|t'-t_0|$, 则情况就不同了. 这时 $\ln\left|\dfrac{t''-t_0}{t'-t_0}\right|=0$, 而 (1.7) 右端的虚部显然是 $i\theta$, 这里 θ 是向量 $\overrightarrow{t_0t'}$ 与 $\overrightarrow{t_0t''}$ 之间的夹角, 而当 $t', t''\to t_0$ 时, $\theta\to\pi$. 因此, 在这样限定后, (1.7) 右端的极限就存在, 且等于 $i\pi$.

我们可以把这种情况加以概括推广, 而形成下列新的概念.

定义 1.2　设 $f(t)$ 在 L 上连续, t_0 为 L 上的一点. 以 t_0 为中心、ε 为半径 ($\varepsilon>0$ 可任意小) 作一圆周, 它在 L 上 t_0 的两侧各截下一点 t', t'' (图 9.2), 记 $\widehat{t''t'}=L_\varepsilon$. 则定义

$$\text{v.p.}\int_L \frac{f(t)}{t-t_0}dt=\lim_{\varepsilon\to 0}\int_{L-L_\varepsilon}\frac{f(t)}{t-t_0}dt \tag{1.8}$$

为 Cauchy 主值积分, 或简称主值积分, 只要右端极限存在.

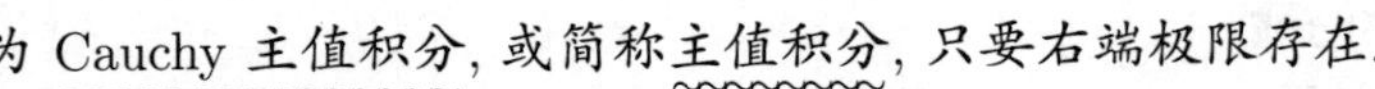

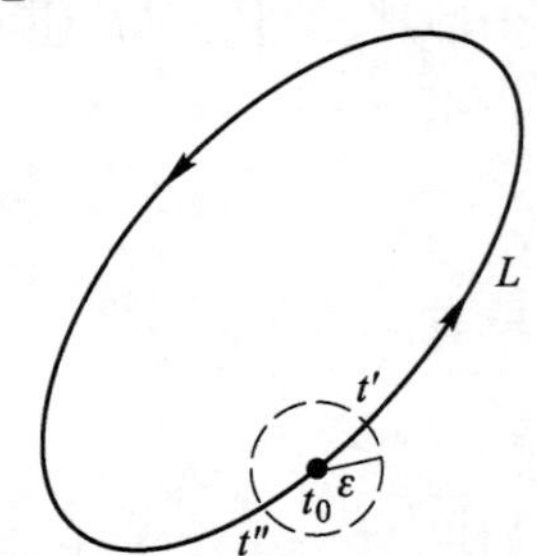

图 9.2

记号 v.p. 代表主值之意, 也可省去不写. 我们只要约定: 被积式含有一阶奇异性时, 都理解为主值积分. $f(t)$ 仍称为其核密度.

很明显, 如果 (1.8) 中左端的积分在通常意义下收敛, 则在主值意义下也收敛, 且其值相等.

如前面已看到的, 我们有主值积分

$$\int_L \frac{dt}{t-t_0}=\pi i,\quad t_0\in L. \tag{1.9}$$

任给 $f(t)$ 连续于 L 上, (1.8) 中的极限未必存在. 有各式各样的充分条件, 以保证主值积分 (1.8) 存在. 下面将举出最简单的一种.

定义 1.3　设 $f(t)$ 定义在 L 上. 如果对于 L 上的任意两点 t, t_0, 下列条件成立:

$$|f(t)-f(t_0)|\leqslant A|t-t_0|^\mu, \tag{1.10}$$

其中 $A, \mu(0<\mu\leqslant 1)$ 为常数, 都和 t, t_0 的位置无关, 则称 $f(t)$ 在 L 上满足 μ 阶 Hölder 条件. 记作 $f(t)\in H^\mu$; 如不强调阶数 μ, 则简记为 $f(t)\in H$.

显然 $f(t)\in H$ 于 L 上必连续于其上. 又有, 若 $f'(t)$ 连续, 则必 $f(t)\in H^1$.

我们现在要证明:

定理 1.1　如果 $f(t)\in H$ 于 L 上, 则主值积分 (1.8) 存在, 且

$$\int_L \frac{f(t)}{t-t_0}dt=\int_L \frac{f(t)-f(t_0)}{t-t_0}dt+\pi i f(t_0),\quad t_0\in L. \tag{1.11}$$

证 写出

$$\int_{L-L_\varepsilon}\frac{f(t)}{t-t_0}dt=\int_{L-L_\varepsilon}\frac{f(t)-f(t_0)}{t-t_0}dt+f(t_0)\int_{L-L_\varepsilon}\frac{dt}{t-t_0}.$$

先证右端第一项的积分当 $\varepsilon\to 0$ 时收敛. 由 (1.9),

$$\begin{aligned}\left|\int_{L-L_\varepsilon}\frac{f(t)-f(t_0)}{t-t_0}dt\right| &\leqslant \int_{L-L_\varepsilon}\left|\frac{f(t)-f(t_0)}{t-t_0}\right||dt|\\ &\leqslant A\int_{L-L_\varepsilon}\frac{ds}{|t-t_0|^{1-\mu}},\end{aligned}$$

其中 s 是 t 处的弧长参数. 但对光滑曲线来说, 可以证明 (这里从略), 当 $t\to t_0$ 时 (且对 $t_0\in L$ 一致), 弦长 $|t-t_0|$ 与弧长 $\widehat{tt_0}=|s-s_0|$ 为等价无穷小. 所以上式右端积分与

$$\int_{L-L_\varepsilon}\frac{ds}{|s-s_0|^{1-\mu}}$$

敛散性相同, 而后者是收敛的 (因 $\mu>0$).

再联系到 (1.9) 式, 就可知道 (1.11) 式成立. □

还可看出, (1.11) 右端第一个积分已是通常的收敛反常积分, 而不必理解为主值积分.

通常还把 (1.11) 写成更常用的形式:

$$\frac{1}{2\pi i}\int_L\frac{f(t)}{t-t_0}dt=\frac{1}{2\pi i}\int_L\frac{f(t)-f(t_0)}{t-t_0}dt+\frac{1}{2}f(t_0),\quad t_0\in L. \tag{1.12}$$

最后注意, 如果 L 是分段光滑曲线, 只要 t_0 不是角点, 本节中所有公式仍成立, 因为所有公式的证明都可通得过. 但若 t_0 是角点, 则情况有所不同. 例如, 设 L 在角点 t_0 处两个单侧切线 (向着区域 G) 的夹角为 α_0 (图 9.3), 则当 $t',t''\to t_0$ 时, $\overrightarrow{t_0t'}$ 和 $\overrightarrow{t_0t''}$ 的夹角 $\theta\to\alpha_0$, 所以 (1.9) 现在要改为

$$\int_L\frac{dt}{t-t_0}=\alpha_0 i, \tag{1.9$'$}$$

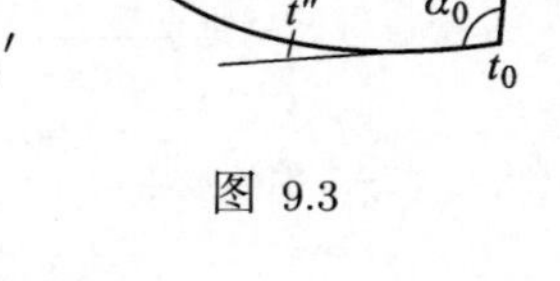

图 9.3

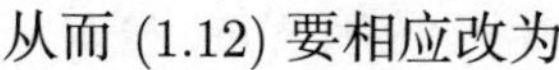

从而 (1.12) 要相应改为

$$\frac{1}{2\pi i}\int_L\frac{f(t)}{t-t_0}dt=\frac{1}{2\pi i}\int_L\frac{f(t)-f(t_0)}{t-t_0}dt+\frac{\alpha_0}{2\pi}f(t_0). \tag{1.12$'$}$$

§2 Plemelj 公式和 Privalov 定理

2.1 Plemelj 公式 我们前已定义了 Cauchy 型积分 (1.2) 和 Cauchy 主值积分 (1.8). 自然就会提出问题:

$$\lim_{z\to t_0}\int_L\frac{f(t)}{t-z}dt,\quad z\in G^+ \text{ 或 } G^-, t_0\in L$$

是否存在? 如果存在, 是否就是主值积分 (1.8) (当然已设 $f(t) \in H$)? 我们将证明, 这种极限的确存在, 但随着 z 在 G^+ 或 G^- 中取值而趋于 t_0 时, 极限值一般不相同. 实际上, 我们有下面的

定理 2.1 设 $f(t) \in H$ 于 L 上, 定义 Cauchy 型积分 (1.2), 则

$$F^{\pm}(t_0) = \pm\frac{1}{2}f(t_0) + \frac{1}{2\pi i}\int_L \frac{f(t)}{t-t_0}dt, \quad t_0 \in L, \tag{2.1}$$

其中 $F^{\pm}(t_0)$ 分别表示当 $z \in G^{\pm}$ 而趋于 t_0 时 $F(z)$ 的极限.

(2.1) 称为 Plemelj 公式, 也称为 Sokhotskiĭ 公式. 公式 (2.1) 的经典证明较繁, 下面我们采用杜金元给出的证法.

先引进一个记号. 设 z 为任意一点, 记 z_L 为 L 上离 z 最近的点 (如不止一点, 可任取其一). 易见 $t \in L$ 时, $t_L = t$. 又 $z \to t \in L$ 时, $z_L \to t$. 此外,

$$|t - z_L| \leqslant |t - z| + |z - z_L| \leqslant 2|t - z|. \tag{2.2}$$

因此, 如果 $f(t)$ 满足 (1.10), 则

$$|f(t) - f(z_L)| \leqslant A|t - z_L|^{\mu} \leqslant 2^{\mu}A|t - z|^{\mu}. \tag{2.3}$$

下面先证一引理.

引理 2.1 设 $f(t) \in H^{\mu}, l = \widehat{ab}$ 是 L 上的一段子弧, 则对任何 z, 恒有

$$\left|\int_l \frac{f(t) - f(z_L)}{t - z}dt\right| \leqslant M|l|^{\mu}, \tag{2.4}$$

其中 $|l|$ 表示 l 的长度, M 为一与 l 和 z 无关的常数.

证 由 (2.3) 和 (2.2), 易见

$$\left|\int_l \frac{f(t) - f(z_L)}{t - z}dt\right| \leqslant 2^{\mu}A\int_l \frac{|dt|}{|t - z|^{1-\mu}} \leqslant 2A\int_l \frac{ds}{|t - z_l|^{1-\mu}}.$$

但 $|t - z_l|$ 和 $|s - s_{z_l}|$ 为等价无穷小, 于是 $|(s - s_{z_l})/(t - z_l)| \leqslant C$ 是有界的, 故有

$$\left|\int_l \frac{f(t) - f(z_l)}{t - z}dt\right| \leqslant 2AC^{1-\mu}\int_l \frac{ds}{|s - s_{z_l}|^{1-\mu}}.$$

上式右端积分可写为

$$\begin{aligned}&\int_{s_a}^{s_{z_l}} \frac{ds}{(s_{z_l} - s)^{1-\mu}} + \int_{s_{z_l}}^{s_b} \frac{ds}{(s - s_{z_l})^{1-\mu}} \\ &= \frac{1}{\mu}((s_{z_l} - s_a)^{\mu} + (s_b - s_{z_l})^{\mu}) \leqslant \frac{2}{\mu}|l|^{\mu},\end{aligned}$$

因此 (2.4) 成立. 引理得证. □

特别地, 当 $z=t_0\in L$ 时, (2.4) 成为

$$\left|\int_l \frac{f(t)-f(t_0)}{t-t_0}dt\right| \leqslant M|l|^\mu. \tag{2.4$'$}$$

定理 2.1 之证 将 Cauchy 型积分 (1.3) 改写为

$$F^\pm(z)=\frac{1}{2\pi i}\int_L \frac{f(t)-f(z_L)}{t-z}dt+\frac{f(z_L)}{2\pi i}\int_L \frac{dt}{t-z}, \quad z\in G^\pm. \tag{2.5}$$

分别记右端的两个项为 $I_1(z)$ 与 $I_2(z)$.

因为 $f(t)\in H$, 且当 $z\to t_0\in L$ 时, $z_L\to t_0$, 故由 (1.6) 知,

$$I_2^+(t_0)=f(t_0), \quad I_2^-(t_0)=0. \tag{2.6}$$

现在来证明:

$$\lim_{z\to t_0} I_1(z)=\frac{1}{2\pi i}\int_L \frac{f(t)-f(t_0)}{t-t_0}dt. \tag{2.7}$$

右端积分前已证明是收敛的. 为证 (2.7), 我们来估计

$$\begin{aligned}
&\left|I_1(z)-\frac{1}{2\pi i}\int_L \frac{f(t)-f(t_0)}{t-t_0}dt\right| \\
\leqslant &\frac{1}{2\pi}\left(\left|\int_{L-L_\varepsilon} \frac{f(t)-f(z_L)}{t-z}dt-\int_{L-L_\varepsilon} \frac{f(t)-f(t_0)}{t-t_0}dt\right|\right. \\
&\left.+\left|\int_{L_\varepsilon} \frac{f(t)-f(z_L)}{t-z}dt\right|+\left|\int_{L_\varepsilon} \frac{f(t)-f(t_0)}{t-t_0}dt\right|\right) \\
= &\frac{1}{2\pi}(J_1+J_2+J_3).
\end{aligned} \tag{$*$}$$

由 (2.4) 和 (2.4)$'$, 知

$$J_2, J_3 \leqslant M\varepsilon^\mu.$$

任给 $\eta>0$, 可以取 ε 充分小, 使 J_2, J_3 都小于 η.

再估计 J_1. 我们不妨限定 $|z-t_0|<\varepsilon/2$. 当 $t\in L-L_\varepsilon$ 时, 易见 $|z-t|>\varepsilon/2$. 因此,

$$\begin{aligned}
J_1 = &\left|\int_{L-L_\varepsilon} \frac{f(t)-f(t_0)}{t-z}dt+\int_{L-L_\varepsilon} \frac{f(t_0)-f(z_L)}{t-z}dt\right. \\
&\left.-\int_{L-L_\varepsilon} \frac{f(t)-f(t_0)}{t-t_0}dt\right| \\
\leqslant &\int_{L-L_\varepsilon} \frac{|f(t)-f(t_0)|\cdot|z-t_0|}{|t-z|\cdot|t-t_0|}|dt|+\int_{L-L_\varepsilon} \frac{|f(t_0)-f(z_L)|}{|t-z|}|dt| \\
\leqslant &\frac{4M|L|}{\varepsilon^2}|z-t_0|+\frac{2|L|}{\varepsilon}|f(t_0)-f(z_L)|.
\end{aligned}$$

故当 z 充分接近于 t_0 时 (ε 已固定), 可使上式右端也小于 η.

这样, 给定 $\varepsilon > 0$ 后, 可求得 $\eta > 0$, 能使 $(*)$ 式右端小于 3η. 此即表示 (2.7) 式成立.

因此, 结合 (2.6), 便得

$$F^{\pm}(t_0) = \frac{1}{2\pi i}\int_L \frac{f(t)-f(t_0)}{t-t_0}dt + \begin{cases} f(t_0), \\ 0. \end{cases}$$

再利用 (1.12), 便得 (2.1) 式. 定理得证. □

由 (2.1) 式, 还可得到有用的公式:

$$f(t_0) = F^+(t_0) - F^-(t_0), \tag{2.8}$$

$$\frac{1}{\pi i}\int_L \frac{f(t)}{t-t_0}dt = F^+(t_0) + F^-(t_0). \tag{2.9}$$

推论 2.1 如果 $f(z)$ 在 G 内全纯, 其边值 (极限值) $f^+(t_0) = f(t_0) \in H$, 则

$$\frac{1}{2\pi i}\int_L \frac{f(t)}{t-t_0}dt = \frac{1}{2}f(t_0). \tag{2.10}$$

这是很明显的, 因为, 如果记 $F^{\pm}(z)$ 为 (1.3), 则 $F^+(t_0) = f(t_0)$, 而 $F^-(t_0) = 0$, 故由 (2.9), 立刻得到 (2.10).

此外, 我们还有

推论 2.2 假设同推论 2.1, 则 $F^{\pm}(t)$ 在 L 上也连续, 因此 $F^{\pm}(z)$ 在 $\overline{G^{\pm}}$ 上也连续.

证 任取 $t_0 \in L$. 给定 $\varepsilon > 0$. 因为当 $z \in G^+$ 且 $z \to t_0$ 时, $F^+(z) \to F^+(t_0)$, 故存在 $\delta > 0$, 使得当 $|z - t_0| < \delta$, 且 $z \in G^+$ 时, 恒有 $|F^+(z) - F^+(t_0)| < \varepsilon$. 故对 L 上任何点 t 满足 $|t - t_0| < \delta$ 者, 令 $z \to t$ (当然可以认为 $|z - t_0|$ 已小于 δ), 便得 $|F^+(t) - F^+(t_0)| < \varepsilon$. 故 $F^+(t)$ 在 t_0 处连续. 由 $t_0 \in L$ 的任意性, 故 $F^+(t)$ 在 L 上连续. 从而 $F^+(z)$ 在 $\overline{G^+}$ 上也显然连续. 对 $F^-(t)$ 和 $F^-(z)$ 也可类似地证明. □

我们还要指出, 当 L 是分段光滑封闭曲线, 而 t_0 不是角点时, Plemelj 公式 (2.1) 仍成立. 但若 t_0 为一角点, 而它向着 G^+ 的夹角为 α_0 (图 9.3) 时, 则易见 Plemelj 公式要改为

$$\begin{cases} F^+(t_0) = \left(1 - \dfrac{\alpha_0}{2\pi}\right) f(t_0) + \dfrac{1}{2\pi i}\displaystyle\int_L \frac{f(t)}{t-t_0}dt, \\ F^-(t_0) = -\dfrac{\alpha_0}{2\pi} f(t_0) + \dfrac{1}{2\pi i}\displaystyle\int_L \frac{f(t)}{t-t_0}dt, \end{cases} \quad t_0 \in L. \tag{2.1$'$}$$

2.2 分区全纯函数 前已看到, 如果 $f(t) \in H$, 则 (1.3) 分别定义 G^+ 和 G^- 内的两个全纯函数 $F^{\pm}(z)$, 而 $F^-(\infty) = 0$, 且其边值 $F^{\pm}(t)(t \in L)$ 都存在. 我们将此结果概括为一新概念.

定义 2.1 如一函数 $F(z), z\overline{\in}L$, 分别在 G^+ 和 G^- 内全纯, ∞ 点至多是一极点, 且当 z 由 G^+ 或 G^- 内分别趋于 L 上的点 t 时, 极限值 $F^{\pm}(t)$ 都存在 (从而 $F^{\pm}(z)$ 分别在 $G^{\pm}$ 上连续), 则称 $F(z)$ 为一分区全纯函数, 以 L 为间断曲线或跳跃曲线.

因此 Cauchy 型积分 (1.3) 当 $f(t) \in H$ 时, 定义一分区全纯函数, ∞ 点为其零点.

反过来可以证明:

定理 2.2 设 $F(z)$ 为一分区全纯函数, 以 L 为间断曲线, 其边值差 $F^+(t) - F^-(t) = f(t) \in H(t \in L)$, 且 $F(\infty) = 0$, 则 $F(z)$ 一定可表示为 Cauchy 型积分 (2.1).

证 记

$$\Phi(z) = \frac{1}{2\pi i}\int_L \frac{f(t)}{t-z}dt, \quad z\overline{\in}L,$$

则 $\Phi^{\pm}(z)$ 分别在 $G^{\pm}$ 内全纯, 且由 (2.8),

$$\Phi^+(t) - \Phi^-(t) = f(t), \quad t \in L,$$

因此

$$F^+(t) - F^-(t) = \Phi^+(t) - \Phi^-(t), \quad t \in L.$$

于是, $F(z) - \Phi(z)$ 既在 $G^{\pm}$ 内全纯, 又在 L 上有相同的极限值, 所以它在全平面全纯. 且已知 $F(\infty) = \Phi(\infty) = 0$, 故由 Liouville 定理, 它恒等于零, 即 $F(z) = \Phi(z)$. 定理得证. □

如果 $F(z)$ 同定理中假设, 但 $F(\infty) \neq 0$, 或者, 更一般地, $F(z)$ 在 ∞ 处有 n 阶极点, 其主部为

$$P_n(z) = c_0 + c_1 z + \cdots + c_n z^n,$$

则必有

$$F(z) = \frac{1}{2\pi i}\int_L \frac{f(t)}{t-z}dt + P_n(z). \tag{2.11}$$

其证法和定理的证明类似.

2.3 Cauchy 型积分的边值和 Cauchy 主值积分的导数 前已看到, 如果 $f'(t)$ 连续, 则 Cauchy 型积分 (1.3) 的导数以 $(1.4)'$ 给出. 如果 $f'(t) \in H$, 则应用 Plemelj 公式, 可得

$$F'^{\pm}(t_0) = \pm\frac{1}{2}f'(t_0) + \frac{1}{2\pi i}\int_L \frac{f'(t)}{t-t_0}dt, \quad t_0 \in L. \tag{2.12}$$

但 $F^{\pm}(t)$ 作为 L 上 t 的函数, 可以考虑沿 L 的导数 $(F^{\pm}(t))' = F^{\pm\prime}(t)$.

我们有

定理 2.3 当 $f'(t) \in H$ 时, 恒有

$$F'^{\pm}(t) = F^{\pm\prime}(t), \quad t \in L. \tag{2.13}$$

证 因 $f'(t) \in H$, 由推论 2.2, $F'^{+}(z)$ 在 $\overline{G}$ 上连续. 在 L 上任取一定点 a, 自 a 沿 L 正向到另一点 t 的弧记为 l (图 9.4). 再在 G 内自 a 到 t 任作一有向光滑弧 γ. 由推广的 Cauchy 定理,

$$\int_l F'^{+}(\tau)d\tau = \int_\gamma F'^{+}(z)dz = F^{+}(z)\Big|_\gamma = F^{+}(t) - F^{+}(a).$$

但 $F'^{+}(t)$ 在 l 上是连续的, 故得 $F^{+\prime}(t) = F'^{+}(t)$. 同理可以证 $F^{-\prime}(t) = F'^{-}(t)$. □

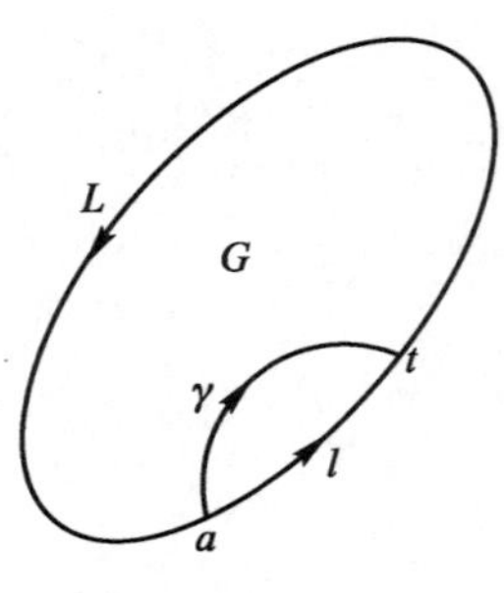

图 9.4

(2.13) 表明, 对于 Cauchy 型积分 (1.3) 来说, 其导数的边值和边值的 (沿 L 的) 导数是一致的.

由这定理还可立即推出

推论 2.3 如果 $f'(t) \in H$, 则 Cauchy 主值积分

$$F(t_0) = \frac{1}{2\pi i}\int_L \frac{f(t)}{t - t_0}dt, \quad t_0 \in L \tag{2.14}$$

的导数存在, 且

$$F'(t_0) = \frac{1}{2\pi i}\int_L \frac{f'(t)}{t - t_0}dt, \quad t_0 \in L. \tag{2.15}$$

这只要在 (2.8) 中两端取导数 (右端各项导数已知存在), 并利用本定理, 即得:

$$\begin{aligned}2F'(t_0) &= F^{+\prime}(t_0) + F^{-\prime}(t_0) = F'^{+}(t_0) + F'^{-}(t_0)\\ &= \frac{1}{\pi i}\int_L \frac{f'(t)}{t - t_0}dt.\end{aligned}$$

(2.15) 表明, 公式 (2.4)′ 即使对 $z \in L$ 时也是对的. 对于高阶导数易见有类似情况.

2.4 Privalov 定理 前已看到, 当 $f(t) \in H$ 时, Cauchy 型积分 (1.2) 的边值 $F^{\pm}(t_0)$ 在 L 上连续. 今将证明, 它们在 L 上也 $\in H$. 更一般地, 我们有下列著名的 Privalov 定理:

定理 2.4 (Privalov) 设 $f(t) \in H^{\mu}$ $(0 < \mu \leqslant 1)$ 于 L 上, 则由 (1.2) 定义的 $F(z)$ 连同其边值 $F^{\pm}(t)$ 在整个 $\overline{G^{\pm}}$ 上也 $\in H$. 确切地, 我们有: 对于任何 z, $z' \in \overline{G^{+}}$ (或 $\overline{G^{-}}$), 恒成立

$$|F(z) - F(z')| \leqslant C|z - z'|^{\mu}, \quad 当\ \mu < 1\ 时, \tag{2.16}$$

$$|F(z) - F(z')| \leqslant C|z - z'|^{1-\varepsilon}, \quad 当\ \mu = 1\ 时, \tag{2.17}$$

其中 ε 为任何小于 1 的正数, 而 C 为某一常数.

当 $z = t$, $z' = t'$ 都在 L 上时, 它们成为:

$$|F^{\pm}(t) - F^{\pm}(t')| \leqslant C|t - t'|^{\mu}, \quad 当\ \mu < 1\ 时, \tag{2.16$'$}$$

$$|F^{\pm}(t) - F^{\pm}(t')| \leqslant C|t - t'|^{1-\varepsilon}, \quad 当\ \mu = 1\ 时. \tag{2.17$'$}$$

我们先来证明两个引理.

引理 2.2 设 $f(t) \in H^{\mu}$, $\mu < 1$. 又设 l 为 L 的任一子弧. 则对平面中任何点 $z \,\overline{\in}\, l$, 恒有

$$\int_l \left| \frac{f(t) - f(z_l)}{(t - z)^2} \right| |dt| \leqslant M|z - z_l|^{\mu - 1}, \tag{2.18}$$

其中 M 为一常数, 与 l 和 z 均无关.

证 当 z 离 l 较远时, (2.18) 左端将较小. 故只须证明当 z 充分接近 l 时此式成立即可. 由 (2.2) 并注意到 $|t - z| \geqslant |t - z_l|$, 可知 $3|t - z| \geqslant |t - z_l| + |z - z_l|$, 因此, 再利用 (2.3), 便知

$$\begin{aligned}
&\int_l \left| \frac{f(t) - f(z_l)}{(t - z)^2} \right| |dt| \leqslant 2^{\mu} A \int_l \frac{|dt|}{|t - z|^{2-\mu}} \\
&\leqslant 2^{\mu} 3^{2-\mu} A \int_l \frac{|dt|}{(3|t - z|)^{2-\mu}} \leqslant C_2 \int_l \frac{|dt|}{(|t - z_l| + |z - z_l|)^{2-\mu}} \\
&\leqslant C_1 \int_l \frac{ds}{(C|s - s_{z_l}| + |z - z_l|)^{2-\mu}} \\
&= C_1 \left(\int_{s_a}^{s_{z_l}} \frac{ds}{(C(s_{z_l} - s) + |z - z_l|)^{2-\mu}} \right. \\
&\qquad \left. + \int_{s_{z_l}}^{s_b} \frac{ds}{(C(s - s_{z_l}) + |z - z_l|)^{2-\mu}} \right).
\end{aligned}$$

上式右端显然不超过 $\dfrac{2C_1}{C(1-\mu)}|z - z_l|^{\mu - 1}$, 即 (2.18) 成立. □

引理 2.3　设 $f(t) \in H^{\mu}, \mu < 1$, 则对由 (1.2) 定义的 $F(z)$, 当 $z \bar{\in} L$ 时, 恒有

$$|F'(z)| \leqslant M|z - z_L|^{\mu-1}, \tag{2.19}$$

其中 M 为一常数, 和 z 的位置无关.

证　由于 $z \bar{\in} L$, 故知

$$F'(z) = \frac{1}{2\pi i}\int_L \frac{f(t)}{(t-z)^2}dt, \quad z \bar{\in} L.$$

注意: $\displaystyle\int_L \frac{dt}{(t-z)^2} = 0$, 故

$$|F'(z)| = \frac{1}{2\pi}\left|\int_L \frac{f(t) - f(z_L)}{(t-z)^2}dt\right|.$$

应用引理 2.2, 便得 (2.19) 式. □

定理 2.4 之证　先设 $\mu < 1$.

我们证明, 当 z, z' 中至少有一点在 L 上时, (2.16) 成立. 设 $z \in G^+, t \in L$. 将 $F(z)$ 写成

$$\begin{aligned} F(z) = I_1(z) + I_2(z) = \frac{1}{2\pi i}\int_L \frac{f(\tau) - f(z_L)}{\tau - z}d\tau \\ + \frac{f(z_L)}{2\pi i}\int_L \frac{d\tau}{\tau - z}, \quad z \bar{\in} L. \end{aligned} \tag{2.20}$$

当 $z \in G^+$ 时, $I_2(z) = f(z_L)$; 当 $t \in L$ 时, $I_2^+(t) = f(t)$. 故由 (2.3) 式,

$$|I_2(z) - I_2^+(t)| \leqslant 2^{\mu}A|z - t|^{\mu}, \quad z \in G^+, t \in L.$$

当 z 从 G^+ 内趋于 L 上另一点 t' 时, 便有

$$|I_2^+(t') - I_2^+(t)| \leqslant 2^{\mu}A|t' - t|^{\mu}, \quad t,\ t' \in L.$$

因此, 如果用 $I_2^+(z)$ 表示 $I_2(z)(z \in G^+)$ 连同其在 L 上边值的函数, 则有

$$|I_2^+(z) - I_2^+(t)| \leqslant 2^{\mu}A|z - t|^{\mu}, \quad z \in \overline{G^+}, t \in L. \tag{2.21}$$

当 $z \in G^-$ 时, $I_2(z) = 0, I_2^-(t) = 0$, 因此, 用类似记号,

$$|I_2^-(z) - I_2^-(t)| = 0, \quad z \in \overline{G^-}, t \in L. \tag{2.21$'$}$$

我们现在要证: 对任何 $z \bar{\in} L, t \in L$, 恒有

$$\begin{aligned} |I_1(z) - I_1(t)| = \frac{1}{2\pi}\left|\int_L \frac{f(\tau) - f(z_L)}{\tau - z}d\tau - \int_L \frac{f(\tau) - f(t)}{\tau - t}d\tau\right| \\ \leqslant B|z - t|^{\mu}. \end{aligned} \tag{2.22}$$

为此只须证明当 $|z-t|$ 充分小时此式成立. 以 t 为中心、$\eta=2|z-t|$ 为半径作圆 D_η(η 已充分小), 它在 L 上截取一弧段 L_η. 显然 $|L_\eta|\leqslant 2C_\eta$($C$ 为某常数). 于是

$$|I_1(z)-I_1(t)|\leqslant\frac{1}{2\pi}\left(\left|\int_{L_\eta}\frac{f(\tau)-f(z_L)}{\tau-z}d\tau\right|\right.$$
$$+\left|\int_{L_\eta}\frac{f(\tau)-f(t)}{\tau-t}d\tau\right|+\left|\int_{L-L_\eta}\frac{f(\tau)-f(z_L)}{(\tau-t)(\tau-z)}(z-t)d\tau\right|$$
$$\left.+\left|\int_{L-L_\eta}\frac{f(t)-f(z_L)}{\tau-t}d\tau\right|\right)=\frac{1}{2\pi}(\delta_1+\delta_2+\delta_3+\delta_4).$$

由引理 2.1,

$$\delta_1,\delta_2\leqslant M|L_\eta|^\mu\leqslant M_1\eta^\mu=2^\mu M_1|z-t|^\mu.$$

因 $|(\tau-z)/(\tau-t)|\leqslant 2$, 故由引理 2.2 知

$$\delta_3\leqslant 2|z-t|\int_{L-L_\eta}\left|\frac{f(\tau)-f(z_L)}{(\tau-z)^2}\right||d\tau|$$
$$\leqslant 2M|z-t|\cdot|z-z_{L-L_\eta}|^{\mu-\varepsilon}\leqslant 2M|z-t|^\mu,$$

因为 $z_{L-L_\eta}\bar{\in} D_\eta$.

由 (2.3), 易知

$$\delta_4=|f(t)-f(z_L)|\cdot\left|\int_{L-L_\eta}\frac{d\tau}{\tau-t}\right|\leqslant M_2|f(t)-f(z_L)|$$
$$\leqslant M_3|t-z|^\mu.$$

把以上各估计式相加, 便得 (2.22) 式.

现设 $z,z'\in G^+$. 记直线段 $\overline{zz'}$ 到 L 的距离为 ρ, 并记此直线段上的一点为 z^* 使 $|z^*-z_L^*|=\rho$ 成立 (当直线段与 L 相交时, $\rho=0, z^*=z_L^*$ 为其交点).

如果 $|z-z'|\geqslant|z^*-z_L^*|$, 则

$$|z-z_L^*|\leqslant|z-z^*|+|z^*-z_L^*|\leqslant 2|z-z'|.$$

同理, $|z'-z_L^*|\leqslant 2|z-z'|$. 故由前式知,

$$|F(z)-F(z')|\leqslant|F(z)-F^+(z_L^*)|+|F^+(z_L^*)-F(z')|$$
$$\leqslant C(|z-z_L^*|^\mu+|z'-z_L^*|^\mu)\leqslant 2^{\mu+1}C|z-z'|^\mu.$$

如果 $|z-z'|\leqslant|z^*-z_L^*|$, 这时 $\overline{zz'}\subset D^+$. 由引理 2.3(积分路径就可取为此直

线段),

$$
\begin{aligned}
|F(z)-F(z')| &= \left|\int_z^{z'} F'(\zeta)d\zeta\right| \leqslant M\left|\int_z^{z'} |\zeta-\zeta_L|^{\mu-1}|d\zeta|\right| \\
&\leqslant M\left|\int_z^{z'} |z^*-z_L^*|^{\mu-1}|d\zeta|\right| = M|z'-z||z^*-z_L^*|^{\mu-1} \\
&\leqslant M|z-z'|^{\mu}.
\end{aligned}
$$

因此 (2.16) 当 $z, z' \in G^+$ 时也成立.

同理可证 $z, z' \in G^-$ 时也是如此.

如果 $\mu = 1$, 则由于易证 $H^1 \subset H^{1-\varepsilon}(\varepsilon > 0$ 可任意), 因此由已证结论知 (2.17) 成立. 定理得证. □

§3 高阶奇异积分和推广的留数定理

3.1 留数定理的直接推广 利用 Cauchy 主值积分, 可以把留数定理进行直接推广.

首先我们指出, 如果 t_0, t_1 是 L 上两不同点, 则可用下法来定义主值积分 (仍设 $f(t) \in H$)

$$
\int_L \frac{f(t)}{(t-t_0)(t-t_1)}dt,
$$

即, 以 t_0, t_1 为中心, 各作一半径为 $\varepsilon_0, \varepsilon_1$ 的小圆, 使它们彼此不相交, 各截下 L 上的小弧 l_0, l_1, 则上述积分可理解为沿 $L - l_0 - l_1$ 的积分当 $\varepsilon_0, \varepsilon_1 \to 0$ 时的极限. 当被积式在 L 上含有更多个奇点时, 可类似地定义. 易于证明, 如果对被积式作某些代数运算, 例如, 在上式中将 $\dfrac{1}{(t-t_0)(t-t_1)}$ 化成部分分式, 并把积分看作线性算子来计算, 则这些运算都是合法的.

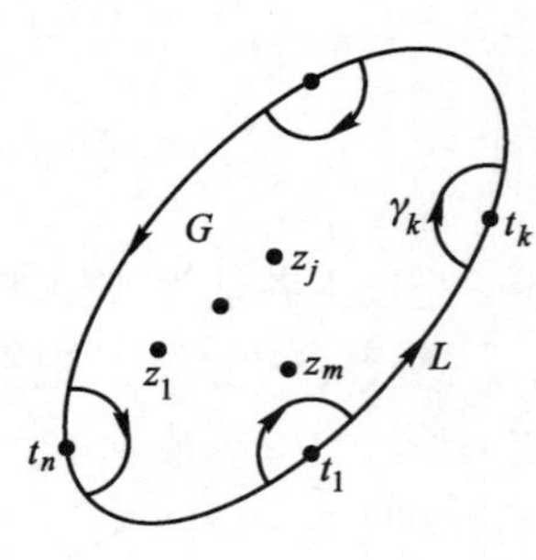

图 9.5

下面回到本题. 设 $f(z)$ 在 $\bar{G}$ 上解析, 但在 G 内有 m 个奇点 $z_1, \cdots, z_m$, 而在 L 上又有 n 个单极点 $t_1, \cdots, t_n$ (图 9.5). 我们要证明

定理 3.1 (留数定理的直接推广) 在所设条件下,

$$
\frac{1}{2\pi i}\int_L f(t)dt = \sum_{j=1}^{m} \mathrm{res} f(z_j) + \frac{1}{2}\sum_{k=1}^{n} \mathrm{res}\, f(t_k), \tag{3.1}
$$

这里 $\mathrm{res}\, f(c)$ 表示 $f(z)$ 在 c 处的留数.

证 以每个 t_k 为中心, 作一小圆弧, 其在 G 内部分记为 γ_k, 它截下 L 上一段小弧 l_k 和 γ_k 合成一封闭曲线 (仍取反时针方向为其正向), 记为 l'_k. 并设这些圆的半径已充分小, 使它们彼此不相交, 且所有 z_j 都在诸圆的外面 (图 9.5). 将 L 上的所有弧段 l_k 用圆弧 γ_k 代替, 另得一封闭曲线 L'. 由留数定理,

$$\frac{1}{2\pi i}\int_{L'} f(\zeta)d\zeta = \sum_{j=1}^{m} \operatorname{res} f(z_j). \tag{3.2}$$

但显然

$$\frac{1}{2\pi i}\int_{L} f(\zeta)d\zeta = \frac{1}{2\pi i}\int_{L'} f(\zeta)d\zeta + \sum_{k=1}^{n}\frac{1}{2\pi i}\int_{l'_k} f(\zeta)d\zeta.$$

于是

$$\frac{1}{2\pi i}\int_{L} f(\zeta)d\zeta = \sum_{j=1}^{m} \operatorname{res} f(z_j) + \sum_{k=1}^{n}\frac{1}{2\pi i}\int_{l'_k} f(\zeta)d\zeta. \tag{3.3}$$

在 l'_k 所围的闭区域 $\bar{G}_k$ 上, $f(\zeta)$ 可写成

$$f(\zeta) = \frac{c_k}{\zeta - t_k} + f_k(\zeta),$$

其中 $c_k = \operatorname{res} f(t_k)$, 而 $f_k(\zeta)$ 已在其上全纯. 因此, 由 (1.9),

$$\frac{1}{2\pi i}\int_{l'_k} f(\zeta)d\zeta = \frac{c_k}{2\pi i}\int_{l'_k}\frac{d\zeta}{\zeta - t_k} + \frac{1}{2\pi i}\int_{l'_k} f_k(\zeta)d\zeta = \frac{1}{2}c_k. \tag{3.4}$$

以 (3.4) 代入 (3.3), 便得 (3.1). 定理得证. □

读者不难证明, 若 L 分段光滑, 而 t_k 是角点, 它向着 G 的内角为 α_k(如 t_k 不是角点, 则 $\alpha_k = \pi$), 则由 (1.9)′ 知, (3.4) 要改为

$$\frac{1}{2\pi i}\int_{l'_k} f(\zeta)d\zeta = \frac{\alpha_k}{2\pi}c_k,$$

从而 (3.1) 要改为

$$\frac{1}{2\pi i}\int_{L} f(t)dt = \sum_{j=1}^{m} \operatorname{res} f(z_j) + \frac{1}{2\pi}\sum_{k=1}^{n} \alpha_k \operatorname{res} f(t_k). \tag{3.5}$$

(3.5) 是所述情况下留数定理的直接推广. 它可以这样来理解: t_k 的无穷小圆邻域有 $\frac{\alpha_k}{2\pi}$ 部分在 G 内 (另外 $1-\frac{\alpha_k}{2\pi}$ 部分在 G^- 内), 因此, 极点 t_k 也只能算有 $\frac{\alpha_k}{2\pi}$ 部分在 G 内, 因而 $f(z)$ 在 t_k 处在 “G 内的” 留数只能算等于 $\frac{\alpha_k}{2\pi}\operatorname{res} f(t_k)$; 对于 $z = z_j$, 它全在 G 内, 故其留数也是全部在 G 内, 所以 (3.5) 右端中 $\operatorname{res} f(z_j)$ 的系数为 1.

作为 (3.1) 式的一个应用, 我们可较简地求出

$$I_1 = \int_{-\infty}^{+\infty} \frac{\sin x}{x} dx.$$

像通常那样, 以 O 为中心、以 R 为半径作上半圆弧 Γ_R (图 9.6), 它和实轴上 $-R \leqslant x \leqslant R$ 的一段合成一封闭曲线 L_R. 注意到 e^{iz}/z 在 $z=0$ 处有单极点, 且留数为 1, 故由 (3.5) 式

$$\frac{1}{2\pi i} \int_{L_R} \frac{e^{iz}}{z} dz = \frac{1}{2}.$$

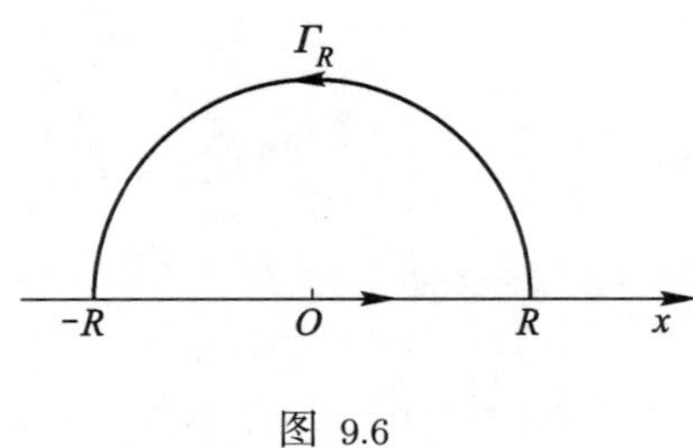

图 9.6

但易证

$$\lim_{R\to+\infty} \int_{L_R} \frac{e^{iz}}{z} dz = 0,$$

因此

$$\frac{1}{2\pi i} \int_{-\infty}^{+\infty} \frac{e^{ix}}{x} dx = \frac{1}{2}.$$

两端取实部, 便得

$$I_1 = \int_{-\infty}^{+\infty} \frac{\sin x}{x} dx = \pi. \tag{3.6}$$

这样, 计算 I_1 时就不必像通常那样以 $z=0$ 为中心作一很小半径 ε 的半圆, 再做令 $\varepsilon \to 0$ 等一些手续了. 事实上这些手续已 "吸收" 在推广的留数定理中.

3.2 高阶奇异积分 为了把留数定理进一步推广到 $f(z)$ 在 L 上也有高阶极点的情况, 我们有必要先建立高阶奇异积分概念.

我们来考虑积分

$$\int_L \frac{f(t)}{(t-t_0)^n} dt, \quad t_0 \in L, \tag{3.7}$$

其中 $n \geqslant 2$ 为正整数. 即使在 $f(t) \in H$ 或者光滑性更好的条件下, 此积分一般并不收敛, 甚至在 Cauchy 主值意义下也不收敛①. 为了说明这一点, 设 $f^{(n-1)}(t) \in H$

① 也有不少研究在主值意义下关于它收敛的充分条件的工作, 这里不讨论.

于 L 上. 仍如图 9.2 那样作小圆, 则用分部积分法, 可得

$$\begin{aligned}&\int_{L-L_\varepsilon}\frac{f(t)}{(t-t_0)^n}dt\\&=\frac{1}{n-1}\left(-\frac{f(t)}{(t-t_0)^{n-1}}\bigg|_{L-L_\varepsilon}+\int_{L-L_\varepsilon}\frac{f'(t)}{(t-t_0)^{n-1}}dt\right)\\&=\frac{1}{n-1}\left(\frac{f(t')}{(t'-t_0)^{n-1}}-\frac{f(t'')}{(t''-t_0)^{n-1}}\right)+\frac{1}{n-1}\int_{L-L_\varepsilon}\frac{f'(t)dt}{(t-t_0)^{n-1}}.\end{aligned}$$

再逐次进行分部积分, 最后可得

$$\begin{aligned}&\int_{L-L_\varepsilon}\frac{f(t)}{(t-t_0)^n}dt=\frac{1}{(n-1)!}\int_{L-L_\varepsilon}\frac{f^{(n-1)}(t)}{t-t_0}dt\\&+\sum_{r=0}^{n-2}\frac{1}{(n-1)\cdots(n-r-1)}\left(\frac{f^{(r)}(t')}{(t'-t_0)^{n-r-1}}-\frac{f^{(r)}(t'')}{(t''-t_0)^{n-r-1}}\right).\end{aligned}\tag{3.8}$$

如果在 (3.8) 中令 $\varepsilon\to 0$, 则右端大括号中函数的极限一般不存在, 因此 (3.7) 中的积分发散 (即使在主值意义下). 但若我们舍去 (3.8) 中引起发散的和数不管, 而 (3.8) 中右端第一项的极限却是存在的. 因此我们引出

定义 3.1 如果 $f^{(n-1)}(t)\in H$ 于 L 上 $(n\geqslant 2)$, 则定义

$$\int_L\frac{f(t)}{(t-t_0)^n}dt=\frac{1}{(n-1)!}\int_L\frac{f^{(n-1)}(t)}{t-t_0}dt,\quad t_0\in L,\tag{3.9}$$

称为以 t_0 为奇点的高阶奇异积分, 或称作 Hadamard 意义下的积分有限部分.

(3.9) 当 $n=1$ 时就是 Cauchy 主值积分.

(3.9) 式可以这样记忆: 把其左端积分形式地进行分部积分 $n-1$ 次, 并舍弃分离出来的部分, 即得右端.

如果被积式在 L 上有两个高阶奇点 t_0,t_1, 例如

$$\int_L\frac{f(t)}{(t-t_0)^m(t-t_1)^n}dt,$$

则也可如 $m=n=1$ 时那样处理而定义它, 因而也可对被积式进行代数运算并把积分当作线性算子而进行计算.

高阶奇异积分概念还可推广到 n 为分数 (甚至复数) 的情况, 还可推广到 L 为开口曲线的情况, 这里均从略.

3.3 推广的留数定理 有了高阶奇异积分概念, 就立刻可把留数定理推广到更一般的情形.

仍如 §3.1 中那样, 设 $f(z)$ 在 $\bar{G}$ 上解析, 但在 G 内有 m 个奇点 $z_1,\cdots,z_m$, 而在 L 上有 n 个极点 (不一定是单极点)$t_1,\cdots,t_n$. 我们要证明, 在所设条件下, (3.1) 式仍成立. 这就是推广的留数定理.

证明方法类似于 §3.1. 设 $f(z)$ 在 t_k 处为 r_k 阶极点. 在得到 (3.3) 后, 注意现在 $\zeta = t_k$ 附近,

$$f(\zeta) = \frac{c_{kr_k}}{(\zeta - t_k)^{r_k}} + \cdots + \frac{c_{k1}}{\zeta - t_k} + f_k(\zeta),$$

其中 $f_k(\zeta)$ 在 t_k 附近全纯, 而 $c_{k1} = \operatorname{res} f(t_k)$. 或者, 此式也可写为

$$\begin{aligned} f(\zeta) &= \frac{c_{k1}(\zeta - t_k)^{r_k - 1} + \cdots + c_{kr_k}}{(\zeta - t_k)^{\eta_k}} + f_k(\zeta) \\ &= \frac{\varphi_k(\zeta)}{(\zeta - t_k)^{r_\eta}} + f_k(\zeta). \end{aligned}$$

故由 (3.9),

$$\begin{aligned} \frac{1}{2\pi i}\int_{l_k'} f(\zeta)d\zeta &= \frac{1}{(r_k - 1)!2\pi i}\int_{l_k'} \frac{\varphi_k^{(r_\eta - 1)}(\zeta)}{\zeta - t_k}d\zeta = c_{k1} \\ &= \operatorname{res} f(t_k). \end{aligned}$$

以此代入 (3.3), 便得 (3.1).

同样, 如果 t_k 是角点, 且它向着 G 的内角为 α_k, 则 (3.5) 式也成立.

我们当然也可考虑 G^- 中的推广的留数定理, 这没有什么难处, 从略.

下面我们利用推广的留数定理来计算收敛的反常积分

$$I_n = \int_{-\infty}^{+\infty} \left(\frac{\sin x}{x}\right)^n dx, \quad n = 1, 2, \cdots. \tag{3.10}$$

如图 9.6, 考虑

$$\int_{L_R} \frac{e^{ikz}}{z^n}dz, \quad k \text{ 为正整数}.$$

在 L_R 所围的半圆域内, e^{ikz}/z^n 处处正则, 而在边界上, 在 $z = 0$ 处有唯一的 n 阶极点, 其留数易见为

$$\frac{(ik)^{n-1}}{(n-1)!}.$$

因此, 由推广的留数定理 (3.1) 式, 得

$$\int_{L_R} \frac{e^{ikz}}{z^n}dz = 2\pi i \cdot \frac{1}{2} \cdot \frac{(ik)^{n-1}}{(n-1)!} = \frac{\pi i^n}{(n-1)!}k^{n-1}.$$

令 $R \to +\infty$, 便得

$$\int_{-\infty}^{+\infty} \frac{e^{ikx}}{x^n}dx = \frac{\pi i^n}{(n-1)!}k^{n-1},$$

当然左端积分仍应类似地理解为 Hadamard 意义下的积分有限部分. 将实部和虚部分开, 便得

$$\begin{aligned} \int_{-\infty}^{+\infty} \frac{\cos kx}{x^n}dx &= \operatorname{Re} i^n \cdot \frac{\pi}{(n-1)!}k^{n-1}, \\ \int_{-\infty}^{+\infty} \frac{\sin kx}{x^n}dx &= \operatorname{Im} i^n \cdot \frac{\pi}{(n-1)!}k^{n-1}. \end{aligned}$$

前一式中, 当 n 为奇数时两端为 0, 无用; 当 n 为偶数时, 则有 (已将 n 改为 $2n$)

$$\int_{-\infty}^{+\infty} \frac{\cos kx}{x^{2n}} dx = \frac{(-1)^n \pi}{(2n-1)!} k^{2n-1}. \tag{3.11}$$

后一式中, 当 n 为偶数时两端为 0, 也无用; 当 n 为奇数时, 则有 (已将 n 改为 $2n+1$)

$$\int_{-\infty}^{+\infty} \frac{\sin kx}{x^{2n+1}} dx = \frac{(-1)^n \pi}{(2n)!} k^{2n}. \tag{3.12}$$

(3.11), (3.12) 当然仍要在同样意义下理解.

但我们知道①,

$$\sin^{2n} x = \frac{1}{4^n}\left(C_n^{2n} + 2\sum_{k=1}^{n}(-1)^k C_{n-k}^{2n}\cos 2kx\right),$$

$$\sin^{2n+1} x = \frac{1}{4^n}\sum_{k=0}^{n}(-1)^k C_{n-k}^{2n+1}\sin(2k+1)x.$$

利用这些式子和 (3.11), (3.12), 便可得到

$$\begin{aligned} I_{2n} &= \int_{-\infty}^{+\infty}\left(\frac{\sin x}{x}\right)^{2n} dx = \frac{2\pi}{4^n}\sum_{k=1}^{n}(-1)^{n-k}C_{n-k}^{2n}\frac{(2k)^{2n-1}}{(2n-1)!} \\ &= 2n\pi\sum_{k=1}^{n}(-1)^{n-k}\frac{k^{2n-1}}{(n-k)!(n+k)!}, \end{aligned} \tag{3.13}$$

$$\begin{aligned} I_{2n+1} &= \int_{-\infty}^{+\infty}\left(\frac{\sin x}{x}\right)^{2n+1} dx = \frac{\pi}{4^n}\sum_{k=0}^{n}(-1)^{n-k}C_{n-k}^{2n+1}\frac{(2k+1)^{2n}}{(2n)!} \\ &= (2n+1)\pi\sum_{k=0}^{n}(-1)^{n-k}\frac{\left(k+\dfrac{1}{2}\right)^{2n}}{(n-k)!(n+k+1)!}. \end{aligned} \tag{3.14}$$

这便是所求结果.

由于 I_{2n}, I_{2n+1} 已是收敛的反常积分, 所以 (3.13), (3.14) 就没有必要再如上理解了.

最后我们还指出, 本节中假定了 $f(z)$ 在 $\bar{G}$ 上解析, 但实际上公式 (3.1) 还当 $f(z)$ 在 L 上更广的条件下成立, 这里也不讲了.

结束本章时我们指出, 本章中所有结果, 都可推广到 G 是多连通域的情况. 除推广的留数定理外, 还可推广到 L 是一些开口弧段的情况. 其详可参看更专门的有关著作.

---

① 例如, 参看: Натансон И П. 函数构造论: 上册. 徐家福, 郑维行, 译. 北京: 科学出版社, 1958. 用数学归纳法也不难证明.

参考文献

[1] 余家荣. 复变函数. 北京: 高等教育出版社, 1984. (最新版: 余家荣. 复变函数: 第四版. 北京: 高等教育出版社, 2007.)

[2] H. 嘉当. 解析函数论初步. 北京: 高等教育出版社, 1983.

[3] 乔治 · 波里亚, 戈登 · 拉达. 复变函数. 北京: 高等教育出版社, 1985.

[4] 范莉莉, 何成奇. 复变函数论. 上海: 上海科学技术出版社, 1987.

[5] J. B. 康威. 单复变函数. 上海: 上海科学技术出版社, 1985.

[6] L. V. 阿尔福斯. 复分析. 上海: 上海科学技术出版社, 1984.

[7] И. И. 普里瓦洛夫. 复变函数引论. 北京: 高等教育出版社, 1956.

[8] A. И. 马库雪维奇. 解析函数论. 北京: 高等教育出版社, 1957.

[9] Г. M. 戈鲁辛. 复变函数的几何理论. 北京: 科学出版社, 1956.

[10] 胡坤陞. 数学论文集. 北京: 人民教育出版社, 1960.

[11] W. Rudin. Real and Complex Analysis. New York: McGraw-Hill, 1974.

[12] G. Valiron. Théorie des Fonctions. Paris: Masson, 1948.

[13] M. Hervé. Les Fonctions Analytiques. Paris: Presses Universitaires de France, 1982.

[14] K. Strebel. Vorlesungen über Riemannsche Flächen. Göttingen: Vanden hoeck und Ruprecht, 1980.

索引

现代数学基础图书清单

序号	书号	书名	作者
1	9787040217179	代数和编码（第三版）	万哲先 编著
2	9787040221749	应用偏微分方程讲义	姜礼尚、孔德兴、陈志浩
3	9787040235975	实分析（第二版）	程民德、邓东皋、龙瑞麟 编著
4	9787040226171	高等概率论及其应用	胡迪鹤 著
5	9787040243079	线性代数与矩阵论（第二版）	许以超 编著
6	9787040244656	矩阵论	詹兴致
7	9787040244618	可靠性统计	茆诗松、汤银才、王玲玲 编著
8	9787040247503	泛函分析第二教程（第二版）	夏道行 等编著
9	9787040253177	无限维空间上的测度和积分 —— 抽象调和分析（第二版）	夏道行 著
10	9787040257724	奇异摄动问题中的渐近理论	倪明康、林武忠
11	9787040272611	整体微分几何初步（第三版）	沈一兵 编著
12	9787040263602	数论 I —— Fermat 的梦想和类域论	[日]加藤和也、黑川信重、斎藤毅 著
13	9787040263619	数论 II —— 岩泽理论和自守形式	[日]黑川信重、栗原将人、斎藤毅 著
14	9787040380408	微分方程与数学物理问题（中文校订版）	[瑞典]纳伊尔·伊布拉基莫夫 著
15	9787040274868	有限群表示论（第二版）	曹锡华、时俭益
16	9787040274318	实变函数论与泛函分析(上册,第二版修订本)	夏道行 等编著
17	9787040272482	实变函数论与泛函分析(下册,第二版修订本)	夏道行 等编著
18	9787040287073	现代极限理论及其在随机结构中的应用	苏淳、冯群强、刘杰 著
19	9787040304480	偏微分方程	孔德兴
20	9787040310696	几何与拓扑的概念导引	古志鸣 编著
21	9787040316117	控制论中的矩阵计算	徐树方 著
22	9787040316988	多项式代数	王东明 等编著
23	9787040319668	矩阵计算六讲	徐树方、钱江 著
24	9787040319583	变分学讲义	张恭庆 编著
25	9787040322811	现代极小曲面讲义	[巴西]F. Xavier、潮小李 编著
26	9787040327113	群表示论	丘维声 编著
27	9787040346756	可靠性数学引论（修订版）	曹晋华、程侃 著
28	9787040343113	复变函数专题选讲	余家荣、路见可 主编
29	9787040357387	次正常算子解析理论	夏道行
30	9787040348347	数论 —— 从同余的观点出发	蔡天新

续表

序号	书号	书名	作者
31	9787040362688	多复变函数论	萧荫堂、陈志华、钟家庆
32	9787040361681	工程数学的新方法	蒋耀林
33	9787040345254	现代芬斯勒几何初步	沈一兵、沈忠民
34	9787040364729	数论基础	潘承洞 著
35	9787040369502	Toeplitz 系统预处理方法	金小庆 著
36	9787040370379	索伯列夫空间	王明新
37	9787040372526	伽罗瓦理论 —— 天才的激情	章璞 著
38	9787040372663	李代数（第二版）	万哲先 编著
39	9787040386516	实分析中的反例	汪林
40	9787040388909	泛函分析中的反例	汪林
41	9787040373783	拓扑线性空间与算子谱理论	刘培德
42	9787040318456	旋量代数与李群、李代数	戴建生 著
43	9787040332605	格论导引	方捷
44	9787040395037	李群讲义	项武义、侯自新、孟道骥
45	9787040395020	古典几何学	项武义、王申怀、潘养廉
46	9787040404586	黎曼几何初步	伍鸿熙、沈纯理、虞言林
47	9787040410570	高等线性代数学	黎景辉、白正简、周国晖
48	9787040413052	实分析与泛函分析（续论）（上册）	匡继昌
49	9787040412857	实分析与泛函分析（续论）（下册）	匡继昌
50	9787040412239	微分动力系统	文兰
51	9787040413502	阶的估计基础	潘承洞、于秀源
52	9787040415131	非线性泛函分析（第三版）	郭大钧
53	9787040414080	代数学（上）（第二版）	莫宗坚、蓝以中、赵春来
54	9787040414202	代数学（下）（修订版）	莫宗坚、蓝以中、赵春来
55	9787040418736	代数编码与密码	许以超、马松雅 编著
56	9787040439137	数学分析中的问题和反例	汪林
57	9787040440485	椭圆型偏微分方程	刘宪高
58	9787040464832	代数数论	黎景辉
59	9787040456134	调和分析	林钦诚
60	9787040468625	紧黎曼曲面引论	伍鸿熙、吕以辇、陈志华
61	9787040476743	拟线性椭圆型方程的现代变分方法	沈尧天、王友军、李周欣

续表

序号	书号	书名	作者
62	9787040479263	非线性泛函分析	袁荣
63	9787040496369	现代调和分析及其应用讲义	苗长兴
64	9787040497595	拓扑空间与线性拓扑空间中的反例	汪林
65	9787040505498	Hilbert 空间上的广义逆算子与 Fredholm 算子	海国君、阿拉坦仓
66	9787040507249	基础代数学讲义	章璞、吴泉水
67.1	9787040507256	代数学方法（第一卷）基础架构	李文威
68	9787040522631	科学计算中的偏微分方程数值解法	张文生
69		非线性分析方法	张恭庆

网上购书： www.hepmall.com.cn, gdjycbs.tmall.com, academic.hep.com.cn, www.jd.com, www.amazon.cn, www.dangdang.com

其他订购办法：

各使用单位可向高等教育出版社电子商务部汇款订购。书款通过银行转账，支付成功后请将购买信息发邮件或传真，以便及时发货。购书免邮费，发票随书寄出（大批量订购图书，发票随后寄出）。

通过银行转账：

户　　名： 高等教育出版社有限公司
开 户 行： 交通银行北京马甸支行
银行账号： 110060437018010037603

单位地址： 北京西城区德外大街4号
电　　话： 010-58581118
传　　真： 010-58581113
电子邮箱： gjdzfwb@pub.hep.cn